高等教育管理科学与工程类专业

GAODENG JIAOYU GUANLI KEXUE YU
GONGCHENG LEI ZHUANYE

系列教材

建设工程全过程造价管理实务

JIANSHE GONGCHENG QUANGUOCHENG ZAOJIA GUANLI SHIWU

主 编／程 凯 杨 维

副主编／雷 虎 杨弋枭 李彦琪

主 审／郑小晴

重庆大学出版社

内容提要

本书充分考虑了行业发展的需求,针对工程造价业务模式从传统的"单点造价"向"全过程造价"的转型趋势,以建设工程从投资决策、勘察设计、招标投标、施工到竣工的全过程造价管理为主线,构建以基础知识、案例分析、仿真演练、总结拓展为主要内容的知识体系。力求做到将理论知识与案例分析相结合,帮助学员更好地理解复杂概念,并掌握如何在实际工作中应用。本书共7章,主要内容包括建设工程全过程造价管理概论、建设工程全过程造价管理典型案例、投资决策阶段造价管理实务、勘察设计阶段造价管理实务、招标投标阶段造价管理实务、施工阶段造价管理实务、竣工阶段造价管理实务。

本书可作为本科工程造价、工程管理以及其他相关专业的教材,也可作为从事工程造价、设计、施工等管理工作的专业人士自学或参考用书。

图书在版编目(CIP)数据

建设工程全过程造价管理实务 / 程凯,杨维主编.
重庆 : 重庆大学出版社,2025. 8. -- (高等教育管理科学与工程类专业系列教材). -- ISBN 978-7-5689-5569-0
Ⅰ. TU723.3
中国国家版本馆 CIP 数据核字第 20257V2F82 号

建设工程全过程造价管理实务

主 编 程 凯 杨 维
副主编 雷 虎 杨弋枭 李彦琪
主 审 郑小晴

策划编辑:林青山

责任编辑:姜 凤 版式设计:林青山
责任校对:谢 芳 责任印制:赵 晟

*

重庆大学出版社出版发行
社址:重庆市沙坪坝区大学城西路 21 号
邮编:401331
电话:(023)88617190 88617185(中小学)
传真:(023)88617186 88617166
网址:http://www.cqup.com.cn
邮箱:fxk@ cqup.com.cn(营销中心)
全国新华书店经销
重庆正文印务有限公司印刷

*

开本:787mm×1092mm 1/16 印张:17.25 字数:443 千
2025 年 9 月第 1 版 2025 年 9 月第 1 次印刷
ISBN 978-7-5689-5569-0 定价:49.00 元

前　言

建设工程造价管理是一项系统工程，具有动态化、多变性和复杂性等特点。它贯穿于建设工程从投资决策、勘察设计、招标投标到工程实施及竣工结算的全过程，是一种动态发展的价格管理。估算、概算、预算、结算、决算……无不闪现着造价工程师的智慧，其专业技术奠定了不可替代的"关键专业"身份。

随着现代大型基建项目、巨型项目的日益增加，项目的复杂程度增大，项目管理和造价管理的难度随之加大，传统的建设工程造价管理思想也发生了变化。工程造价专业的教育理念从实现"计量计价专才"向"全过程造价管理通才"转变。专业内涵也更加体现多学科的交叉性和融合性，从传统的计量计价方法转向全过程造价管理理论和方法的研究。

建设工程全过程造价管理，要求站在全过程、全要素、全方位的角度，通过资源的合理配置，控制工程总成本，确保完成项目投资目标；要求在确保各个阶段的造价管理目标完成的前提下，做好各个阶段之间的造价管理动态协调工作，使各个阶段的造价管理为全过程造价管理服务。然而，由于建设工程各个阶段之间的工作重点和内容都不尽相同，各个阶段的造价管理目标也有较大差异。这对工程造价人员的能力及素质提出了更高的要求，不仅需要掌握管理、技术、经济、法律等基本理论知识，还应具备全过程造价管理所要求的学习能力、沟通能力、协作能力、创新能力等职业适应和发展能力，以及解决复杂问题的高阶能力。

为满足新时代、新形势下高素质工程造价管理人员的培养需要，贯彻党的二十大报告中"深化教育领域改革，加强教材建设和管理"的精神，本书编者按照高等教育人才培养目标以及工程造价和相关专业教学改革的需求，根据多年造价管理的工作经验、教学实践以及最新的行业规范、标准等，将沉淀的造价管理相关的典型案例、理论、理念、知识、方法、实践经验等加以归纳、整合和融合，并再次创作与创新，编写了本书。

本书编者均为"双师型"教师。为了达到学以致用的目的，本书以培养职业能力为导向，各章节采用基础知识回顾、案例分析、仿真演练与后测反馈、总结拓展的编写体例形式，以"理论知识"指引路径，以"优秀案例"启迪思维，以"模拟情景"激发热情，形成渐进式案例驱动课堂教学全流程，将理论与实践紧密结合，引导学生发现问题、分析问题、解决问题，从而掌握理论、形成观点、提高能力。旨在解决课堂教学理论与实践脱节问题，以符合产教融合视域下应用型人才的培养要求。

恰当的教学案例是实务、实践类课程教学有效开展的基础。本书的相关案例源于真实建设项目,并参考了相关的文献资料,但并非企业案例的简单堆砌。挖掘典型案例后,本书编者将理论与实践相结合,力求将工作经验及案例情景结合理论知识转化为学生能听懂、易理解、有效用的知识,用生动的实践案例激发学生兴趣,使学生喜欢听、愿意听。基于保守商业秘密的原因,本书对项目名称、项目规模等进行了更换,对各种现象和问题进行了综合和归纳,但所有变动都经过缜密的思考和仔细的斟酌,力求在保持项目真实性的基础上达到更高的目标:揭示建设工程造价管理的共性,让学生能够更清楚地了解全过程造价管理。

本书由重庆城市科技学院程凯、杨维担任主编;雷虎、杨弋枭、李彦琪担任副主编。具体编写分工如下:程凯负责组织制订编写思路及大纲、适配案例的甄选、挖掘与再构,并编写第3章和第4章;杨维负责编写第2章和第7章;雷虎负责编写第6章;杨弋枭负责编写第5章;李彦琪负责编写第1章。

本书在编写过程中,得到了众多业内人士的大力支持和帮助,在此表示衷心的感谢。虽然经过反复斟酌和核对,但由于编者水平有限,书中难免存在不足之处,敬请广大读者、同行和专家批评指正。

编　者

2025 年 4 月

目　录

第**1**章
建设工程全过程造价管理概论

1.1　工程造价管理的发展回顾

工程造价管理作为项目管理的核心部分,几乎与项目管理同步发展。"算量""造价"的观念古来有之,中国古代从事造价工作的人就有专门称谓,叫作"算房"。对于工程造价管理的认识是一个不断深入和拓宽的过程,它所涉及的管理内容持续扩展,进行的管理工作不断深入细致,理论体系和技术方法也在不断地完善和健全。

最初的造价计算和管理始于人们建造房屋时对花销的测算和控制,历经工程实践,伴随着现代管理、经济等相关学科的发展,20 世纪 30 年代,诸如回收期、净现值等方法和指标开始应用于建设项目造价管理领域,工程造价管理从"算量计价"开始向开展经济技术分析、揭示项目价值和评估投资效益的方向发展,其间创立了"工程经济学",使项目造价管理基础更得以夯实。

伴随项目管理理论的同步发展,特别在第二次世界大战以后,人们在大量的建设项目历练中展开了建设工程造价管理理论和方法的探索、研究和实践,世界各国战后重建使建设工程项目造价管理理论和方法得以极大地发展,人们普遍将这一时期形成的建设工程造价管理理论和方法称为"传统造价管理理论和方法"。

20 世纪 70—80 年代,工程造价管理研究有了一些新的突破。英美一些国家的工程造价界学者和实际工作者在管理理论和方法研究与实践方面进行广泛的交流与合作,提出了全生命周期工程造价管理概念,使造价管理理论有了新的发展。

20 世纪 80—90 年代,人们对工程造价管理理论与实践的研究进入综合与集成的研究阶段,各国纷纷改进现有工程造价确定与控制理论和方法,借助其他管理领域在理论与方法上的最新成果,对工程造价进行更为全面而深入的研究,创造并形成全面工程造价管理思想和方法。

纵观建设工程造价管理的发展历史,我们可以看出,建设工程造价管理的特点是从事后控制发展为事前和事中控制,从被动发展为主动,从阶段性管理发展为全过程管理。

1.1.1　中国古代有关工程造价管理的萌芽

从廊腰缦回、檐牙高啄的古建筑到如今雄姿莽莽、变通天堑的港珠澳大桥;从独具匠心、巧夺天工的都江堰到山河与共、无问西东的白鹤滩水电站,由古及今,中华民族历代工匠的技艺在时代长河中传承,对工程造价管理的认识也随着生产力的不断发展而逐步深入。

1)科学技术名著——《周礼·考工记》

中华民族是人类对工程造价认识最早的民族之一,最早可以追溯到春秋战国时期。春秋战国时期科学技术名著《周礼·考工记》中提出"凡沟防,必一日先深之以为式,里为式,然后可以傅众力"。即凡修筑沟渠堤防,一定要先以匠人一天修筑的进度为参照,再以一里工程所需的匠人数和天数来预算这个工程的劳动力,然后方可调配人力进行施工。这是人类最早的工程造价预算与工程施工控制的文字记录之一。

另据《辑古算经》的记载,我国唐代就已经有了夯筑城台的定额——"功"。

2)第一本定额规范标准——《营造法式》

历史中关于工程建造的典籍虽多,但专门记载"工程造价"的却凤毛麟角。第一个将"工程造价"当作专题研究的,首推北宋李诚编著的建筑学著作《营造法式》。

《营造法式》是一部"反腐巨著"。北宋建国以后百余年间,大兴土木,负责工程的大小官吏贪污成风,致使国库无法应付浩大的开支。因此,建筑的各种设计标准、规范和有关材料、施工定额、指标亟待制定,以明确房屋建筑的等级制度、建筑的艺术形式及严格的"料例""功限",以杜防贪污盗窃问题被提到议事日程,《营造法式》应运而生。

《营造法式》在北宋刊行,其最现实的意义在于严格的工料限定。该书是王安石执政期间制定的各种财政、经济条例之一,以杜绝腐败的贪污现象,因此,书中以大量篇幅叙述功限和料例。例如,对计算劳动定额,首先按四季日的长短分中工(春、秋)、长工(夏)和短工(冬)。工值以中工为准,长短工各减和增10%,军工和雇工也有不同定额。其次对每一工种的构件,按照等级、大小和质量要求——如运输距离远近、水流的顺流或逆流、加工的木材软硬等,都规定了工值的计算方法。料例部分对各种材料的消耗量均作了详尽的定额。这些规定为编造预算和施工组织定出严格的标准,既便于生产,也便于检查,有效地杜绝了土木工程中贪污盗窃之现象。

《营造法式》一书中的"料例"和"功限",可以理解为现在的"材料消耗定额"和"劳动消耗定额"。这是人类采用定额进行工程造价管理最早的明文规定和文字记录之一。

3)第一个"造价师"专业职称"算房"

早在隋朝时期,隋文帝就确立了以三省六部制为主体的中央官僚体系,其中建筑管理归属工部。工部是掌管工程事务的机关,执掌土木兴建之制,器物利用之式,渠堰疏降之法,陵寝供亿之典。合理推测,早期的工部肯定有专职于造价算量的人员,但是真正将"造价"比较明确地认定为一个工种,还要到清朝。《故宫史话·著名建筑匠师》中有这样的记述:清代有样式房、销算房等承办制度,皆世守之工,分掌营造事业。凡兴作皆由样式房进呈图样,奉准后再发工部或内务府算房编造各作做法和估计工料。

"算房"就是对清代工部营缮司料估所和内务府营造司销算房二者的通称。"算房"不仅要懂得计算,还要懂得建筑设计、工程管理等。工作流程如下:销算人员根据样式房提供的图样,算出用多少工、多少料,编制出合理经济的预算。清代销算采取的也是招投标的方式,各家把销算的结果拿出来,算得更准确更经济的最终可能中标。

在典籍上,清代官方编制有《工部则例》《工部工程做法》《钦定工部续增则例》,明确了"按料计工、按工给价"的工料计价模式。规定了各种结构做法、器具制法与相应作业的用料、工料价格。乾隆时期,工部发动全国各省督抚搜集各地的物料价值,工部将其汇总成《物料价值则例》,记载当时宫殿、皇家园林、官署、庙宇、仓库等官方建筑所用材料价、人工价、运价等。

1.1.2 新中国工程造价管理历史沿革

新中国成立以来,我国首先参照苏联模式建立起全面的计划经济制度,但无论经济如何"计划",凡有工程建设,总离不开工程造价。不过,在计划经济时代,工程造价是作为一门经济技术,辅助建设银行、财政部门或其他主体反映项目投资建设费用。直到改革开放,我国市场接轨世界惯例,逐步引进专业人士执业理念,才使得造价作为现代学科"重新"出生,并逐渐发育成一门集技术、经济、管理、法律于一体的复合学科。

我国工程造价计价体系的建立和发展是随着经济体制的转变而变化的。在不同的经济发展时期,我们建立了不同的工程造价计价体系,经历了多轮变革与调整,从计划经济时期的概预算管理、工程定额管理的"量价统一"、工程造价管理的"量价分离",逐步过渡到以市场机制为主导、由政府职能部门监督管理、与国际惯例全面接轨的新型管理模式。

1)计划经济阶段——政府定价

从 20 世纪 50 年代到 90 年代初期,受计划经济影响,采用的是有政府统一预算定额与单价情况下的工程造价计价模式,基本属于政府决定造价。这一阶段延续的时间最长,并且影响最为深远。当时的工程计价基本上是在统一预算定额与单价情况下进行的,因此工程造价的确定主要是按设计图及统一的工程量计算规则计算工程量,并套用统一的预算定额与单价,计算出工程直接费,再按规定计算间接费及有关费用,最终确定工程的概算造价或预算造价,并在竣工后编制决算,经审核后的决算即为工程的最终造价。

此阶段工程造价管理的主要特点是:政府是项目的唯一投资主体,要素价格由政府确定,高度统一;使用统一的计价定额进行工程计价,实行"量价合一、固定取费"的计价原则。

这一阶段工程造价管理制度在计划经济时期为提高国家投资效益发挥了很大作用,我国目前采用的定额管理制度便是在此基础上,通过不断改进发展起来的。随着计划经济体制向市场经济体制的转变,这种传统的工程造价管理体制呈现出一定的不适应性。

2)计划经济向市场经济过渡阶段——政府指导价

从 20 世纪 90 年代至 2003 年,这段时间造价管理沿袭了以前的造价管理方法,同时随着我国社会主义市场经济的发展,原建设部对传统的预算定额计价模式提出了"控制量、放开价、引入竞争"的基本改革思路。各地在编制新预算定额的基础上,明确规定预算定额单价中的材料、人工、机械价格作为编制期的基期价格,并定期发布当月市场价格信息进行动态指导,在规定的幅度内予以调整,同时在引入竞争机制方面做了新的尝试。

此阶段工程造价管理的主要特点是:建设市场的初步建立,投资主体多元化、投资量不断增长,在国家宏观指导下实现了有限的市场竞争,建设市场要素价格逐渐放开;沿用统一的计价定额进行工程计价,实行"量价分离"和"统一量、指导价、竞争费"的计价原则。

3)有计划的市场经济阶段——市场调节价为主

随着市场经济体制的确立,传统的工程造价定额计价模式也暴露出较多问题,工程量清单计价模式逐步取代定额计价模式。

2003年3月有关部门颁布《建设工程工程量清单计价规范》(GB 50500—2003),2003年7月1日起在全国实施,进一步推动了我国工程造价管理的发展。工程量清单计价是在建设施工招投标时招标人依据工程施工图纸、招标文件要求,以统一的工程量计算规则和统一的施工项目划分规定,为投标人提供实物工程量项目和技术性措施项目的数量清单;投标人在国家定额指导下、在企业内部定额的要求下,结合工程情况、市场竞争情况和本企业实力,并充分考虑各种风险因素,自主填报清单开列项目中包括的工程直接成本、间接成本、利润和税金等在内的综合单价与合计汇总价,并以所报综合单价作为竣工结算调整价的一种计价模式。

为了鼓励采用清单计价,《建设工程工程量清单计价规范》(GB 50500—2008)总则中明确规定"全部使用国有资金投资或以国有资金投资为主的工程建设项目,必须采用工程量清单计价"。其他情况下的工程项目可以由业主视工程具体情况自行决定,当确定采用工程量清单计价时,不论资金来源是国有资金、国外资金、贷款、援助资金或私人资金都必须遵守清单计价规范的规定。

2011年,经国务院批准,财政部、国家税务总局联合下发《营业税改征增值税试点方案》(财税〔2011〕110号)。从2012年1月1日起,在上海交通运输业和部分现代服务业开展营业税改征增值税试点,拉开了我国税制改革的序幕。在此背景下,住房和城乡建设部于2013年发布了《建设工程工程量清单计价规范》(GB 50500—2013),该规范以市场化、规范化为导向,系统构建了工程量清单计价的完整框架,为工程招投标、合同签订、价款结算等提供了统一依据,是我国建筑业深化市场化改革、应对税制转型的关键举措。

2021年,国务院印发《关于完整准确全面贯彻新发展理念做好碳达峰碳中和工作的意见》,明确提出构建绿色低碳循环发展经济体系,在此背景下,住房和城乡建设部于2024年发布《建设工程工程量清单计价标准》(GB/T 50500—2024),对比2013版清单规范,在计价原则、投标报价编制、合同价款调整方法、最高投标限价机制等核心维度进行全面升级,旨在推动行业规范化、数字化发展,标志着我国工程造价领域迈入新阶段。

此阶段工程造价管理的主要特点是:投资主体多元化,建设市场要素价格基本放开,建设市场管理的法制建设不断加强;实施工程量清单计价,要素价格由投标人自主确定,实行"国家宏观调控、市场竞争形成价格"的计价原则。

市场化的改革已经一步步弱化国家定额的概念。但是,随着市场的不断变化,各个区域市场具有不同的发展特点,清单计价标准和计算标准作为全国性的规范,难免与各地特有的计价方式有所不同,这往往导致结算阶段产生大量的纠纷。

因此,在一些非国有资金投资的民营开发工程项目中,也有放弃清单计价标准和预算定额计价的做法。一些大型的房地产商已经逐渐形成自己独立和成熟的成本控制体系,包括自身的方案优化、清单体系、计算规则、市场询价定价机制。在这个体系中,已没有了国家清单计价标准、预算定额、指导价格的身影。

4)"市场化清单模式"下的企业定额时代

进入2020年后,造价改革加速推进,相关政策密集发布。《工程造价改革工作方案》(建办标〔2020〕38号)明确取消最高投标限价按定额计价的规定,并将逐步停止发布预算定额。全国各地积极响应,包括北京市、浙江省、湖北省、广东省、广西壮族自治区等都选择在有条件的国有资金投资的房屋建筑、市政公用工程项目上积极推进工程造价改革试点。该文件还明确提出推行清单计量、市场询价、自主报价、竞争定价的工程计价方式,从而进一步完善工程造价市场形成机制。

随后住建部又发布《〈建设工程工程量清单计价标准(征求意见稿)〉意见的函》(建司局函标〔2021〕144号),该文件明确提出取消最高投标限价以预算定额作为编制依据,投标人可采用企业定额进行投标。

2021年底,又密集出台《〈建筑工程施工发包与承包计价管理办法〉(修订征求意见稿)》(建司局函标〔2021〕153号)以及《房屋建筑与装饰工程特征分类与描述标准(征求意见稿)》(建司局函标〔2022〕16号)等造价改革辅助性标准和管理办法,进一步丰富了市场化造价改革的法律法规依据,为市场造价改革的深度应用和推广提供了更多强有力的政策依据。

在造价改革大势下,国家政策文件、造价行业业务变化都在朝着市场化清单模式发展。政府和行业主管部门将逐步放开对工程造价市场的定价指导权,把市场竞争充分交给市场,鼓励建筑市场各主体加强工程造价数据积累,并用积累的数据来指导、规范市场。运用信息技术为概预算编制提供依据,通过企业定额的成本管理模型实现对项目的精细化管控。企业内部定额更强调的是企业结合自己的实际情况进行报价,企业在综合考虑市场和自身实力的情况下,根据项目的人工费、材料费、机械使用费、管理费、利润以及风险等因素自主报价。这样通过市场和企业之间的竞争形成的价格,既可以体现企业的实力,又可以体现公开、公平、公正,同时业主也能通过企业报价直观地了解项目造价。

无论是计划经济时代的"消灭掉不合理利润的审计思维",还是市场经济时代的"解决掉不合理成本的经营思维",工程造价的价值核心始终不变——是一项可以创造价值的高智慧附加值经营活动。

1.1.3　国外工程造价管理发展

1)国外工程造价管理发展回顾

(1)16—18世纪工程造价管理多点开花

16世纪末至18世纪初,资本主义工业化在西方发达国家兴起,大量土地被政府征用来兴建厂房、基础设施等,农民失去土地后集中向城市转移,由此带来大量住房需求,强力地推动了建筑业的发展,之前合为一体的设计和施工专业逐渐分离为两个独立的专业。随着建设工程快速发展,需要人员开展专门的工程量计量、工料计算及估价工作。此类专业人员逐渐发展成为工料测量师,他们的主要工作内容是帮助雇主测算已完工程量并进行估价,确定工匠报酬,与工程建设方进行洽谈。

(2)19世纪工程造价专业正式诞生

伴随第一次工业革命,资本主义生产完成了从工场手工业向机器大工业过渡的阶段。工程造价管理也进一步发展,招标承包制度开始在一些西方资本主义国家萌芽,其对工料测量师提出了更高要求。工料测量师在原有的工料测量和估价的工作基础上,还需依照设计图纸进行工程量计算,编制建设项目工程量清单,以此为招标方确定标底,或者为投标方确定标价。工程造价管理逐渐发展成为一个独立的专业。

1868 年,英国出现"皇家特许测量师协会",标志着工程造价管理专业的正式诞生。1881年,英国成立皇家测量师协会,工程造价管理得到了第一次飞跃。最初,工料测量师只能在工程开工前测算项目的投资额,无法就设计阶段所需的投资额进行准确预算。这样往往会造成工程的实际成本过高,不能按预定的投资目标完成工程。因此,一些业主开始关注投资决策和设计阶段的造价管理,并使用一些技术及经济管理措施,以此达到促进资源合理配置、提高投资效率的目的。

(3)20 世纪工程造价管理全面发展

20 世纪 30—40 年代,工程经济学创立,将加工制造业的成本控制方法加以改造后用于工程项目造价控制,工程造价研究得到新发展。

20 世纪 40 年代,英国等发达国家制定"投资计划和控制制度",这成为工程造价管理历史上的第二次飞跃。

20 世纪 50 年代,澳大利亚、美国、加拿大也相继成立了测量师协会,对工程造价确定、控制、工程风险造价等许多方面的理论与方法展开全面研究。

20 世纪 70—80 年代,工程造价管理研究有了一些新的突破,英美一些国家的工程造价界学者和实际工作者在管理理论和方法研究与实践方面进行广泛的交流与合作,提出了全生命周期工程造价管理概念,使造价管理理论有了新的发展。

20 世纪 80—90 年代,人们对工程造价管理理论与实践的研究进入综合与集成的阶段。各国纷纷改进现有工程造价确定与控制的理论和方法,借助其他管理领域在理论与方法上的最新成果,对工程造价进行更为深入而全面地研究,创造并形成全面工程造价管理思想和方法。

2)代表性国家和地区的工程造价管理

国际上,工程项目的造价通常是建立在对项目结构分解和工程项目进度计划的分析上。通过项目结构分解对工程项目进行全面、详细的描述,结合这些活动的进度安排确定各项活动的所需资源(人工、各种材料、生产或功能设施、施工设备等),将其最低级别项目单元的估算成本通过汇总来确定工程项目的总造价。在建设工程造价管理领域主要有 3 种模式:以英国和中国香港地区为代表的工料测量体系、以美国为代表的工程造价管理体系和以日本为代表的工程积算制度。

(1)英国的工程造价管理

英国是开展工程造价管理历史较长,体系较完整的一个国家。由政府颁布统一的工程量规则,并定期公布各种价格指数。工程造价是依据这些规则计算工程量,价格则采用咨询公司提供的信息价和市场价进行计价,没有统一的定额标准可套用。工程价格是通过自由报价和竞争最后形成的。英国工程计价的一个重要特点就是工料测量师的使用,无论是政府工程还是私人工程,无论是采用传统的管理模式还是非传统的模式,都有工料测量师参与。

（2）美国的工程造价管理

美国在工程估价体系中有一套前后连贯统一的工程成本编码，即将一般工程按其工艺特点分为若干分部分项工程，并给每个分部分项工程编个专用的号码，作为该分部分项工程的代码，以便在工程管理和成本核算中区分建筑工程的各个分部分项工程。

（3）日本的工程造价管理

日本的工程积算是一套独特的量价分离的计价模式，其量和价是分开的。量是公开的，价是保密的。日本的工程量计算方式类似于我国的定额取费方式。建设省制订一整套工程计价标准，即"建筑工程积算基准"，其内容包括"建筑积算要领"（预算的原则规定）和"建筑工事标准步挂"（人工、材料消耗定额），其中"建筑工事标准步挂"的主要内容包括分部分项工程的人工、材料消耗定额。"建筑数量积算基准解说"则明确了承发包工程计算工程量时需共同遵循的统一性规定。

1.1.4　国内外工程计价差异对比

由于工程造价计价的主要依据是工程量和单价两大要素，所以工程造价管理基本体制主要体现在对工程项目的"量"和"价"这两个方面的管理和控制模式上。

英国是间接管理体制，"量"有章可循，"价"由市场调节；美国是竞争性市场经济管理体制，根据历史统计资料确定工程的"量"，根据市场行情确定"价"；日本是直接管理体制，有统一的概预算定额和统一的工程量计算规则。国内外工程计价差异对比见表 1.1.1。

表 1.1.1　国内外工程计价差异对比

比较内容	中国	英国	美国	日本
计价模式	定额计价与清单计价	工料测量体系	造价工程管理模式	量价分离的工程积算方法
计量办法	有统一的计算规则	标准的工程量计算，规则按图纸计算	无统一计算规则，根据历史资料确定。有通用的工程分项编码格式	统一的工程量计算规则。有标准的工程量清单格式
计价依据	有概预算定额及政府发布的造价信息	官方发布造价信息，各种机构收集信息和历史数据	市场调查，估算规则不统一	有概预算定额及通过银行调查取得的劳务单价和财团法人调查取得的设备材料单价
标准定额	有标准定额	没有标准定额	没有标准定额，普遍采用工程项目分解办法	有标准定额（步挂）
计价管理机构	政府部门	专业协会制定统一工程量计算规则，官方发布参考造价信息	政府引导，专业机构、咨询公司等提供参考资料	建设省统一管理定额计量，计价资料由指定机构收集

1.2　全过程造价管理相关理论与内容

1.2.1　工程造价基本内容

1)工程造价的含义

工程造价通常是指工程项目在建设期(预计或实际)支出的建设费用。由于视角不同,工程造价有不同的含义。

含义一:从投资者(业主)角度看,工程造价是指建设项目的建设成本,即预期开支或实际开支的项目的全部费用,包括建筑工程、安装工程、设备及相关费用。从这个意义上说,工程造价就是工程投资费用,是建设项目固定资产投资。这一含义是针对投资方、业主、项目法人而言的,表明投资者选定一个投资项目,为了获得预期效益,就要通过项目评估进行决策,然后进行设计招标、工程监理招标,直至工程竣工验收。在整个过程中,要支付与工程建造有关的费用,因此工程造价就是工程投资费用。生产性建设项目的工程造价是项目的固定资产投资和铺底流动资金投资的总和,非生产性投资项目工程造价就是项目固定资产投资的总和。

含义二:从市场交易角度看,工程造价是指建设工程的承包价格,即工程价格,即为建成一项工程,预计或实际在土地市场、设备市场、技术劳务市场、承包市场等交易活动中,所形成的工程承包合同价和建设工程总造价。显然,工程造价的第二种含义是以社会主义商品经济和市场经济为前提的。

第二种含义是针对承包方、发包方而言的。人们将工程造价的第二种含义认定为工程承发包价格。承发包价格是工程造价中一种重要的、也是最典型的价格形式。它是以市场经济为前提,以工程、设备、技术等特定商品作为交易对象,通过招标投标或其他交易方式,由承、发包双方在进行反复测算的基础上,最终由市场形成及共同认可的价格。

工程造价的两种含义是以不同角度把握同一事物的本质。从建设工程的投资者来说,工程造价是"购买"项目要付出的价格。对承包商、供应商和规划、设计等机构来说,工程造价是他们出售商品和劳务的价格总和。

区别工程造价的两种含义,其理论意义在于为投资者和以承包商为代表的供应商的市场行为提供理论依据。区别两种含义的现实意义在于,为实现不同的管理目标,不断充实工程造价的管理内容,完善管理方法,更好地为实现各自的目标服务:为提高工程效益而降低工程造价是投资者始终如一的追求;为得到利润和高额利润而追求较高的工程造价,是承包商的目标。

2)工程计价的特征

工程计价除具有一般商品计价的共同特点外,由于建设产品及其生产的特殊性决定了工程计价具有以下不同于一般商品计价的特点:

(1)计价的单件性

建筑产品的单件性决定了每项工程都必须单独计算造价。建设工程的实物形态千差万别,尽管采用相同或相似的设计图样,在不同地区、不同时间建造的产品,其构成投资费用的各种价值要素仍然存在差别,最终导致工程造价千差万别。建设工程计价不能像一般工业产品那样按品种、规格、质量等成批定价,只能单件计价,即按照各个建设项目或其局部工程,通过一定程序,执行计价依据和规定,计算其工程造价。

（2）计价的多次性

工程造价计价的多次性由基本建设程序决定。建设项目周期长、资源消耗数量大、造价高,因此其建设必须按照基本建设程序进行,相应的在不同的建设阶段多次计价,以保证工程造价管理的准确性和有效性。随着工程的进展与逐步细化,工程造价也逐步深化、逐步细化、逐步接近实际工程造价。在不同的建设阶段,工程造价有着不同的名称,包含着不同的内容,起着不同的作用。

（3）计价的组合性

工程造价计价的组合性由建设项目的组合性决定。建设项目是一个工程综合体,可以依次分解为单项工程、单位工程、分部工程、分项工程。建设项目的这种组合性决定了计价的过程是一个逐步组合的过程,分部组合计价程序。其中分项工程是最基本的计价单元,是能通过较简单的施工过程生产出来的,可以用适当的计量单位计算并便于测定或计算其消耗的工程基本构成要素。在工程造价管理中,分项工程可作为一种“假想的”建筑安装工程产品。例如,计算一个建设项目的设计总概算时,应先计算各单位工程的概算,再计算构成这个建设项目的各单项工程的综合概算,最后汇总成总概算。在计算一个单位工程的施工图预算时,也是从各分项工程的工程量计算开始,再考虑各分部工程,直至计算出单位工程的工程费,随后按规定计算间接费、利润、税金等,最后汇总成该单位工程的施工图预算。

（4）计价方法的多样性

工程造价计价方法的产生,取决于研究对象的客观情况。当建设项目处于可行性研究阶段时,一般采用估算指标进行投资估算;当完成初步设计时,可采用概算定额编制设计概算;当施工图设计完成后,一般采用单价法和实物法来编制施工图预算。不管采用哪种工程造价计价方法,都是以研究对象的特征、生产能力、工程数量、技术含量和工作内容等为前提的,计算的准确与否取决于工程量和单价是否准确、适用和可靠。

（5）计价依据的复杂性

工程造价的影响因素较多,决定了工程计价依据的复杂性。计价依据主要可分为以下几类:

①设备和工程量计算依据。包括项目建议书、可行性研究报告、设计文件等。

②人工、材料、机械等实物消耗量计算依据。包括投资估算指标、概算定额、预算定额等。

③工程单价计算依据。包括人工单价、材料价格、材料运杂费、机械台班费等。

④设备单价计算依据。包括设备原价、设备运杂费、进口设备关税等。

⑤措施费、间接费和工程建设其他费用的计算依据。主要是相关的费用定额和指标。

⑥政府规定的税、费。

⑦物价指数和工程造价指数。

3)工程造价的构成

（1）建设工程造价的构成

我国现行工程造价构成主要内容为建设项目总投资（包括固定资产投资和流动资产投资两部分），建设项目总投资中的固定资产投资与建设项目的工程造价在量上相等。也就是说，工程造价由建筑安装工程费用、设备及工器具购置费用、工程建设其他费用、预备费、建设期贷款利息、固定资产投资方向调节税等构成，具体构成内容如图 1.2.1 所示。

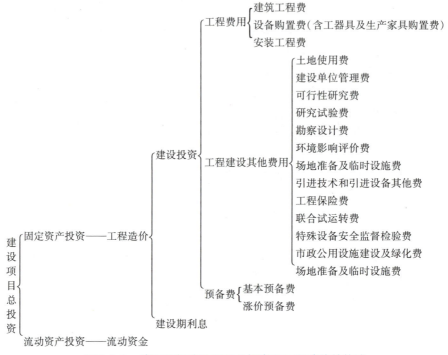

图 1.2.1　我国现行建设项目总投资和工程造价的构成

（2）建筑安装工程费

根据住房和城乡建设部、财政部关于印发《建筑安装工程费用项目组成》（建标〔2013〕44号文）的通知及《建设工程工程量清单计价标准》（GB/T 50500—2024），建筑安装工程费用项目按费用构成要素组成划分为人工费、材料费、施工机具使用费、企业管理费、利润和增值税（图 1.2.2）。为指导工程造价专业人员计算建筑安装工程造价，将建筑安装工程费用按工程造价形成顺序划分为分部分项工程项目费、措施项目费、其他项目费和增值税（图 1.2.3）。

4)工程造价的职能

工程造价除了具有一般商品的价格职能，还具有其特殊的职能。

（1）预测职能

由于工程造价具有大额性和动态性的特点，无论是投资者还是承包商都要对拟建工程造价进行预先测算。投资者预先测算工程造价，不仅可作为项目决策的依据，同时也是筹集资金、控制造价的需要。承包商对工程造价的测算，既为投资决策提供依据，又为投标报价和成本管理提供依据。

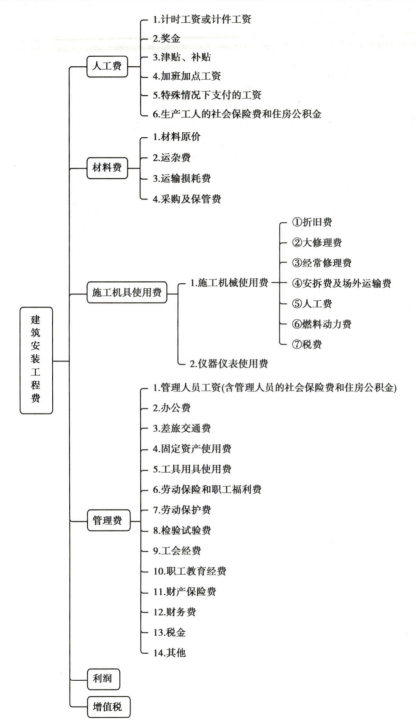

图 1.2.2　按费用构成要素划分建筑安装工程费

（2）控制职能

工程造价一方面可以对投资进行控制,在投资的各个阶段,根据对造价的多次性预估,对造价进行全过程、多层次的控制;另一方面可以对以承包商为代表的商品和劳务供应企业的成本进行控制,在价格一定的条件下,企业实际成本开支决定企业的盈利水平,成本越低盈利越高。

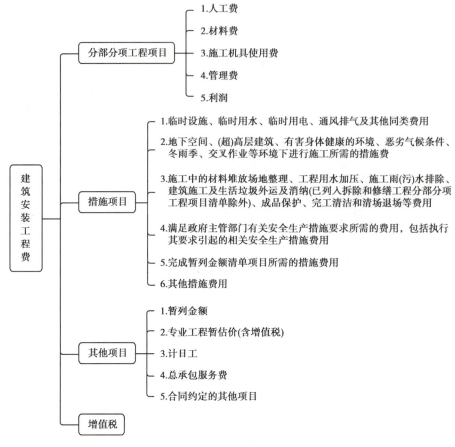

图 1.2.3　按造价形成要素划分建筑安装工程费

（3）评价职能

工程造价既是评价投资合理性和投资效益的主要依据,也是评价土地价格、建筑安装工程产品和设备价格的合理性的依据,还是评价建设项目偿还贷款能力、获利能力和宏观效益的重要依据。

（4）调控职能

由于工程建设直接关系到经济增长、资源分配和资金流向,对国计民生都产生重大影响,所以国家对建设规模、结构进行宏观调控,这些调控都要以工程造价作为经济杠杆,对工程建设中的物质消耗水平、建设规模、投资方向等进行调控和管理。

5）**工程造价的作用**

工程造价的作用范围和影响程度都很大,其作用主要有以下几点:

①工程造价是项目决策的工具。建设工程投资大、生产和使用周期长等特点决定了项目决策的重要性。工程造价决定了项目的一次投资费用。投资者是否有足够的财务能力支付这笔费用,是否认为值得支付这项费用,是项目决策中要考虑的主要问题。

②工程造价是制订投资计划和控制投资的有效手段。投资计划是按照建设工期、工程进度和建设工程价格等逐年分月加以制订的。正确的投资计划有助于合理和有效地使用资金。

③工程造价是评价投资效果的重要指标。建设工程造价是一个包含着多层次工程造价的

体系,就建设项目来说,它既是建设项目的总造价,又包含单项工程的造价和单位工程的造价,同时也包含单位生产能力的造价等。这使工程造价自身形成了一个指标体系,所以它能够为评价投资效果提供多种评价指标,并能够形成新的价格信息,为今后类似项目投资提供参照。

④工程造价是筹集建设资金的依据。投资体制的改革和市场经济的建立,要求项目的投资者必须有很强的筹资能力,以保证工程建设有充足的资金供应。

⑤工程造价是调节产业结构和合理分配利益的手段。工程造价的高低影响国民经济各部门和企业间的利益分配。在计划经济体制下,政府为了用有限的财政资金建成更多的工程项目,总是趋向压低建设工程造价,使建设中的劳动消耗得不到完全补偿,价值不能得到完全实现。而未被实现的部分价值则被重新分配到各个投资部门,为项目投资者所占有。这种利益的再分配既有利于各产业部门按照政府的投资导向加速发展,也有利于按宏观经济的要求调整产业结构。

1.2.2 全过程造价管理的主要内容及原则

1)工程造价管理的基本内涵

(1)工程造价管理

工程造价管理是指综合运用管理学、经济学和工程技术等方面的知识与技能,对工程造价进行预测、计划、控制、核算、分析和评价等的过程。工程造价管理既涵盖宏观层次的工程建设投资管理,也涵盖微观层次的工程项目费用管理。

①工程造价的宏观管理:是指政府部门根据社会经济发展需求,利用法律、经济和行政等手段规范市场主体的价格行为、监控工程造价的系统活动。

②工程造价的微观管理:是指工程参建主体根据工程计价依据和市场价格信息等进行预测、计划、控制、核算工程造价的系统活动。

(2)建设工程全面造价管理

按照国际造价管理联合会(International Cost Engineering Council,ICEC)给出的定义,全面造价管理(Total Cost Management,TCM)是指有效地利用专业知识与技术,对资源、成本、盈利和风险进行筹划和控制。建设工程全面造价管理包括全寿命周期造价管理、全过程造价管理、全要素造价管理和全方位造价管理。

①全寿命周期造价管理:是指建设工程初始建造成本和建成后的日常使用成本之和,包括策划决策、建设实施、运行维护及拆除回收等各阶段费用。在建设工程全寿命期的不同阶段,工程造价存在诸多不确定性,因此,全寿命期造价管理主要作为一种实现建设工程全寿命期造价最小化的指导思想,指导建设工程投资决策及实施方案的选择。

②全过程造价管理:是指覆盖建设工程策划决策及建设实施各阶段的造价管理。包括策划决策阶段的项目策划、投资估算、项目经济评价、项目融资方案分析;设计阶段的限额设计、方案比选、概预算编制,招投标阶段的标段划分、发承包模式及合同形式的选择、最高投标限价或标底编制;施工阶段的工程计量与结算、工程变更控制、索赔管理;竣工验收阶段的结算与决算等。

③全要素造价管理:其核心是按照优先性原则,协调和平衡工期、质量、安全、环保与成本之间的对立统一关系。

④全方位造价管理:建设工程造价管理不仅仅是建设单位或承包单位的任务,还是政府建设主管部门、行业协会、建设单位、设计单位、施工单位以及有关咨询机构的共同任务,尽管各方的地位、利益、角度等有所不同,但必须建立完善的协同工作机制,才能实现对建设工程造价的有效控制。

2) 全过程造价管理的主要内容

在工程建设全过程各个不同阶段,工程造价管理有着不同的工作内容,其目的是在有限的建设方案、设计方案、施工方案的基础上,有效控制建设工程项目的实际费用支出。

①工程项目策划阶段:按照有关规定编制和审核投资估算,经有关部门批准,即可作为拟建工程项目的控制造价;基于不同的投资方案进行经济评价,作为工程项目决策的重要依据。

②工程设计阶段:在限额设计、优化设计方案的基础上编制和审核工程概算、施工图预算。对于政府投资工程而言,经有关部门批准的工程概算是拟建工程项目造价的最高限额。

③工程招投标阶段:进行招标策划,编制和审核工程量清单、最高投标限价或标底,确定投标报价及其策略,直至确定承包合同价。

④工程施工阶段:进行工程计量及工程款支付管理,实施工程费用动态监控,处理工程变更和索赔。

⑤工程竣工阶段:编制和审核工程结算、竣工决算,处理工程保修费用等。

3) 全过程造价管理的基本原则

为实施有效的工程造价管理,应遵循以下三项原则:

(1)以设计阶段为重点的全过程造价管理

工程造价管理贯穿于工程建设全过程,应注重设计阶段的造价管理。工程造价管理的关键在于前期决策和设计阶段,尤其在项目投资决策后,控制工程造价的关键就在于设计阶段。建设工程全寿命期费用包括工程造价和工程交付使用后的日常开支(含经营费用、日常维护修理费用、使用期内大修理和局部更新费用等),以及该工程使用期满后的报废拆除费用等。

长期以来,我国往往将控制工程造价的主要精力放在施工阶段即审核施工图预算、结算建筑安装工程价款,对工程项目策划决策和设计阶段的造价控制重视不够。为有效地控制工程造价,应将工程造价管理的重点转到工程项目策划决策和设计阶段。

(2)主动控制与被动控制相结合

长期以来,人们一直把控制理解为目标值与实际值的比较,以及当实际值偏离目标值时,分析其产生偏差的原因,并确定下一步对策。这种立足于"调查—分析—决策"基础之上的"偏离—纠偏—再偏离—再纠偏"的控制是一种被动控制,这样做只能发现偏离,不能预防可能发生的偏离。为尽量减少甚至避免目标值与实际值的偏离,还必须事先主动采取控制措施,实施主动控制。也就是说,工程造价控制不仅要反映投资决策,反映工程设计、发包和施工,被动地控制工程造价,更要能动地影响投资决策,影响工程设计、发包和施工,主动地控制工程造价。

(3)技术与经济相结合

要有效地控制工程造价,应从组织、技术经济等多个方面采取措施:

①从组织上采取措施:包括明确项目组织结构,明确造价控制人员及其任务,明确管理职

能分工。

②从技术上采取措施：包括重视设计多方案选择，严格审查初步设计、技术设计、施工图设计、施工组织设计，深入研究节约投资的可能性。

③从经济上采取措施：包括动态比较造价的计划值与实际值，严格审核各项费用支出，采取对节约投资的有力奖励措施等。

应该看到，技术与经济相结合是控制工程造价最有效的手段。应通过技术比较、经济分析和效果评价，正确处理技术先进与经济合理之间的对立统一关系，力求在技术先进条件下的经济合理、在经济合理基础上的技术先进，将控制造价观念渗透到各项设计和施工技术措施之中。

1.2.3　全过程造价管理实施的必要性及难点

1) 全过程造价管理实施的必要性

长期以来我国将工程造价管理的重心放在施工阶段，忽略了项目前期如决策、设计阶段的管理，导致很多建设项目出现"三超"现象。随着现代大型基建项目、巨型项目的增加，项目的复杂性增大，项目管理和造价管理的难度加大，传统的建设工程造价管理思想也发生了一些变化，人们逐渐认识到：仅靠招投标与工程实施阶段的造价管理远远不能满足对工程项目造价和成本的控制要求。

有学者指出，在规划设计阶段，影响项目投资的可能性为 75% ～95% ；在技术设计阶段为 35% ～75% ；而在施工阶段，通过技术经济措施节约投资的可能性只有 5% ～10% 。可见，决策及设计阶段是影响工程成本最重要的阶段，是节约成本可能最大的阶段，也是成本控制的重点阶段。

因此，自 20 世纪 80 年代中期，我国工程造价管理领域的学者和实践工作者提出全过程造价管理的思想。与传统的造价管理中只重视实施阶段不同，全过程造价管理所涉及的管理范围超出了原来施工图概预算定额的控制管理范畴，即对项目从可行性研究阶段，经过设计、交易、施工阶段等整个过程实施合理确定与控制造价的行为。造价管理工作的重心逐步由事后评价转为事前和事中控制，由重视阶段管理转变为重视全过程管理。

建设工程全过程造价管理，要求站在全过程、全要素、全方位的角度，通过资源的合理配置，控制工程总成本，确保完成项目投资目标；要求在确保各个阶段的造价管理目标完成的前提下，做好各个阶段之间的造价管理动态协调工作，使各个阶段的造价管理为全过程造价管理服务。

由于建设项目各个阶段的工作重点和内容都不尽相同，各个阶段的造价管理目标也有较大差异。为了有效控制工程建设各个环节的工程造价，做到有的放矢，应对不同阶段采取不同的控制手段和方法，使工程造价更趋真实、合理，并有效防止概算超估算、预算超概算、结算超预算的现象发生。比如，投资决策阶段常出现计价漏项，没有动态的方案比选，估算数据难以准确；设计阶段往往未真正做到标准设计和限额设计，存在重进度和设计费用指标，而轻工程成本控制指标的问题；在招投标阶段，编制标价时，常常存在没有对施工图准确解读，造成施工图预算造价失真的情况，由此为以后工程索赔埋下了伏笔；施工实施阶段，对工程项目投资的影响相对较小，但却是建筑产品的形成阶段，是投资支出最多的阶段，也是矛盾和问题的多发阶段,合作单位常常是重一次性合同价管理,而轻项目全过程造价管理跟踪,从而引发造价争议;工程结算时则主要涉及漏项、无价材料的询价等问题。

由此可知,建设项目工程造价是由全过程的所有阶段来共同决定的,每个阶段对总造价的形成都有着重要影响。只有建立全过程造价管理思想,在建设工程全过程每一个阶段都做好造价管理工作,建立各个阶段造价管理的动态衔接,从建设工程全过程的角度对工程造价进行管理控制,才能实现造价管理控制目标和投资控制总目标。

2)我国建设工程全过程造价管理实施难点

我国现行的算量计价方法有两种:清单计价和定额计价。工程量清单计价方法的推行是希望工程造价由市场确定,实行市场调节价。定额计价方法的应用关键是人工、材料、机械的消耗量和单价等计价基础数据均依据标准概、预算定额。通常来说,只有通过实际施工过程检验过的消耗标准编制成定额的数据才更有价值,使用定额计价的过程恰恰相反,定额是工程计价数据的源点。

在我国现行工程计量计价标准下,建设工程全过程造价管理工作存在以下几个难点:

①我国工程建设实施的基本组织模式,由发包人、咨询人、承包人三方构成。建设工程施工业务的承揽往往由总承包人利用自身的资质优势投标获得,再进一步分包给规模较小或资质单一的施工公司,或者将劳务、设备材料的制造和采购进行分包。而工程建设过程中的咨询人,包括设计咨询、造价咨询、监理咨询等按照工程建设的顺序分别参与建设过程中。造价管理人员只能参与建设中的某个环节,使得造价管理碎片化、分散化,难以汇集建设过程各阶段专业人员来支持全过程造价管理。

②造价管理的工作重点更多的是基于工程计价业务,造价工作人员总是在计量计价,没有着眼于建设项目全生命周期的价值管理。从事造价的工作人员称谓从预算员改成了造价员,但是造价员也仅仅从事工程造价管理的最基础业务:计量计价工作。工作中依据政府颁发的定额进行计价和费用核算,往往对定额中的消耗量和单价直接套用,对定额标准价的形成过程也未多加思索,所以没有形成市场化的工程造价管理。而且在一线工作中,部分造价人员没有意识到合同在造价管理中的关键作用,施工合同规定了对工程价格的计算、审计、最终支付等重要工作的流程方法,造价人员应根据合同进行造价管理,对工程造价工作有预判的"大局观"。

③在全过程造价管理过程中,由于工程建设周期长,常常存在因合同变更、图纸变更、签证、材料价格波动、市场信息价格调整等原因导致的计量计价依据更新。但在实际工作中,造价管理工作更新的速度难以赶上,通常会发生一定程度的滞后,存在造价数据失真的情况。同时,在估算、概算阶段,由于没有足够数量的类似工程造价数据,通常难以获得准确的项目投资估算、设计概算,从而难以实现传统造价模式,即估算控制概算、施工图预算或者招投标价格不能超过已报批的概算,施工企业的施工成本要低于签订的合同金额。

任何一个工程的造价都可以分解为分部分项工程、单位工程、建设项目3级项目的各种费用集合。工程造价是从最小的可准确计量计价的基本单元向上汇总,基本计价单元是实体部分或者单价措施组成的分部分项工程,其工程量与各自的清单综合单价相乘,合计汇总后计算出分部分项与单价措施工程费。其中,综合单价需要包含清单中使用的人工、材料、机械(各要素消耗量乘上各自的单价计算得出)以及管理费和利润。

所以计价过程中使用的定额消耗量是否准确、要素价格是否准确、综合取定的管理费和措施费的费率是否合适,是使工程造价尽可能接近实际造价的关键因素。故无论是概算定额还是估算指标,一定要源于施工现场的数据,源于施工定额的数据、现场实际的施工成本管理的数据。工程造价的依据由小到大:从施工定额到概算指标再到估算指标应当有一个数据反馈的过程,但因为在市场经济体制下,发包人与承包人是价格博弈的关系,施工单位报给建设单位的数据以及定额站在编制定额时收集到的数据,都存在严重的失真,施工现场的数据与形成定额的基础数据之间存在壁垒,主要表现为施工数据无法准确、完全、真实地传递,而最高投标限价在编制过程中只考虑了定额管理部门发布的定额标准或者当地的造价信息,这个编制方式与过程弱化了真实成本的表达。

④目前,造价人员的工作模式大多是应用造价软件加上政府定额的数据来进行计量计价,这个工作方式会使工程造价工作存在以下两个严重问题:一是造价人员往往按本子计量计价,机械性重复工作,对出具的结果并不加以认真思考;二是会造成造价基本数据的失真,如果定额数据不真实,不是来自现场的真实数据,计价数据的更新会进入一个死循环。

结合以上造价管理工作中的难点,造价人员首先需要使用电子信息化的工具来提高工程计量计价的准确度和效率;其次需要在各阶段不同专业的工作人员间搭建一个可供交流的信息平台来记录并分析全过程造价数据;最后需要有一个实际可靠的工程造价数据记录载体来结构化存储并分析工程造价数据。

思考与练习

一、单选题

1. 下列关于工程造价管理发展历史的说法,错误的是(　　　)。

　A. 建设工程造价管理的特点是从事后评价发展为事前和事中管控

　B. 工程造价的控制思路从被动控制逐渐发展为主动控制

　C. 工程造价的控制仍处于被动控制阶段

　D. 工程造价管理逐步从阶段性管理发展为全过程管理

2. 以下关于北宋李诫编著的《营造法式》的说法,错误的是(　　　)。

　A. 它是第一个将“工程造价”当作专题研究的典籍

　B. 它是一部为杜绝工程领域贪污盗窃现象而产生的“反腐巨著”

　C. 该书刊行最现实的意义是明确房屋建筑的等级制度

　D. 书中的“料例”和“功限”可理解为现在的“材料消耗定额”和“劳动消耗定额”,是人类采用定额进行工程造价管理最早的明文规定和文字记录之一

3. 下列关于工程造价含义的表述中,错误的是(　　　)。

　A. 从投资者(业主)角度看,工程造价是工程投资费用,即建设项目固定资产投资,生产性建设项目的工程造价还包含铺垫流动资金投资

　B. 从市场交易角度看,工程造价是指工程价格,是以社会主义商品经济和市场经济为前提的工程承包合同价和建设工程总造价

　C. 工程造价的两种含义本质不同,分别对应不同的市场主体需求

D. 区别工程造价的两种含义,对投资者和承包商实现各自管理目标、完善工程造价管理具有重要意义

4. 关于工程造价的含义,下列说法正确的是(　　)。

A. 从投资者角度看,工程造价仅指建筑工程和安装工程的费用

B. 工程造价的第二种含义(市场交易角度)与社会主义计划经济紧密相关

C. 承发包价格不属于工程造价的范畴

D. 投资者追求降低工程造价以提高工程效益,承包商追求较高工程造价以获取利润

5. 在工程建设的各阶段中,确定建筑安装工程造价具体文件的阶段是(　　)。

A. 投资决策阶段

B. 初步设计阶段

C. 施工图设计阶段

D. 竣工验收阶段

6. 以下关于工程造价职能的说法,正确的是(　　)。

A. 工程造价的预测职能仅对投资者起作用,对承包商不起作用

B. 工程造价的控制职能只能对投资进行控制,无法对企业成本进行控制

C. 工程造价可作为评价建设项目偿还贷款能力、获利能力和宏观效益的重要依据

D. 国家对建设规模、结构进行宏观调控时,工程造价不作为经济杠杆

7. 以下关于工程造价作用的说法,正确的是(　　)。

A. 工程造价只是制订投资计划的依据,对控制投资没有作用

B. 工程造价形成的指标体系只能提供单一的评价指标

C. 投资体制改革后,项目投资者筹资能力与工程造价无关

D. 工程造价可影响国民经济各部门和企业间的利益分配

8. 在全过程造价管理中,控制工程造价的关键阶段是(　　)。

A. 施工阶段

B. 项目投资决策后的设计阶段

C. 施工图预算的审核阶段

D. 工程交付使用后的日常开支阶段

9. 以下关于全过程造价管理的说法,正确的是(　　)。

A. 我国自20世纪80年代中期开始将工程造价管理的重心放在施工阶段

B. 规划设计阶段影响项目投资的可能性为35%~75%

C. 全过程造价管理要求站在全过程、全要素、全方位的角度控制工程总成本

D. 施工实施阶段对工程项目的投资影响最大

10. 以下关于我国现行造价管理的说法,正确的是(　　)。

A. 定额计价方法的应用关键是计价基础数据必须源于实际施工过程检验

B. 造价管理人员能全程参与建设过程,有效支持全过程造价管理

C. 造价人员工作重点在于建设项目全生命周期的价值管理

D. 解决造价管理难点需借助电子信息化工具及搭建信息交流平台

二、多选题

1. 以下关于工程造价含义的说法,正确的有( )。
   A. 从投资者角度看,工程造价是建设项目的建设成本,包含建筑、安装、设备等相关费用,是固定资产投资的体现
   B. 从市场交易角度看,工程造价是工程承包价格,是在各类市场交易活动中形成的工程合同价与总造价
   C. 工程造价的两种含义相互对立,没有内在联系
   D. 承发包价格是工程造价中最典型的价格形式,通过招标投标等交易方式由市场形成
   E. 区别工程造价的两种含义,对投资者和承包商的市场行为及目标实现没有实际意义

2. 以下属于工程造价计价特点的有( )。
   A. 计价的单件性   B. 计价的多次性
   C. 计价的组合性   D. 计价方法的多样性
   E. 计价依据的复杂性

3. 以下关于工程造价含义的描述,正确的有( )。
   A. 工程造价具有预测职能,投资者和建筑商都需要对拟建工程造价进行预先测算
   B. 工程造价的控制职能体现在对投资进行全过程、多层次控制以及对企业成本的控制
   C. 工程造价可用于评价投资合理性、投资效益以及建设项目的多种能力
   D. 工程造价是国家进行宏观调控的经济杠杆,可用于调控建设规模、投资方向等
   E. 工程造价只对投资者在项目决策和资金筹集方面有作用,对建筑商作用不大

4. 以下属于工程造价作用的有( )。
   A. 是项目决策的工具,决定项目一次投资费用,影响投资者决策
   B. 是制订投资计划的依据,但对控制投资作用不大
   C. 能为评价投资效果提供多种评价指标,形成新的价格信息
   D. 是筹集建设资金的依据,要求投资者具备较强的筹资能力
   E. 是调节产业结构和合理分配利益的手段,影响各部门和企业间利益分配

5. 以下关于全过程造价管理基本原则的说法,正确的有( )。
   A. 工程造价管理应贯穿于工程建设全过程,重点在设计阶段
   B. 被动控制是发现偏离并预防可能发生的偏离
   C. 主动控制强调能动地影响投资决策、工程设计、发包和施工
   D. 技术与经济相结合是控制工程造价最有效的手段
   E. 从组织上采取措施主要是重视设计多方案选择

6. 以下关于全过程造价管理的说法,正确的有( )。
   A. 全过程造价管理涉及的管理范围超出了原来施工图概预算定额的控制管理范畴
   B. 造价管理工作的重心逐步由事前和事中控制转变为事后评价
   C. 建设项目各个阶段的造价管理目标有较大差异,应采取不同的控制手段和方法
   D. 投资决策阶段常出现计价漏项、估算数据难以准确等问题
   E. 工程结算时主要涉及漏项、无价材料的询价等问题

7. 以下体现全过程造价管理实施必要性的有( )。
   A. 传统造价管理重心在施工阶段,易导致建设项目出现"三超"现象

    B. 决策及设计阶段是影响工程成本最重要的阶段,是成本控制的重点

    C. 现代大型基建项目复杂性增大,传统造价管理无法满足控制要求

    D. 各阶段造价管理目标有差异,需采取不同控制手段防止造价失控

    E. 只有全过程管理才能实现造价管理控制目标和投资控制总目标

8. 我国现行工程计量计价标准下,建设工程全过程造价管理工作存在的难点包括(　　)。

    A. 造价管理工作模式碎片化,难以汇集各阶段专业人员支持全过程管理

    B. 工作重点局限于工程计价业务,缺乏全生命周期价值管理视角

    C. 计量计价依据更新滞后,造价数据易失真,投资估算等难以准确获取

    D. 定额数据与施工现场数据传递存在壁垒,真实成本表达弱化

    E. 造价人员工作依赖软件和政府定额,存在机械工作和数据失真问题

9. 关于我国现行算量计价方法,下列说法正确的有(　　)。

    A. 清单计价希望工程造价由市场确定,实行市场调节价

    B. 定额计价的计价基础数据源于标准概、预算定额

    C. 定额计价中定额是工程计价数据的源点,与实际施工检验无关

    D. 综合单价包含人工、材料、机械费用以及管理费和利润

    E. 计价过程中定额消耗量、要素价格、费率的准确性影响工程造价准确性

10. 针对我国造价管理工作中的难点,可采取的应对措施包括(　　)。

    A. 运用电子信息化工具提高工程计量计价的准确度和效率

    B. 搭建信息平台促进各阶段不同专业人员之间的交流与数据共享

    C. 建立可靠的数据记录载体结构化存储并分析工程造价数据

    D. 要求造价人员摆脱对造价软件和政府定额的依赖

    E. 加强对施工合同管理的重视,培养造价人员的"大局观"

三、简答题

1. 工程建设的不同阶段如何影响工程造价计价?

2. 请简要阐述工程造价的特殊职能及其具体体现。

3. 全过程造价管理包含哪些基本原则?

4. 由于视角不同,工程造价包括哪些不同的含义?

5. 我国建设工程全过程造价管理实施难点有哪些?

第**2**章
建设工程全过程造价管理典型案例

恰当的教学案例是实务、实践类课程教学有效开展的基础。本书的案例基于真实项目,得到了相关单位和个人的大力支持,并参考了相关的文献资料。本书的案例不是企业案例的简单堆砌,在一些情况下,其他项目发生的典型案例会被运用到本书的项目案例上,但所有变动都经过了缜密思考和仔细斟酌,力求在保持项目真实性的基础上达到更高的目标:揭示建设工程造价管理的共性,让我们更清楚地了解全过程造价管理。本章列举了 3 个全过程造价管理的典型案例,后续章节的部分案例分析或仿真演练会以本章案例为背景。

2.1 房建项目 A 造价管理实例

2.1.1 项目概况

项目 A 位于 C 市 C 区,由 B 集团的目标公司 B 于 2018 年 5 月竞得目标地块之国有建设用地使用权。项目所处位置一线临江,位置极佳,区域内大型开发商齐聚,重点打造为低密度高端居住区,政府统一规划,定位 C 市 CAZ(中央活动区)。该区域未来将成为开发热点区域,项目周边路网完善,交通畅达 C 市各主要城区,且规划有轨道交通。项目 A 区位图如图 2.1.1 所示。

项目位置

图 2.1.1 项目 A 区位图

项目 A 分三期建设,一、二期为住宅,三期为商业。其中,住宅地块占地 13.73 万 m^2,可售面积 22.6 万 m^2,业态布局为 8F 洋房,12F、13F 小高层,共计 42 栋,可售货值 32.6 亿元(含车位)。一期总建筑面积为 10.2 万 m²;二期总建筑面积为 12.4 万 m²。其中,一期竣备时间为 2020 年 10 月 30 日,交付时间为 2020 年 12 月 30 日;二期竣备时间为 2022 年 1 月 10 日,交付时间为 2022 年 3 月 15 日。项目 A 住宅地块技术经济指标见表 2.1.1。

表 2.1.1　项目 A 住宅地块技术经济指标

建设工程(方案)技术经济指标一览表			
项目	规划条件	设计数值	备注
建设用地面积(m²)	137 278	137 278.00	——
居住户数(户)	——	1 684	——
居住人口(人)		5 389	——
总建筑面积(m²)	——	323 273.69	——
其中　地上建筑面积(m²)	——	228 586.99	——
1.居住(m²)	——	222 488.68	——
2.配套用房(m²)	——	1 416.34	——
其中　(1)社区组织工作用房(m²)	每 100 户 20 m²	337.24	43#楼 2F
(2)物业管理用房(m²)	总建筑面 0.3%	1 009.94	43#楼 1F、2F 及车库-1F
(3)公厕(m²)	60	69.16	43#楼 2F
3.公建(m²)	——	0.00	——
4.其他(m²)	——	4 627.64	住宅首层架空面积
地下总建筑面积(m²)	——	94 686.70	——
其中　(1)地下停车库(m²)	——	89 471.06	——
(2)设备用房面积(m²)	——	5 269.97	其中 94.33 m² 计容
总计容建筑面积(m²)	≤224 000	223 999.35	——
容积率(%)		1.63	——
建筑密度(%)	≤40	32.00	——
住宅建筑净密度(%)	——	18.33	——
绿地率(%)	≥30	30.06	——
停车位(个)	——	2 543	——
其中　地下停车位(个)	——	2 541	——
地面停车位(个)	——	2	公厕配套
总户数(户)	——	1 684	——
其中　大于 100 m² 小于 200 m² 户数	——	1 684	——
小于 100 m² 户数	——	0	——
建筑高度	≤40 m	39.8 m (13F/-1F)	——

2.1.2　项目 A 一期造价管理问题

项目 A 拿地成本较周边项目相比较低,前期成本利润率测算结果较高。同时,项目 A 处于的 C 市 C 区同质化产品扎堆,项目 A 一期推出后,市面上堆积及新推的同质化产品增量巨大,去化形势严峻。一期开发过程中对成本管控及成本利润率等方面影响的问题或因素分析如下。

1)投资决策阶段造价管理问题

项目 A 一期拿地后,确定的目标总成本较可研测算阶段合计增加 7 485 万元。其中,建安成本部分增加 5 343 万元(表 2.1.2),由于市场调研不充分、拿地测算精确度不足导致增加的成本为 4 230 万元。

表 2.1.2　可研测算与拿地后目标成本对比表

序号	科目	可研测算阶段	拿地后阶段	差异
1	货值(万元)	169 508	181 902	12 394
2	总成本(万元)	103 609	111 093	7 485
2.1	建安成本(万元)	46 947	52 290	5 343
3	成本利润率(%)	36.00	36.80	0.80

一方面,市场调研不充分,拿地阶段对周边竞品楼盘情况及当地政府政策了解不够透彻,为达到精装备案标准以提升产品竞争力,对精装房配置清单进行了提升,其中对厨房、浴室、智能化等方面进行了配置提升,同时增配了消毒柜(厨电三件套)、厨下净水器、防污背板、入户挂钩、一键总控、全屋 Wi-Fi、小夜灯,合计增加 1 250 万元。还有一部分因满足品质配置提升诉求,提高钢筋含量、混凝土含量、窗地比等,共计约 1 350 万元。

另一方面,拿地测算精确度不够,拿地复盘后发现可研阶段漏计地下室 5 000 m^2,影响总价约 1 630 万元。

2)设计阶段造价管理问题

(1)设计部对设计图纸质量及进度把控不足

进度方面,根据工程工期节点要求反推出图节点,设计部常常晚于控制节点出图,影响招采进度及项目建设进度;图纸质量方面,存在招标图纸与施工蓝图不对应的情况,如门窗及幕墙的招标图纸与施工蓝图有差异,因招标模式总价包干是按招标图纸总价包干,最终导致产生大额设计变更费用;存在设计错误及设计各专业间沟通不充分导致的设计变更,如管线碰撞、钢筋尺寸不达标或桩承台点位有误等,均产生无效成本,如土建图纸中卫生间包管范围与精装修图纸中包管范围有偏差,导致总承包单位做完包管后,精装修单位发现没地方放置马桶,核对图纸后发现土建与精装图纸不对应,需重新凿除后再按精装图纸要求砌筑。项目 A 一期由于设计对图纸把控不足,最终导致项目变更率较高。

(2)产品适配和限额设计问题

项目 A 实行限额设计。在投资决策阶段,项目 A 拟定位为高端改善盘,在设计阶段,考虑市场需求及成本利润率,拟朝刚需盘定位方向调整,刚需盘与改善盘限额指标在精装修、外立面、景观标准等显性配置上存在较大差异,在隐形指标含量方面差异也较多,两种方案建安成本共计相差 4 500 万元。最终,B 集团在刚需盘与高端改善盘之间做了折中选择,一期的产品配置标准介于刚需与高端改善中间,对钢筋、混凝土含量、窗地比、景观及精装修标准进行调整,建安成本差异由 4 500 万元降低至 2 200 万元。由于项目定位不清晰,且 B 集团对品牌声誉有一定追求,实际上一期项目的总成本及成本利润率也受到一定影响(表 2.1.3)。

表 2.1.3 项目 A 一期设计限额表

序号	指标名称	刚需盘限额	高端改善盘限额	最终确定限额
1	设计费(元/m²)	80	110	110
2	地下室钢筋含量(kg/m²)	110	120	115
3	地下室混凝土含量(m³/m²)	1.14	1.2	1.14
4	地上钢筋含量(kg/m²)	37	41	40
5	地上混凝土含量(m³/m²)	0.32	0.36	0.34
6	窗地比	0.2	0.28	0.22
7	景观工程(元/m²)	450	600	500
8	墙地比	1.2	1.66	1.66
9	大堂装修标准(元/m²)	2 160	2 500	2 200
10	电梯厅装修标准(元/m²)	990	1 200	1 000
11	公共走道装修标准(元/m²)	600	600	600
12	智能化(每户指标)(元/户)	3 200	4 000	3 200

3)招投标阶段造价管理问题

小李是 B 集团成本部人员,负责项目 A 的招标工作。按照公司招标流程,最高投标限价编制完成并审批同意后,可进行招标工作,然后对招标结果进行评定,最后确定中标的施工单位。编制最高投标限价时要对项目进行内外部对标,对标时至少需要一个内部对标项目(以往同类型项目)和两个外部对标项目。原则上,对标项目与目标项目是相距时间在半年内的同类型项目。然后,控制价在基于内外部对标和市场行情后综合考虑,得出符合现实情况的造价。

在小李进行最高投标限价编制工作时,因为公司内部可找的资源很少,连两个外部对标的资料都不能找齐。好不容易资料收集完成后,小李才能完成自己的工作,第一道关卡算是过去了,但通常 3 个对标项目本身并不具有充分的代表性,综合考量出来的造价仍然具有偏差。

4)施工及结算阶段造价管理问题

（1）工程管理不到位

B 集团项目 A 工程部管理能力薄弱，对项目现场实际管控不足，常出现未按图施工或施工不当造成损失或不可预见的零星签证工作以及施工单位工作内容甩项、工期拖延的情况。同时，工程管理工作做得不细致，如桩基结算时发现未跟踪土方测绘标高、桩基桩长测量，现场施工记录数据失真，最终不利于成本控制决策，导致额外增加费用。

（2）索赔问题相对较多

项目 A 一期索赔问题较多。例如，工程部对政府信息获取及时性和准确性有欠缺，拿地后一年，本地块出入的主干市政道路开始封闭施工，且工期为一年。工程部未及时获得要改建道路的通知，导致项目进度铺排被打个措手不及。主干道路封闭无法满足出入通行需求，严重影响各施工单位进出货物的效率，施工单位对此提出 300 多万元的索赔。又如，因工程部未铺排好工期，导致部分钢板桩拔除工期延后一年多，中间也存在桩基单位在清楚满足拔除的条件下未及时告知建设单位拔除的情况，产生 280 万元钢板桩延期租赁费用。同时，工程部人员反索赔意识薄弱，现场施工质量缺陷及工期滞后问题相关证据未留存，也不按照合同条款对施工单位进行处罚，合同奖罚制度流于形式，导致承包单位索赔时，B 集团项目 A 工程部却没有反索赔的凭据。

（3）混乱的签证变更

按照公司签证及其变更流程，在项目变更签证的下发阶段，需要施工单位根据下发文件的要求做出估算；然后将估算结果发送给建设方的成本部门；成本部门业务人员对估算价格进行审核；审批后施工单位对变更签证的内容进行施工；施工完成后，由建设单位组织各方参与人员对现场进行阶段性验收；施工单位对验收的工程量进行描述，形成收方单并做结算，结算流程与估算类似。

虽然估算到结算的流程看起来很简单，但是实际审核过程却不像想象的那样简单。小李在审核签证时发现提交上来的签证收方单不具备结算条件。比如，因为收方单上的内容与施工单位上报签证结算的内容不一致，小李严格按照收方内容审核签证结算价，造成审减额过大的造价结果，施工单位对审核结果有异议，要求重新提交修改后的收方单。小李在审核签证时多次出现这种情况，导致单一签证多次反复审核的状况，时间跨度最长的一单签证甚至经历了将近一年时间。另外，小李做签证单审核时审核的依据不明确，如采用定额的项目套项不准确、采用市场价的项目缺少比价环节、未采用合同价的计价方式等。此外，下发签证时，项目部的施工管理人员和现场监理对签证内容没有审核过程，提交上来的签证内容漏洞百出，有签证内容前后矛盾的，也有与之前的签证内容重复的。小李在审核本单内容的同时还要查找以往的签证内容，对于小李来说，该项目的签证变更数量本来就不小，还要查找以往签证单的内容，这根本就是难上加难。

小李在签证审核上浪费了大量的时间和精力，而结果却不尽如人意，由于延误了签证审核的进度，施工单位认为小李在有意拖延审核工作。

进度、质量和造价是施工项目管理的"铁三角"，三者互相制约，想让它们都能达到理想的效果难度很大。由于不同参与方的利益出发点不同，很难实现进度又快造价又低的理想状态。工程部的目标是迅速并高质量地完成项目，这必然会投入更多的建造资金，与成本部节约工程造价的宗旨相矛盾。在下发签证这一工作中也不例外,工程部为加快施工进度,有时会下发一些并不合理的签证,而作为把守造价关卡的成本部,应该对不合理的内容进行审核并予以扣除。但这同时又损害了施工单位的切身利益——完成了建设方要求的施工内容却得不到相应的报酬,施工单位自然是不会同意审核结果的。在长期合理化签证内容的过程中,经过反复交涉和长期沟通博弈才能得到符合要求又令双方满意的结果。这为造价人员的工作效率和人力成本带来了负效益。

2.1.3 项目 A 一期造价管理总结

拿地后目标版本与可研测算版本对比如下:项目 A 一期拿地后确定的目标总成本较可研测算阶段合计增加 7 485 万元,其中建安成本部分增加 5 343 万元,由于市场调研不充分、拿地测算精确度不足导致增加的成本为 4 230 万元。还有一部分因合作方品质配置提升诉求,提高钢筋含量、混凝土含量、窗地比等,共计约 1 100 万元。建安成本以外部分,合作项目营销费、财务费及管理费按合作协议约定费率计入,增加 1 933 万元。

项目 A 一期于 2021 年 3 月底完成整体结算工作,项目最终结算版本与目标版本对比及整体情况分析如下:一期楼盘售罄时间较目标延后近 5 个月,主要原因是市场行情低迷,去化慢,导致售罄节点延后。最终售罄的整体货值较目标货值折损 728 万元,总成本较目标增加 3 216 万元,其中建安成本超支 2 436 万元:一是发生变更签证合 1 455 万元,变更签证率为 2.66%,突破项目变更签证率控制在 1% 范围内的考核要求。主要原因是工程管理不到位、反索赔意识薄弱、设计图纸质量把控不足、采购方式确定与供应商管理不佳导致最终结算成本突破目标成本。二是招标时,存在部分工程超目标成本定标的情况,如涂料工程超目标成本 53 万元、门窗幕墙工程因铝锭材料涨价超目标成本 245 万元、桩基工程超标底 152 万元等,合计超目标成本约 450 万元。三是总承包合同结算调差增加 275 万元、索赔处理同意增加金额合计 270 万元、奖惩合计 14 万元。

从整体上看,最终项目 A 一期总成本较目标成本超支 3%,成本利润率较目标版本降低 2.39%,未达成目标利润要求(表 2.1.4 和表 2.1.5)。后续应从一期项目中增强全员成本管理意识、限额设计、图纸质量把控、招标管理、工程管理等方面吸取教训,为二期项目成本控制改进打好基础。

表 2.1.4 项目 A 一期建安成本异常部分台账

序号	合同额调整原因	金额(万元)	占总变更额比例(%)
1	设计变更(正常技术措施)	384	26
2	无效设计变更	59	4
3	品质提升设计变更	98	7
4	现场签证(正常技术措施)	590	41
5	无效现场签证	123	8
6	配合类现场签证	201	14
7	调差	275	—
8	变更签证率	2.66%	—

表 2.1.5 项目 A 一期可研测算版本、目标版本、结算版本对比表

序号	科目	可研测算版本	拿地后目标版本	目标版本-可研版本	最终版本	最终版本-目标版本
1	首次开盘时间	2018.09.30	2018.09.30	—	2018.10.28	延后 1 个月
2	楼盘售罄时间	2019.12.30	2019.12.30	—	2020.05.25	延后 5 个月
3	交付时间	2020.06.30	2020.06.30	—	2020.12.30	延后 6 个月
4	货值(万元)	169 508	181 902	12 394	181 175	−728
5	1~10 项总成本(万元)	103 609	111 093	7 485	114 309	3 216
5.1	1 土地费用(万元)	48 727	48 823	96	48 823	0
5.2	2~6 项建安成本(万元)	46 947	52 290	5 343	54 726	2 436
5.3	7 维修基金(万元)	113	225	112	223	−2
5.4	8 管理费用(万元)	2 317	3 407	1 089	3 407	0
5.5	9 销售费用(万元)	3 533	4 258	725	4 608	350
5.6	10 财务费用(万元)	1 972	2 090	118	2 522	132
6	成本超支/节余率(%)	—	—	—	—	3
7	成本利润率(%)	36.00	36.30	0.30	33.91	−2.39

2.2 高校基建项目 B 造价管理实例

2.2.1 项目概况

G 大学是 G 市的一所以工科为主,理科、经济、管理、文科、法学、艺术等专业相结合的高水平大学。面对日益增长的师生规模,为提升学校综合实力,使学校获得更大的发展空间,学校决定建设新校区。

新建校区项目 B 占地面积约 133 公顷(1 公顷 = 15 亩 = 10 000 m²),总建筑面积 514 435 m²。新建校区采取分期建设的模式,其中,一期工程建筑面积约 133 585 m²,二期工程建筑面积约 191 100 m²,三期工程建筑面积约 189 750 m²,工程总投资额为人民币 235 132.33 万元,其中包含建筑安装工程费 191 261.98 万元,其他建设费 43 870.35 万元。

新建校区项目 B 一期工程包含新建建筑(12 个):主教学楼、美术学院教学楼及连廊、报告厅、图书馆、风雨操场及看台、综合楼、学生宿舍楼、教师公寓楼、学生食堂、超市中心等。一期工程鸟瞰图如图 2.2.1 所示。

图 2.2.1　项目 B 一期工程鸟瞰图

2.2.2　项目 B 一期工程造价管理问题分析

1)投资决策阶段

①项目建议书阶段投资估算,编制时间为 2021 年 3 月,编制金额约为 7.55 亿元。测算方法:类似项目估算法和指标法。

②详细可行性研究阶段投资估算,编制时间为 2021 年 9 月,编制金额约为 8.58 亿元。测算方法:指标估算法。造价金额变化影响较大因素:总建筑面积减少,但地上增加了架空层以及报告厅等单体建筑。

③设计概算,编制时间为 2022 年 4 月,编制金额约为 9.47 亿元。测算方法:清单计价法。金额变化主要原因为设计变化。

新建校区项目 B 一期工程总投资金额经历了 3 个主要的阶段性变化,主要是因为方案设计面积指标的变化、造价指标对标学校的变化、建设档次的提升以及根据校方需求和实际施工情况增加考虑了部分项目等导致。

首先,学校前期调研工作不到位,没有对经济和财务可行性进行充分论证就盲目追求项目档次,造成造价幅度增加较大;其次,项目决策不科学、不合理,项目投资决策失误,从而造成巨大的投资投策偏差。

2)设计阶段

(1)未全面推行设计招投标制度

项目建设方对设计阶段的成本控制意识较为薄弱,在对设计单位的选择上没有足够重视,没能全面推行设计招投标制度。在项目设计招标中,往往采用与施工招标相似的评标方式,以价格为主要考虑因素,使设计单位在价格上竞争,相对较低的设计费用在一定程度上影响了设计人员的积极性和创新性,设计方案单一、出问题的可能性大,从而导致在后续施工过程中易出现设计变更的情况。同时,压缩设计工作时间、压低设计费用等非理性行为较为普遍,设计取费偏低、设计工作时间紧凑不可避免地影响了设计单位的发展和创新能力,无法对设计的经济性、适用性和安全环保性进行分析比较,最终直接或间接地损害了工程利益。

对新校区项目 B 一期工程的工程变更类型分析结果显示,有超过一半以上的工程变更来自设计变更,其中很大一部分原因就是没能择优选择设计单位,所以完善设计单位的招投标制度也是尤为重要的。

(2)未能真正推行限额设计

新校区项目 B 一期工程未能真正推行限额设计,且设计收费偏低、计算方式不合理。新校区项目 B 是根据项目的投资额和相应费率计算设计费,在这种方式下,项目投资额越大,设计费就越高,设计费的高低与项目投资金额有关而与设计水平无关,这样的计费方式和实行限额设计的理念相矛盾,设计人员不会主动降低工程造价。再加上,目前在设计阶段是由设计单位自行编制设计概算,缺少对应的限制条件,造成设计概算的准确率低、设计可信度低,对设计概算也缺少严格的审查程序,这样很容易造成"三超"现象的发生。

(3)项目设计深度不足

新校区项目 B 一期工程因时间紧迫、任务繁重,设计单位为在规定的时间内完成设计任务,不影响该项目的招标实施等程序,对该项目考虑不够周全,深度不够。设计不细致,图纸错误多,造成后期设计变更。调研中发现:在一期工程的施工过程中,出现了很多由于前期图纸设计有误而产生的设计变更,从而增加工程造价的问题。例如,在综合楼项目中,因结施与建施不符,图纸会审考虑不全面,造成部分已施工结构梁板拆除重建等,涉及金额约 15 万元。又如,缺乏充分的研究,对墙面、地面等工程简单的采用同类型装饰材料,导致风格比较单一,缺少门窗深化图、大样图等,造成最高投标限价的编制依据不够、考虑不足,产生漏项,最终影响项目的造价。

以综合楼单体建筑(图 2.2.2)为例,其工程概况如下:

①总建筑面积:22 110 m^2。

②建筑高度:32.5 m。

③建筑层数:地上 9 层。

④建筑层高:地上 1 层,层高 3.6 m;地上 2~8 层,层高 3.30 m;地上 9 层,层高 3.6 m。

图 2.2.2 综合楼效果图

图纸存在以下问题：

①承台：ⓒ、ⓓ轴交⑫~⑬轴的两个承台无编号。

②承台：ⓒ、ⓓ轴交①轴的 CT07 与ⓝ、ⓜ轴交①轴的 CT07 平面尺寸不同。

③承台：ⓒ~ⓔ轴交⑫轴的两根桩无桩顶标高。

④6.85~30.3 m 柱定位图：KZ18 无箍筋信息。

⑤首层梁配筋图：ⓝ轴梁无配筋信息。

⑥梁配筋图与墙柱配筋图中的连梁配筋信息不同。

⑦首层楼板配筋图：无楼板配筋信息。

⑧1~9 层楼板配筋图：未注明配筋的附加钢筋无配筋信息。

⑨屋面架构层标高，结构图与建筑图不一致。

⑩缺少楼梯配筋图等。

图纸设计深度不够，不仅反映了设计人员设计不细致、图纸会审工作不认真，也反映了项目主管人员对项目设计阶段协调管理不充分，没能对设计质量、进度以及设计概算进行有效审查，导致无法准确编制工程量清单及最高投标限价，并使得后续施工阶段出现较多的设计变更，影响施工进度和工程造价。

工程设计属于高智力型的创新性工作，设计人员是否具有稳定的心态、对社会负责的精神以及不追求私利等素养显得尤为重要。但随着我国工程建设高速发展，设计工作量大、设计工期过短、设计工作价格偏低，使得工程设计质量难以得到保证。

3)招标投标阶段

(1)过于关注采购最低价

项目建设方因设计变更、方案变更造成了造价增加，故对材料和设备的采购价格过于关注最低价；同时，由于项目参与方多、以暂估价形式列入的材料多，导致多次沟通、市场走访、商务洽谈等消耗了大量时间，从而影响现场施工进度。

(2)工程量清单编制质量低

完成项目招投标后，工程造价表现为合同已标价工程量清单，它是中标施工单位根据招标工程量清单填报价格转化而成的，是合同文件的核心组成部分，也是项目竣工结算的重要依据。

招标工程量清单及控制价的编制，主要工作依据为施工图纸、工程现场条件、计量与计价软件、技术标准与质量要求等。该阶段工程造价控制的关键在于施工图纸的设计深度与准确性，如果设计深度不够、施工图纸不准确，工程造价控制必将成为空中楼阁。

工程量清单编制质量对工程造价控制有着重要影响，新建校区项目 B 一期工程由于工程量清单编制时间较为紧迫，清单编制人员现场施工经验不足，对施工现场的实际情况了解较少，对施工图纸的研读不仔细不深入，工程量清单编制时简单将图纸套入软件，且后期审核不到位，导致工程量清单编制质量较差。

出现的问题有：工程量清单项目特征描述不准确、不全面，存在错项、缺项、漏项，工程量计算错误，将工程量较小的分项工程合并列项等。例如，将混凝土排水沟的混凝土工程量合并在混凝土中列项，导致施工单位以漏项为由，进行设计变更；未发现施工图设计说明中主体基坑开挖前需要强夯，导致强夯项目漏项，使土方开挖及回填量翻倍；未发现某些房间有节能设计，导致清单节能项目漏项;未将图纸中抗震钢筋与非抗震钢筋分开列项,导致价格存在差异等。由于工程量清单编制质量不高,导致后期变更签证增加,工程造价成本增加。

4) 施工阶段

新校区项目 B 一期工程施工阶段影响造价的主要问题有:

(1)设计方案调整或设计图纸可建造性差,导致设计变更

例如,主教学楼主体工程共有设计变更单 9 张,装修工程共有设计变更单 2 张,相关变更事项及原由见表 2.2.1。其中,事项 4、10、11 是由于建设方原因,事项 1、2、3、5、6、7、8 都是由于设计图纸原因。事项 10 是建筑物使用功能定位不明确或者人员变动等导致设计方案一再变更,不仅耽误工期,还对造价产生很大影响,使造价控制沦为一纸空谈。事项 4、事项 11 是由于主体工程与电梯工程分开招标,导致设计院进行图纸设计时电梯样本不明确,电梯中标方与施工图纸设计样本不一致,发生设计变更。其余事项均是由于设计图纸未考虑施工现场实际,存在设计漏项,使施工图纸的可建造性差。产生的原因主要是设计人员经验不足、态度不够仔细认真,设计图纸千篇一律。

表 2.2.1　新校区项目 B 一期工程主教学楼设计变更表

事项序号	变更内容	变更原由
1	原设计中部分墙体位置与现场管线走向冲突,需调整墙体定位	设计图纸不考虑施工现场实际,存在设计漏项
2	楼内某区域原设计的排水坡度无法满足实际排水需求,需重新设计排水坡度及排水路径	设计图纸不考虑施工现场实际,存在设计漏项
3	部分楼层的消防疏散通道宽度未达到规范要求,需拓宽通道并修改周边房间布局	设计图纸不考虑施工现场实际,存在设计漏项
4	电梯井尺寸、门洞高度及电梯设备接口等需按中标电梯样本重新设计	主体工程与电梯工程分开招标,设计院设计图纸时电梯样本不明确,电梯中标方与施工图纸设计样本不一致
5	屋顶防水构造设计未考虑当地气候条件,需增加防水层厚度及防护层	设计图纸不考虑施工现场实际,存在设计漏项
6	外墙保温材料设计无法满足节能验收标准,需更换材料及施工工艺	设计图纸不考虑施工现场实际,存在设计漏项
7	室内吊顶造型与消防喷淋头、灯具安装位置冲突,需调整吊顶设计	设计图纸不考虑施工现场实际,存在设计漏项
8	地下室通风管道走向与结构梁位置冲突,需改变管道路径	设计图纸不考虑施工现场实际,存在设计漏项
9	楼内某区域的强弱电桥架空间不足,需重新规划桥架布局	设计图纸不考虑施工现场实际,存在设计漏项
10	原设计的某楼层功能区由实验室调整为办公室,需重新设计房间分隔、水电线路及装修方案	建设方原因,建筑物使用功能定位不明确或者人员变动

续表

事项序号	变更内容	变更原由
11	电梯厅的装修风格、材质及尺寸需适配中标电梯品牌,进行二次设计	主体工程与电梯工程分开招标,设计院设计图纸时电梯样本不明确,电梯中标方案与施工图纸设计样本不一致

常见问题还有:同专业图纸前后冲突、土建施工图的平面图和立面图尺寸不一致、电器烟感探测器的数量与系统图不一致、水暖通设备数量与系统图不一致等。例如,主教学楼主体施工图纸设计中,弱电部分综合布线系统图不明确,清单中将其打包综合列项,施工方笼统报价,导致结算值发生较大变化。

(2)由于各种原因发生工程量签证,导致工程造价发生变化

例如,主教学楼主体工程产生工程量签证单9张,装修工程产生工程量签证单8张。各签证单事项及原因见表2.2.2。其中,事项1、2、3、4由于不可预知的风险,事项5由于政策要求,事项6、8、10由于建设方管理要求,事项7、13由于清单编制漏项,事项9由于专业不匹配,事项11、12、15、16由于设计图纸的问题。

表2.2.2 新校区项目B一期工程主教学楼工程量签证表

事项序号	签证内容	签证原由
1	基础施工时遭遇地下溶洞,需进行注浆加固处理,增加工程量	不可预知的风险
2	施工期间突发暴雨,导致基坑积水,增加排水及基坑支护加固费用	不可预知的风险
3	土方开挖过程中发现地下文物,暂停施工并进行考古挖掘,产生额外保护及工期延误补偿费用	不可预知的风险
4	因极端高温天气,需采取工人防暑降温措施及调整施工时间,增加人工成本	不可预知的风险
5	因环保政策升级,施工现场需增设扬尘监测设备及雾炮机,增加环保措施费	政策要求
6	建设方要求提前开放部分区域作为临时展示区,增加赶工措施费及临时装修费用	建设方管理要求
7	招标清单未包含地下室集水坑盖板,需现场制作并安装,增加材料及人工费用	清单编制漏项
8	建设方临时要求增加楼内无障碍设施,如残疾人坡道、扶手等	建设方管理要求
9	机电安装工程与土建预留孔洞位置不匹配,需重新打孔及修补,增加人工及材料费	专业不匹配
10	建设方要求提高楼内公共区域装修档次,更换更高标准的装修材料	建设方管理要求
11	因设计图纸中卫生间给排水管道标高错误,需重新安装管道,增加返工费用	设计图纸的问题
12	原设计的楼梯栏杆样式与整体装修风格不符,需更换栏杆材质及造型,增加材料费	设计图纸的问题

事项序号	签证内容	签证原由
13	招标清单未计取屋面避雷带支架费用,需补充施工及材料费用	清单编制漏项
14	装修工程中,因设计图纸未明确墙面瓷砖铺贴方式,实际采用复杂拼花工艺,增加人工费用	装修工程设计图纸问题
15	设计图纸中电气线路标注错误,导致部分线路需要重新敷设,增加材料及人工费用	设计图纸的问题
16	原设计的门窗尺寸与现场实际不符,需重新定制门窗,增加材料及安装费用	设计图纸的问题

以上问题产生的原因主要有:

①施工过程中确实存在很多不可预知的风险。对新建工程,施工前无法完全准确预计施工中可能出现的风险主要是在地面以下部分,如土方开挖深度、开挖尺寸、基础类型、桩长等。主体工程中,由于项目位于山上,地质情况复杂,地勘点数量有限,开挖后发现有大块孤石,导致土方开挖深度增加,填方量增加,工期延长。

②高校基建部门专业人员较少,对项目招标范围细节不够明确,工程量清单编审能力不足,现场施工管理经验不够,对设计、监理、施工方的管控协调能力弱,导致工程出现重复建设。

③政策性调整和不可抗力因素是无法避免的风险。如工程取费标准的变化,防止扬尘的环保需求,台风、疫情等不可抗力,均会对项目产生不利影响,从而影响工程造价。

2.2.3　全过程造价咨询助力项目 B 造价管理

鉴于新建校区项目 B 一期工程造价管理中的问题,考虑到新校区地质情况复杂、建设规模大、组成单体众多、类型齐全,且功能定位截然不同,其后期建设工期紧张,造价管理难度更大,基于基建部分专业人员较少,学校委托造价咨询单位 X 对新建校区项目 B 一期工程造价管理问题进行分享,总结经验,并对后期建设进行全过程造价咨询。根据学校要求,后期建设咨询服务特点是基于 BIM 技术的全过程造价咨询,包含方案阶段、发承包招标阶段、初步设计阶段、施工图设计阶段、施工阶段及后评估阶段,具体服务内容如下:

①成本策划及各阶段目标成本测编、设计方案测算及比选、合约规划编制、资金计划编制、单体施工图阶段设计优化。

②发承包招标、商务标清标、商务谈判、协编合同文件、招标总结。

③重新计量(对图审版施工图预算编制及审核)、进度款审核及预警、变更签证资料管理、专项工程和材料的认质认价、索赔与反索赔工作(协助甲方审查、评估承包商提出的索赔;协助甲方对承包商提出反索赔)。

④按甲方要求参加涉及造价的成本会议(如图纸会审、设计协调会、工地例会等,配合甲方进行合同交底、释疑,对可能影响工程造价的事项及时进行费用评估,提出合理化建议)、过程成本监控。

⑤建立项目成本控制体系。

⑥协助 BIM 平台管理工作(提出 BIM 工作平台搭建方案、协助发包人管理 BIM 工作平

台)。

⑦配合完成基于 BIM 的工程竣工结算、配合编制项目决算并督促 BIM 编制方提交运营模型。

以全过程主动控制和动态控制为造价工作的重点,使有限的资金和人员发挥出最大效用,造价管理取得了良好成效。

2.3 EPC 市政项目 C 造价管理实例

2.3.1 项目概况

1)项目建设背景

某公园市政工程项目南北长约 2 km,东西最宽 1.5 km,最窄 900 m,面积约 129 万 m²,是该市的重点工程。项目 C 以 CBD 核心区公园为特征,突出生态功能与城市生活的紧密联系,对促进当地旅游业发展起着重要支撑作用。项目区域效果图如图 2.3.1 所示。

图 2.3.1 项目区域效果图

本项目对该区域项目建设的总体进度影响重大,项目建设所在地区市政基础设施总体薄弱,为确保项目顺利实施,同时为紧邻的金融及商业综合体、医院、学校等项目建设提供市政基础设施保障,拟先行投资建设完善配套市政路网工程。本书后续所述的项目 C 均指本项目市政路网工程的内容,基本情况为:

①建设规模:本项目共涉及 12 条道路市政基础设施,其中主干道 1 条,次干路 7 条,支路 4条,全长 20 386 m;以及人行道和绿化带下的综合管廊,长度 2 740 m。

②建设内容:道路工程、桥涵工程、综合管廊工程、交通工程、雨水工程、污水工程、给水工程、照明工程、绿化工程、电力通信管沟工程。

2)项目投资基本情况

可研报告中的投资估算金额为 71 431.31 万元,其中:

①建筑安装部分的投资额为 57 651.03 万元。

②工程其他费用为 7 354.81 万元。

③预备费用为 5 200.47 万元。

④建设期贷款利息为 1 225 万元。

3) 项目特点

①率先推行 EPC 工程总承包,且需边设计边施工。

②工程规模大,工作面交叉多,作业干扰大。

③涉及专业多,交叉协调工作多。

④占地面积大,征地障碍多,拆迁工作难度大。

2.3.2　项目 C 估算、概算和预算对比

1) 典型道路估算、概算和预算对比

项目已开工建设近一年,部分工程已完工或正处于实施状态,还有部分工程处于待开工建设状态。根据已发生的现有资料数据,批复投资总额因建设标准、建设内容及投资回报率低等因素引起概算存在较大缺口,目前已实施项目标准均比已批复投资估算参考标准高。

前期的投资控制是最为复杂和具有决定性因素的。经分析,项目估算、概算和预算统计口径不一致,导致在进行项目投资决策时面临巨大的不确定性。以本项目经十一路、经十二路、滨海路、龙潭南路、纬八路、经十三路进行单位造价指标对比分析为例,具体内容见表2.3.1。

表 2.3.1　道路工程单位造价指标对比表

序号	项目名称	道路等级	长度	宽度 (m)	可研批复单方造价 (万元/km)	设计方案概算单方造价 (万元/km)	施工合同价单方造价 (万元/km)
1	纬八路工程	次干路/支路	可研批复 4.24 km, 设计图纸及招标长度 4.782 km	18/25	1 797.81	2 743.96	2 451.82
2	经十三路工程	次干路	2.35 km	30	2 417.61	4 160.07	4 098.37
3	龙潭南路工程	主干路	可研批复 0.53 km, 设计图纸及招标长度 0.91 km	50	6 972.18	6 510.73	6 066.41
4	经十一路工程	支路	0.37 km	18	2 150.77	1 473.77	1 634.11
5	经十二路工程	支路	0.25 km	18	2 889.98	1 473.94	1 464.15
6	滨海路工程	支路	0.81 km	9	2 701.16	850.58	855.57

根据以上对比,分析如下:

①6 条已招标市政道路的单位造价指标水平对比,设计方案概算与施工合同价比较接近。

②道路等级较高的纬八路、经十三路可研批复金额约占设计方案概算金额的 60%,说明可研批复估算存在较大的资金缺口。

③道路等级较低的经十一路、经十二路、滨海路投资额较小的项目,可研批复金额较合理。
④龙潭南路等其他3条道路的造价水平差别不大。

2)分部分项工程估算、概算和预算对比

(1)路基工程

选取纬八路等6条市政道路路基工程为分析对象,路基工程造价指标(建筑安装工程费每公里造价情况)对比分析见表2.3.2。

表 2.3.2　路基工程单位造价指标对比表

序号	项目名称	可研批复 a (万元/km)	设计方案概算 b (万元/km)	施工合同价 c (万元/km)	d=施工合同价-可研批复 =c-a (万元/km)	差异率 e=d/a (%)	差异率说明
1	纬八路工程	71.17	247.22	483.42	412.251	579	施工合同价与可研批复差额比可研批复高579%
2	经十三路工程	201.94	455.89	852.76	650.82	322	施工合同价与可研批复差额比可研批复高322%
3	龙潭南路工程	59.25	551.24	184.04	124.79	211	施工合同价与可研批复差额比可研批复高211%
4	经十一路工程	209.52	80.9	70.16	-139.36	-67	施工合同价与可研批复差额比可研批复低67%
5	经十二路工程	465.64	70.25	28.86	-436.78	-94	施工合同价与可研批复差额比可研批复低94%
6	滨海路工程	397.59	41.07	10.63	-386.96	-97	施工合同价与可研批复差额比可研批复低97%

对比路基工程单位造价指标发现,道路等级较低的经十一路、经十二路、滨海路的可研批复单位指标较合理,道路等级较高、投资额较大的项目,如纬八路、经十三路、龙潭南路的可研批复单价指标明显偏低。

(2)路面工程

选取纬八路等6条市政道路路面工程为分析对象,路面工程造价指标(建筑安装工程费每公里造价情况)对比分析见表2.3.3。

表 2.3.3　路面工程单位造价指标对比表

序号	项目名称	可研批复 a （万元/km）	设计方案概算 b （万元/km）	施工合同价 c （万元/km）	d=施工合同价-可研批复= c-a （万元/km）	差异率 e=d/a （%）	差异率说明
1	纬八路工程	372.67	755.24	524.7	152.03	41	施工合同价与可研批复差额比可研批复高41%
2	经十三路工程	505.4	816.78	683.36	177.96	35	施工合同价与可研批复差额比可研批复高35%
3	龙潭南路工程	885.66	1616.32	1002.3	116.59	13	施工合同价与可研批复差额比可研批复高13%
4	经十一路工程	306.38	546.63	767.76	461.38	151	施工合同价与可研批复差额比可研批复高151%
5	经十二路工程	322.18	518.11	625.12	302.94	94	施工合同价与可研批复差额比可研批复高94%
6	滨海路工程	238.07	360.74	294.54	56.47	24	施工合同价与可研批复差额比可研批复高24%

对比路面工程单位造价指标进行对比发现,可研批复单价指标均偏低,大部分项目单位造价指标约占设计方案概算 50%,投资估算缺口较大。

（3）排水工程

选取纬八路等 6 条市政道路排水工程为分析对象,排水工程造价指标(建筑安装工程费每公里造价情况)对比分析见表 2.3.4。

表 2.3.4　排水工程单位造价指标对比表

序号	项目名称	可研批复 a （万元/km）	设计方案概算 b （万元/km）	施工合同价 c （万元/km）	d=施工合同价-可研批复= c-a （万元/km）	差异率 e=d/a （%）	差异率说明
1	纬八路工程	561.79	1004.15	654.88	93.09	17	施工合同价与可研批复差额比可研批复高17%

续表

序号	项目名称	可研批复 a （万元/km）	设计方案概算 b （万元/km）	施工合同价 c （万元/km）	d=施工合同 价-可研批复= c-a （万元/km）	差异率 e=d/a （%）	差异率说明
2	经十三路 工程	370.25	697.65	757.83	387.58	105	施工合同价与可研批复差额比可研批复高105%
3	龙潭南路 工程	1336.23	1 298.11	930.82	−405.41	−30	施工合同价与可研批复额比可研批复低30%
4	经十一路 工程	422.53	520.88	352.11	−70.42	−17	施工合同价与可研批复差额比可研批复低17%
5	经十二路 工程	858.06	509.14	325.91	−532.15	−62	施工合同价与可研批复差额比可研批复低62%
6	滨海路 工程	1 204.54	408.81	227.42	−977.12	−81	施工合同价与可研批复差额比可研批复低81%

对比排水工程单位造价指标可以发现，龙潭南路、经十二路、滨海路的投资估算较合理，纬八路、经十三路的投资估算单位造价指标明显偏低，投资额存在较大的投资缺口。

2.3.3 全过程造价咨询助力项目 C 造价管理

根据三算对比，EPC 工程总承包部委托造价咨询单位 Y 与设计院共同查找可研批复金额与实际金额的偏差，进行投资估算的合理性分析，对项目投资各组成部分的合理性、数据的准确性及各类费用构成的合规性进行专业分析，并在此基础上提出专业建议及分析（含盈亏）成果。并委托造价咨询单位 Y 对后续建设进行全过程造价咨询。

本着以"有效控制成本，经济引导设计，实现项目合理收益"为管理思路；以组织保障、制度保障、过程保障、技术保障、流程保障等为管理手段；通过贯穿项目建设全过程的事前控制、主动控制、科学控制，确保本项目的成本得到有效控制，实现项目合理收益。

作为承接的首个 EPC 总承包造价咨询项目，造价咨询单位 Y 打破传统全过程造价控制的工作思维，转变为总承包单位商务管理的思路，结合受建设单位委托的全过程造价控制的工作经验，充分研究建设单位及总承包单位的管理需求，全面分析 EPC 总承包造价咨询工作的重点、难点和工作要点，保证工作成效，并提前预测审计风险，做好资料的管理和完善工作，让 EPC 总承包造价咨询工作规范化、工作目标精准化。

造价咨询单位 Y 在咨询过程中发现：原项目估算、项目概算和项目预算存在统计口径不一致的情况，导致委托方在进行项目投资决策时面临巨大的不确定性。为此，提出了应该统一估算、概算和预算的对比口径,从道路等级、长度、宽度的统一维度出发,制订道路工程造价指标对比表,为委托方对各条道路的投资控制目标设定和风险分析提供了新的思路,便于各方更好地理解投资估算中存在的问题,进一步认识可研批复金额与实际投资偏差风险,使委托方避免了部分经济损失。同时,通过分析也发现了三算数据之间的差异内容和三算数据产生差异产生偏差的原因,并为后期委托方充分考虑影响投资估算各种因素的决策提供了正确依据。

思考与练习

1. 房建项目 A 成本控制分析:房建项目 A 分三期建设,一、二期为住宅,三期为商业。一期拿地后目标总成本较可研测算阶段增加 7 485 万元,建安成本增加 5 343 万元。其中,因市场调研不充分、拿地测算精确度不足导致增加成本 4 230 万元,如为提升产品竞争力增加精装配置、拿地测算漏计地下室面积等。此外,设计阶段存在图纸质量及进度把控不足、产品适配和限额设计问题;招投标阶段招标控制价编制对标资料不足;施工及结算阶段存在工程管理不到位、索赔问题多、签证变更混乱等情况。

请分析:

(1)从投资决策、设计、招投标、施工及结算阶段详细阐述各阶段成本增加的具体原因及相互影响。

(2)针对上述问题,提出具体且具有可操作性的成本控制改进措施,并说明如何在项目后续阶段及其他类似项目中避免类似问题的发生。

2. 高校基建项目 B 投资决策问题及改进:高校基建项目 B 新建校区,一期工程建筑面积 133 585 m²,总投资额 235 132.33 万元。投资决策阶段存在前期调研工作不到位,如未充分考虑地质因素,导致学生宿舍楼基础工程费大幅增加;方案研究不全面,后期增加多项变更工程,如图书馆中庭和空调工程方案调整;建设标准研究不充分,教学楼装修档次过高,设备选型缺乏经济性;投资估算不精确,部分费用估计有误等问题。

请回答:

(1)分析投资决策阶段各问题对项目造价的具体影响,并说明这些问题反映出的项目管理漏洞。

(2)结合案例,提出针对高校基建项目投资决策阶段造价管理的改进建议,包括如何完善前期调研、优化方案设计、合理确定建设标准以及提高投资估算准确性等方面。

3. EPC 市政项目 C 投资估算偏差及调整:EPC 市政项目 C 涉及 12 条道路市政基础设施建设,可研报告投资估算金额为 71 431.31 万元。通过对典型道路和分部分项工程的估算、概算和预算对比分析发现,部分道路可研批复金额与实际金额偏差较大,如纬八路、经十三路等道路等级较高的项目,可研批复金额约占设计方案概算金额的 60%,存在较大资金缺口;部分道路如经十一路、经十二路等投资额较小的项目,可研批复金额较合理。造成偏差的原因主要有可研批复的工程量与设计图纸存在差异,部分清单项目缺项、漏项,以及部分道路专业设计标准较可行性研究批复水平高等。

请分析并计算:

(1)以纬八路为例,根据给定的工程量差异数据,计算因工程量差异导致的造价增加额,并分析该增加额对项目总投资的影响程度。

（2）针对项目 C 投资估算偏差问题，阐述造价咨询单位应采取的具体调整建议和措施，包括如何优化投资估算编制、加强对设计变更的管理以及提高投资决策的科学性等方面，并说明这些措施的预期效果。

4. 综合案例分析与对比：对比房建项目 A、高校基建项目 B 和 EPC 市政项目 C 在造价管理方面的异同点。相同点可从造价管理涉及的阶段（投资决策、设计、招投标、施工及结算等）、影响造价的因素（如市场调研、设计变更、工程量计算等）等方面分析；不同点可从项目类型（房建、高校基建、市政工程）导致的造价管理重点差异、各项目面临的独特问题（如房建项目的市场去化压力、高校基建项目的建设标准确定、市政项目的投资估算偏差）等方面展开。

请分析：

（1）详细列出 3 个项目在造价管理方面的相同点和不同点，并举例说明。

（2）基于上述对比分析，总结不同类型建设项目在造价管理过程中应重点关注的关键因素和通用的管理方法，以及针对不同项目特点应采取的差异化管理策略。

第 **3** 章
投资决策阶段造价管理实务

决策是在充分考虑各种可能的前提下,基于对客观规律的认识,对未来实践的方向、目标原则和方法做出决定的过程。投资决策是在实施投资活动前,对投资的各种可行性方案进行分析和对比,从而确定效益好、质量高、回收期短、成本低的最优方案的过程。

建设项目投资决策是选择和决定投资行动方案的过程,是对拟建项目的必要性和可行性进行技术经济论证,对不同建设方案进行技术经济比选及做出判断和决定的过程。建设项目决策需要决定项目是否实施、在什么地方兴建和采用什么技术方案兴建等问题,是对项目投资规模、融资模式、建设区位、场地规划、建设方案、主要设备选择、市场预测等因素进行有针对性的调查研究,多方案择优,最后确立项目(简称"立项")的过程。

建筑项目具有建设周期长、投资大、风险大的特点,同时也具有一定的不可逆转性,一旦开始进行投资,即使在很短的一段时间内发现存在投资失误,也很难挽回损失。因此,正确的项目决策是合理确定与控制工程造价的前提,直接关系建设项目最终能否获得预期的社会、经济效益。

3.1 投资决策阶段造价管理基础知识

建设项目投资决策阶段造价管理工作主要是论证意向项目的必要性、可行性,同时开展项目技术经济比选。这一阶段的主要工作内容包括编制项目投资估算、参与可行性研究报告的编制、比选各方案的经济性、进行项目经济评价等。

投资估算经过审核后作为编制设计概算指标和限额设计的依据。可行性研究是从工程、经济和技术的角度预测项目建成后可能取得的社会及经济效益。比选各方案经济性要求对意向项目的经济性方案进行论证,为决策提供扎实依据;对意向项目进行经济分析比较,选择最适合的建设方式,节约项目成本。

3.1.1 投资决策阶段造价管理主要工作

1)投资估算的编制和审核

投资估算是指在建设项目投资决策阶段通过编制估算文件预先测算的工程造价。投资估算是进行项目决策、筹集资金和合理控制造价的主要依据,能够对资金安全和投资收益起到积极的促进作用。

建设项目投资决策分为 4 个阶段:建设项目规划阶段、项目建议书(投资机会研究)阶段、初步可行性研究阶段、详细可行性研究阶段。不同的阶段,考虑的深入程度不同,掌握的资料不同,投资估算的准确程度也有所不同。随着项目管理工作的不断深化、项目条件的不断细化,建设项目投资估算的精度应随建设项目投资决策进入不同阶段而逐步提高。不同建设项目阶段的投资估算精度要求见表 3.1.1。

表 3.1.1   项目决策分析与评价各阶段的投资估算精度要求

项目决策分析与评价阶段	允许误差率
建设项目规划阶段	>±30%
项目建议书(投资机会研究)阶段	±30% 以内
初步可行性研究阶段	±20% 以内
可行性研究阶段	±10% 以内

在编制投资估算过程中可以使用很多种方法,如系数估算法、生产能力指数法、指标估算法、混合法和比例估算法等。从投资估算包含的内容看,主要包括建设投资和流动资金。建设投资主要包括静态投资和动态投资。

2)多方案经济比选

建设项目投资决策过程中,通常是在构思多方案的基础上,通过方案比选,为决策提供依据。建设项目多方案比选主要包括工艺方案比选、规模方案比选、选址方案比选,甚至包括污染防治措施方案比选等,无论哪一类方案比选,均包括技术方案比选和经济效益比选。

工程造价管理人员应根据建设项目需要,针对建设项目的不同方案或同一方案的不同建设标准编制对应的投资估算,所选择的估算方法不同,最终得到的投资方案也会存在一定差异,因此需要结合实际情况对各个方案的经济性进行综合对比,为投资者提供最为科学的建议,进而选择最合理的投资方案。

3)参与可行性研究报告编制,进行项目经济评价

可行性研究是对建设项目有关的社会、经济、技术等各方面进行深入细致的调查研究,对各种可能拟定的技术方案和建设方案进行全面的技术经济分析和比较论证,对项目建成后的经济效益进行科学的预测和评价,并在此基础上综合研究、论证建设项目的技术先进性、适用性、可靠性、经济合理性和盈利性,以及建设可能性和可行性。所以通常情况下,可行性研究是建设项目投资决策的基础。加强可行性研究,是对国家经济资源进行优化配置的最直接、最重要的手段,是提高工程决策水平的关键。

建设项目经济评价应根据国民经济、社会发展及行业地区发展规划要求,在工程项目初步方案的基础上,采用科学的分析方法,对拟建项目的财务可行性和经济合理性进行分析论证,为建设项目的科学决策提供经济方面的依据。工程项目经济评价是工程项目决策阶段重要的工作内容,对提高投资决策科学化水平,引导和促进各类资源合理配置,优化投资结构,减少和

规避投资风险,充分发挥投资效益,具有十分重要的作用。

3.1.2 投资估算的编制与审核

投资估算的准确与否不仅影响项目前期各阶段的工作质量和经济评价结果,还直接关系后续设计概算和施工图预算的工作及其成果的质量,对建设项目资金筹措方案也有直接的影响。因此,全面准确地估算建设项目投资,是建设项目前期各阶段造价管理的重要任务。

1)投资估算的作用

①投资机会研究与项目建议书阶段的投资估算是项目主管部门审批项目建议书的依据之一,并对项目的规划、规模起到参考作用。

②可行性研究阶段的投资估算是项目投资决策的重要依据,也是研究、分析、计算项目投资经济效果的重要条件。

③方案设计阶段的投资估算是项目具体建设方案技术经济分析、比选的依据。该阶段的投资估算一经确定,即成为限额设计的依据,用以对各专业设计进行投资切块分配,作为控制和指导设计的尺度。

④项目投资估算可作为项目资金筹措及制订建设贷款计划的依据,建设单位可根据批准的项目投资估算额,进行资金筹措和向银行申请贷款。

⑤投资估算是核算建设项目固定资产投资额和编制固定资产投资计划的重要依据。

⑥投资估算是建设工程设计招标、优选设计单位和设计方案的重要依据。在工程设计招标阶段,投标单位报送的投标书中包括项目设计方案、项目的投资估算和经济性分析,招标单位根据投资估算对各项设计方案的经济合理性进行分析、衡量、比较,在此基础上择优确定设计单位和设计方案。

2)投资估算的阶段划分

政府(国有资金主导的)投资项目的投资估算可划分为建设项目规划阶段、项目建议书(投资机会研究)阶段、初步可行性研究阶段、详细可行性研究阶段等几个阶段,各阶段投资估算的目标、任务、内容以及偏差率有所不同。

(1)建设项目规划、项目建议书阶段的投资估算

建设项目规划阶段的工作目标主要是根据国家和地方产业布局及产业结构调整计划,以及市场需求情况,探讨投资方向,选择投资机会,提出概略的项目投资初步设想。如果经过论证,初步判断该项目投资有进一步研究的必要,则制订项目建议书。对于较简单的投资项目,建设项目规划和项目建议书可视为一个工作阶段。

建设项目规划阶段投资估算依据的资料比较粗略,投资额通常是通过与已建类似项目的对比得来的,投资估算额度的偏差率应控制在±30%左右。项目建议书阶段的投资额是根据产品方案、项目建设规模、产品主要生产工艺、生产车间组成、初选建设地点等估算出来的,其投资估算额度的偏差率应控制在±30%以内。

(2)初步可行性研究阶段的投资估算

这一阶段主要是在项目建议书的基础上,进一步确定项目的投资规模、技术方案、设备选型、建设地址选择和建设进度等情况,对项目投资以及项目建设后的生产和经营费用支出进行

估算,并对工程项目经济效益进行评价,根据评价结果初步判断项目的可行性。该阶段是介于项目建议书和详细可行性研究之间的中间阶段,投资估算额度的偏差率一般要求控制在±20%以内。

(3)详细可行性研究阶段的投资估算

详细可行性研究阶段也称为最终可行性研究阶段,在该阶段应最终确定建设项目的各项市场、技术、经济方案,并进行全面、详细、深入的投资估算和技术经济分析,选择拟建项目的最佳投资方案,对项目的可行性提出结论性意见。该阶段的研究内容较为详尽,投资估算额度的偏差率应控制在±10%以内。这一阶段的投资估算是项目可行性论证、选择最佳投资方案的主要依据,也是编制设计文件的主要依据。

建设项目投资决策的不同阶段编制投资估算,由于种种条件的不同,对其准确度的要求也有所不同,不可能超越所处阶段的客观现实条件,要求与最终实际投资完全一致。造价管理人员应充分把握市场变化,在投资决策的不同阶段对所掌握的资料加以全面分析,使得在该阶段编制的投资估算满足相应的准确性要求,达到为工程决策提供依据、对工程投资起到有效控制的目的。

3)投资估算编制内容

建设项目投资估算包括建设投资、建设期利息和流动资金的估算。

按照费用的性质划分,建设投资估算的内容包括工程费用、工程建设其他费用和预备费用3个部分。其中,工程费用包括建筑工程费、设备及工器具购置费、安装工程费;工程建设其他费用包括建设用地费、与建设有关的其他费用、与生产经营有关的费用;预备费用包括基本预备费和价差预备费。按形成资产法估算建设投资时,工程费用形成固定资产;工程建设其他费用可以分别形成固定资产、无形资产及其他资产;预备费为简化计算,一并计入固定资产。

建设期利息是指为工程建设筹措债务资金而发生的融资费用以及在建设期内发生并应计入固定资产原值的利息,包括支付金融机构的贷款利息和为筹集资金发生的融资费用。建设期利息单独估算,以便对建设项目进行融资前和融资后财务分析。

流动资金是指生产经营性项目投产后,用于购买原材料、燃料、支付工资及其他经营费用等所需的周转资金。它是伴随着建设投资而发生的长期占用的流动资产投资,流动资金=流动资产-流动负债。其中,流动资产主要考虑现金、应收账款、预付账款和存货;流动负债主要考虑应付账款和预收账款。因此,流动资金的概念实际上就是财务中的营运资金。

建设项目投资估算的基本步骤如下:

①分别估算各单项工程所需的建筑工程费、设备及工器具购置费、安装工程费。
②在汇总各单项工程费用的基础上,估算工程建设其他费用和基本预备费。
③估算价差预备费。
④估算建设期利息。
⑤估算流动资金。
⑥汇总得出总投资。

4)投资估算编制依据

建设项目投资估算编制依据是指在编制投资估算时对拟建项目进行工程计量、计价所依

据的有关数据参数等基础资料,主要有以下几个方面:

①国家、行业和地方政府的有关规定。

②拟建项目建设方案确定的各项工程建设内容。

③工程勘察与设计文件或有关专业提供的主要工程量和主要设备清单。

④行业部门、项目所在地工程造价管理机构或行业协会等编制的投资估算指标、概算指标(定额)、工程建设其他费用定额(规定)、综合单价、价格指数和有关造价文件等。

⑤类似工程的各种技术经济指标和参数。

⑥工程所在地的工、料、机市场价格,建筑、工艺及附属设备的市场价格和有关费用。

⑦政府有关部门、金融机构等部门发布的价格指数、利率、汇率、税率等有关参数。

⑧与项目建设相关的工程地质资料、设计文件、图纸等。

⑨其他技术经济资料。

5) 投资估算的编制方法

建设项目投资估算应根据所处阶段对应的方案构思、策划和设计深度,结合各自行业的特点,采用生产技术工艺的成熟性,以及所掌握的国家及地区、行业或部门相关投资估算基础资料和数据的合理、可靠、完整程度(包括造价咨询机构自身统计和积累的可靠的相关造价基础资料)等编制,需要根据所处阶段、方案深度、资料占有等情况采用不同的编制方法。

建设项目规划和项目建议书阶段,投资估算的精度低,可以采取简单的匡算法,如单位生产能力估算法、生产能力指数法、系数估算法、比例估算法、指标估算法等。在可行性研究阶段,投资估算精度要求比前一阶段高一些,需采用相对详细的估算方法,如指标估算法等。

下面阐述了项目建议书阶段和可行性研究阶段的投资估算方法。

(1)项目建议书阶段的投资估算方法

项目建议书阶段的投资估算只能在总体框架内进行,投资估算对项目决策只是概念性的参考,只起指导性作用。该阶段的投资估算方法主要有以下几种:

①单位生产能力估算法。依据调查的统计资料,利用相近规模的单位生产能力投资乘以建设规模,即得拟建项目投资。其计算式为:

$$C_2 = \left(\frac{C_1}{Q_1}\right) \times Q_2 \times f$$

式中 C_2——拟建项目静态投资额;

C_1——已建类似项目的静态投资额;

Q_1——已建类似项目的生产能力;

Q_2——拟建项目的生产能力;

f——不同时期、不同地点定额、单价、费用变更等的综合调整系数。

【例 3.1】   某公司拟于 2022 年在某地区开工兴建年产 45 万 t 合成氨的化肥厂。2018 年兴建的年产 30 万 t 同类项目总投资为 28 000 万元。根据测算拟建项目造价综合调整系数为 1.216,试采用单位生产能力估算法,计算该拟建项目所需的静态投资。

解 $C_2 = \left(\frac{C_1}{Q_1}\right) \times Q_2 \times f = \left(\frac{28\ 000}{30}\right) \times 45 \times 1.216 = 51\ 072(万元)$

单位生产能力估算法只能快速粗略地估算,误差较大,可达±30%。应用该估算法时需要注意建设区域的差异性、配套工程的差异性、建设时间的差异性等方面可能造成的投资估算精度的差异。

②生产能力指数法(又称指数估算法)。它是根据已建成的类似项目生产能力和投资额来粗略估算拟建项目投资额的方法,是对单位生产能力估算法的改进。其计算式为:

$$C_2 = C_1 \times \left(\frac{Q_2}{Q_1}\right)^x \times f$$

式中　x——生产能力指数。

其他符号含义同前。

上式表明造价与规模(或容量)呈非线性关系,且单位造价随工程规模(或容量)的增大而减小。在正常情况下,$0 \leqslant x \leqslant 1$。若已建类似项目的生产规模与拟建项目生产规模相差不大,Q_1 与 Q_2 的比值在 0.5 ~ 2.0,则指数 x 的取值近似为 1。若已建类似项目的生产规模与拟建项目生产规模相差不大于 50 倍,且拟建项目生产规模的扩大仅靠增大设备规模来达到时,则 x 的取值在 0.6 ~ 0.7;若是靠增加相同规格设备的数量来达到时,x 的取值在 0.8 ~ 0.9。生产能力指数法主要应用于拟建装置或项目与用来参考的已知装置或项目的规模不同的场合。

【例 3.2】　接【例 3.1】,如果根据两个项目规模差异,确定生产能力指数为 0.81,试采用生产能力指数估算法,计算该拟建项目所需的静态投资为多少万元。

解　$C_2 = C_1 \times \left(\frac{Q_2}{Q_1}\right)^x \times f = 28\,000 \times \left(\frac{45}{30}\right)^{0.81} \times 1.216 = 47\,285$（万元）

生产能力指数法与单位生产能力估算法相比,精确度略高一些。尽管估价误差仍较大,但有它独特的好处,即这种估价方法不需要详细的工程设计资料,只知道工艺流程及规模就可以。在总承包工程报价时,承包商大多采用这种方法估价。

③系数估算法(也称因子估算法)。它是以拟建项目的主体工程费或主要设备购置费为基数,以其他工程费与主体工程费或主要设备购置费的百分比为系数,依此估算拟建项目总投资的方法。这种方法简单易行,但是精度较低,一般应用于设计深度不足、拟建建设项目与已建类似建设项目的主体工程费或主要生产工艺设备投资比重较大,行业内相关系数等基础资料完备的情况。其计算式为:

$$C = E(1 + f_1 P_1 + f_2 P_2 + f_3 P_3 + \cdots) + I$$

式中　C——拟建建设项目的静态投资;

　　　E——拟建建设项目的主体工程费或主要生产工艺设备费;

　　　P_1,P_2,P_3——已建类似建设项目的辅助或配套工程费占主体工程费或主要生产工艺设备费的比重;

　　　f_1,f_2,f_3——由于建设时间、地点而产生的定额水平、建筑安装材料价格、费用变更和调整等综合调整系数;

　　　I——根据具体情况计算的拟建建设项目各项其他建设费用。

④比例估算法。根据统计资料,先求出已建项目主要设备投资占拟建项目投资的比例,然后再估算出拟建项目的主要设备投资,即可按比例求出拟建项目的建设投资。其计算式为:

$$I = \frac{1}{K} \sum_{i=1}^{n} Q_i P_i$$

式中　I——拟建项目的建设投资;

K——已建项目主要设备投资占拟建项目投资的比例;

n——设备种类数;

Q_i——第 i 种设备的数量;

P_i——第 i 种设备的单价(到厂价格)。

⑤指标估算法。它是指依据投资估算指标,对各单位工程或单项工程费用进行估算,进而估算建设项目总投资,再按相关规定估算工程建设其他费用、基本预备费、建设期利息等,形成拟建项目静态投资。

(2)可行性研究阶段的投资估算方法

建设项目可行性研究阶段投资估算原则上应采用指标估算法。对投资有重大影响的主体工程,应估算出分部分项工程量,参考相关概算指标或概算定额编制主要单项工程的投资估算。对子项单一的大型民用公共建筑,主要单项工程估算应细化到单位工程估算书。可行性研究投资估算应满足项目的可行性研究与评价,并最终满足国家和地方相关部门审批或备案的要求。初步可行性研究阶段、方案设计阶段项目建设投资估算视设计深度,可以参照可行性研究阶段投资估算的编制办法进行。

①建筑工程费用估算。建筑工程费用是指为建造永久性建筑物和构筑物所需要的费用,一般采用单位建筑工程投资估算法、单位实物工程量投资估算法、概算指标投资估算法等方式进行估算。

a.单位建筑工程投资估算法:以单位建筑工程量投资乘以建筑工程总量计算。一般工业与民用建筑以单位建筑面积(m^2)的投资,工业窑炉砌筑以单位容积(m^3)的投资,水库以水坝单位长度(m)的投资,铁路路基以单位长度(km)的投资,矿山掘进以单位长度(m)的投资,乘以相应的建筑工程量计算建筑工程费。这种方法可以进一步分为单位长度价格法、单位面积价格法、单位容积价格法和单位功能价格法。

● 单位长度价格法。此方法是利用每单位长度的费用价格进行估算,首先要用已知的建筑工程费用除以该项目的长度,得到单位长度的价格,然后将结果应用到拟建项目的建筑工程费估算中。

● 单位面积价格法。此方法首先要用已知的项目建筑工程费用除以该项目的房屋总面积,即为单位面积价格,然后将结果应用到拟建项目的建筑工程费估算中。

● 单位容积价格法。在一些项目中,建筑高度是影响成本的重要因素。例如,仓库、工业窑炉砌筑的高度根据需要会有很大变化,显然这时不再适用单位面积价格,而单位容积价格则成为确定初步估算的好方法。用已完工程总的建筑工程费用除以建筑容积,即可得到单位容积价格。

● 单位功能价格法。此方法是利用每个功能单位的成本价格估算,选出所有此类项目中共有的单位,并计算每个项目中该单位的数量。例如,可以用医院的病床数量为功能单位,新建一所医院的费用被细分为其所提供的病床数量,这种计算方法首先给出每张病床的单价,然后乘以该医院所有病床的数量,从而确定该医院项目的工程费用。

b.单位实物工程量投资估算法:以单位实物工程量的投资乘以实物工程总量计算。土石方工程按每立方米投资,矿井巷道衬砌工程按每延长米投资,场地、路面铺设工程按每平方米投资,乘以相应的实物工程总量计算建筑工程费。

c.概算指标投资估算法:对没有上述估算指标且建筑工程费占总投资比例较大的项目,可采用概算指标估算法。采用此种方法,应获取较为详细的工程资料、建筑材料价格和工程费用指标,投入的时间和工作量较大。

②设备购置费估算。是指为建设项目购置或自制的达到固定资产标准的各种国产或进口设备、工具、器具的购置费用。设备购置费根据项目主要设备表及价格、费用资料编制,工器具购置费按设备费的一定比例计取。价值高的设备应按单台(套)估算购置费,价值较小的设备可按类估算,国内设备和进口设备应分别估算(具体估算方法参见第3.2节相关内容)。

③工程建设其他费用估算。应结合拟建项目的具体情况,有合同或协议明确的费用按合同或协议列入;无合同或协议明确的费用,根据国家和各行业部门、工程所在地地方政府的有关工程建设其他费用定额和估算办法估算。

a.土地使用费估算。土地使用费是指通过划拨方式取得土地使用权而支付的土地征用及迁移补偿费,或通过土地使用权出让方式取得土地使用权而支付的土地使用权出让金。土地征用及迁移补偿费应按照《中华人民共和国土地管理法》等规定估算支付。土地使用权出让金应按照《中华人民共和国城镇国有土地使用权出让和转让暂行条例》的规定估算。

b.与项目建设有关的其他费用估算。与项目建设有关的其他费用包括建设管理费、可行性研究费、研究试验费、勘察费、设计费、专项评价费、场地准备及临时设施费、工程保险费、特殊设备安全监督检验费、市政公用设施费等。

c.与未来企业生产经营有关的其他费用估算。

●联合试运转费:按照整个车间的负荷或无负荷联合试运转发生的费用支出大于试运转收入的亏损部分计算。费用支出内容包括:试运转所需的原料、燃料、油料和动力的费用,机械使用费,低值易耗品及其他物品的购置费用和施工单位参加联合试运转人员的工资等。试运转收入包括试运转产品销售和其他收入,不包括应由设备安装工程费项下开支的单台设备调试费及试车费。联合试运转费一般根据不同性质的项目按需要试运转车间的工艺设备购置费的百分比计算。

●生产准备费:一般根据需要培训和提前进厂人员的人数及培训时间按生产准备费指标进行估算。

④基本预备费估算。对于建筑工程,基本预备费一般是以建设项目的工程费用和工程建设其他费用之和为基础,乘以基本预备费率进行计算。基本预备费率的大小应根据建设项目的设计阶段和具体的设计深度,以及在估算中所采用的各项估算指标与设计内容的贴近度、项目所属行业主管部门的具体规定确定。上述各项费用是不随时间的变化而变化的费用,故称为静态投资部分。对于交通工程,公路、铁路工程以建筑安装工程费、设备及工器具购置费、工程建设其他费用之和为基数。对于水利工程,其基本预备费以工程部分静态总投资,即建筑及安装工程费、设备费、独立费用等之和为基数。

⑤价差预备费。对于交通工程及水利工程,其价差预备费根据施工年限,以分年度静态投资为基数,采用国家规定的物价指数计算。对于建筑工程,价差预备费的内容包括人工、设备、材料、施工机械的价差费,建筑安装工程费及工程建设其他费用调整,利率、汇率调整等增加的费用。

建筑工程价差预备费一般根据国家规定的投资综合价格指数,按估算年份价格水平的投资额为基数,采用复利方法计算。其计算式为:

$$P = \sum_{t=1}^{n} I_t \left[(1+f)^m (1+f)^{0.5} (1+f)^{t-1} - 1 \right]$$

式中　P——价差预备费,万元;

　　　n——建设期,年;

　　　I_t——静态投资部分第 t 年投入的工程费用,万元;

　　　f——年涨价率,%;

　　　m——建设前期年限(从编制估算到开工建设),年;

　　　t——建设期第 t 年(从 $1 \sim n$)。

⑥建设期利息估算。在建设项目分年度投资计划的基础上设定初步融资方案,采用债务融资的项目应估算建设期利息。建设期利息是指筹措债务资金时在建设期内发生并按规定允许在投产后计入固定资产原值的利息,即资本化利息。建设期利息包括向国内银行和其他非银行金融机构贷款、出口信贷、外国政府贷款、国际商业银行贷款以及在境内外发行的债券等在建设期间应计的借款利息。

对于多种借款资金来源、每笔借款的年利率各不相同的项目,既可以分别计算每笔借款的利息,也可以先计算出各笔借款加权平均的年利率,并以此利率计算全部借款的利息。

建设期利息的估算,根据建设期资金用款计划,可按当年借款在当年年中支用考虑,即当年借款按半年计息,上年借款按全年计息。国外贷款利息的计算中,还应包括国外贷款银行根据贷款协议向贷款方以年利率的方式收取的手续费、管理费、承诺费,以及国内代理机构向贷款单位收取的转贷费、担保费、管理费等。

建设期各年利息的计算式为:

$$q_j = \left(P_{j-1} + \frac{1}{2} A_j \right) i \quad (j = 1, \cdots, n)$$

式中　q_j——建设期第 j 年利息;

　　　P_{j-1}——建设期第 $j-1$ 年末贷款累计金额与利息累计金额之和;

　　　A_j——建设期第 j 年贷款金额;

　　　i——年利率;

　　　n——建设期年份数。

建设期利息合计为:

$$q = \sum_{j=1}^{n} q_j$$

价差预备费和建设期利息是随时间变化而变化的费用,故属于动态投资部分。

6)投资估算的审核

为保证投资估算的完整性和准确性,必须加强对投资估算的审核工作。有关文件规定:对建设项目进行评估时应进行投资估算审核,政府投资项目的投资估算审核除依据设计文件外,还应将政府有关部门发布的有关规定、建设项目投资估算指标和工程造价信息等作为计价依据。投资估算审核主要从以下几个方面进行:

(1)审核和分析投资估算编制依据的时效性、准确性和实用性

估算项目投资所需的数据资料有很多,如已建同类型项目的投资、设备和材料价格、运杂

费率,有关的指标、标准以及各种规定等,这些资料可能随时间、地区、价格及定额水平的差异,使投资估算有较大出入,因此要注意投资估算编制依据的时效性、准确性和实用性。针对这些差异必须做好定额指标水平、价差调整系数以及费用项目调查。同时,在工艺水平、规模大小、自然条件、环境因素等方面对已建项目与拟建项目在投资方面形成的差异进行调整,使投资估算的价格和费用水平符合项目建设所在地实际情况。针对调整的过程及结果要进行深入细致的分析和审查。

（2）审核选用的投资估算方法的科学性与适用性

投资估算的方法有很多种,每种估算方法都有各自的适用条件和范围,并具有不同的精确度。如果使用的投资估算方法与项目的客观条件和情况不相适应,或者超出该方法的适用范围,就不能保证投资估算的质量。而且还要结合设计的阶段或深度等条件,采用适用、合理的估算方法进行估算。

当采用单位工程指标估算法时,应审核套用的指标与拟建工程的标准和条件是否存在差异,及其对计算结果影响的程度,是否已采用局部换算或调整等方法对结果进行修正,修正系数的确定和采用是否具有一定的科学依据。处理方法不同,技术标准不同,费用相差可能很大。当工程量较大时,其对估算总价影响甚大,如果在估算中不按科学方法进行调整,将会因估算准确程度差导致工程造价失控。

（3）审核投资估算编制内容与拟建项目规划要求的一致性

审核投资估算的编制内容,包括工程规模、自然条件、技术标准、环境要求,与规划要求是否一致,是否在估算时已进行必要的修正和反映,是否对编制内容尽可能地量化和质化,有没有出现内容方面的重复或漏项以及费用方面的高估或低算。

例如,建设项目的主体工程与附加工程或辅助工程、公用工程、生产与生活服务设施、交通工程等是否与规定的一致;是否漏掉了某些辅助工程、室外工程等的建设费用。

（4）审核投资估算的费用项目、费用数额的真实性

①审核各个费用项目与规定要求、实际情况是否相符,有无漏项或多项,估算的费用项目是否符合项目的具体情况、国家规定及建设地区的实际要求,是否针对具体情况做了适当增减。

②审核项目所在地的交通、材料供应、国内外设备订货与大型设备运输等方面,是否针对实际情况考虑了材料价格的差异问题;偏远地区或有大型设备时是否已考虑增加设备的运杂费。

③审核是否考虑了物价上涨,以及引进国外设备或技术项目是否考虑了每年的通货膨胀率对投资额的影响,考虑的投资额波动变化幅度是否合适。

④审核"三废"处理所需相应的投资是否进行了估算,其估算数额是否符合实际。

⑤审核项目投资主体自有的稀缺资源是否考虑了机会成本,沉没成本是否剔除。

⑥审核是否考虑了采用新技术、新材料以及现行标准和规范,相比已建项目的要求提高所需增加的投资额,考虑的额度是否合适。

值得注意的是,投资估算要留有余地,既要防止漏项少算,又要防止高估冒算。要在优化和可行的建设方案的基础上,根据有关规定认真、准确、合理地确定经济指标,以保证投资估算具有足够的精度水平,使其真正地对项目建设方案的投资决策起到应有的作用。

3.1.3　多方案比选

1)多方案比选原则

多方案比选应结合建设项目的使用功能、建设规模、建设标准、设计寿命、项目性质等要素,运用价值工程、全寿命周期成本等方法进行分析,提出优选方案及改进建议,其中:

①对使用功能单一,建设规模、建设标准及设计寿命基本相同的非经营性建设项目,应优先选用工程造价或工程造价指标较低的方案,根据建设项目的构成分析各单位工程和主要分部分项工程的技术指标,提出优选方案以及改进建议。

②对使用功能单一,建设规模、建设标准或设计寿命不同的非经营性建设项目,应综合评价一次性建设投资和项目运营过程中的费用,进行建设项目全寿命周期的总费用比选,提出优选方案以及改进建议。

③对经营性建设项目,应分析技术的先进性与经济的合理性,在满足设计功能和技术先进的前提下,根据建设项目的资金筹措能力,以及投资回收期、内部收益率、净现值等财务评价指标,综合确定投资规模和工程造价并进行优劣分析,提出优选方案以及改进建议。

④当运用价值工程方法对不同方案的功能和成本进行分析时,应综合选取价值系数较高的方案,并对降低的冗余功能和成本效果进行分析,提出改进建议。

⑤应兼顾项目近期与远期的功能要求和建设规模,实现项目可持续发展。

方案经济比选还应根据建设项目的使用功能、技术标准、投资限额,结合项目的环境因素,建立合理的评价体系进行设计方案经济比选,计算各项经济评价指标值及对比参数,通过对经济评价指标数据的分析计算,排出方案的优劣次序。评价体系中对设计方案进行比选的具体方法包括单指标法、多指标法以及多因素评分法(详见第 4 章设计阶段)。

2)多方案比选内容

多方案比选评价指标体系应包括技术层面、经济层面和社会层面,依据项目类别按照不同比选层面分成若干比选因素,按照指标重要程度设置主要指标和辅助指标,选择主要指标进行分析比较。多方案比选分析报告应包括下列内容:

①参与比选分析的方案及其概况。

②比选分析范围及内容。

③比选分析依据。

④采用的比选方法及评价指标。

⑤相关评价指标及参数对比表。

⑥比选分析结果与合理化建议。

⑦其他与方案比选分析相关的内容。

根据最终优化方案编制投资估算报告及对应的项目各年度投资计划表。

3)设计方案对工程造价的影响

工程建设项目由于受资源、市场、建设条件等因素的限制,拟建项目可能存在建设场址、建设规模、产品方案、所选用的工艺流程等多个整体设计方案,而在一个整体设计方案中也可以存在全厂总平面布置、建筑结构形式等多个设计方案。显然,不同的设计方案工程造价各不相同,必须对多个不同设计方案进行全面的技术经济评价分析,为建设项目投资决策提供方案比选意见,推荐最合理的设计方案,确保建设项目在经济合理的前提下做到技术先进,从而为工程造价管理提供前提和条件,最终达到提高工程建设投资效果的目的。此外,对于已经确定的设计方案,也可以依据有关技术经济资料对设计方案进行评价,提出优化设计的建议与意见,通过深化、优化设计使技术方案更加经济合理,使工程造价的确定具有科学的依据,使建设项目投资获得最佳效果。

3.1.4 工程项目经济评价

工程项目经济评价应根据国民经济和社会发展及行业、地区发展规划的要求,在工程项目初步方案的基础上,采用科学的分析方法,对拟建项目的财务可行性和经济合理性进行分析论证,为工程项目决策提供经济方面的依据。

建设项目经济评价是项目可行性研究的重要内容,是建设项目决策阶段的重要工作内容,对提高投资决策科学化水平,引导和促进各类资源合理配置,优化投资结构,减少和规避投资风险,充分发挥投资效益,具有十分重要的作用。

国家发展改革委、原建设部发布的《建设项目经济评价方法与参数》规定:建设项目经济评价包括财务评价(也称财务分析)和经济效果评价(也称经济分析)。

①财务分析。财务分析是在国家现行财税制度和市场价格的前提下,从项目的角度出发,计算项目范围内的财务效益和费用,测算项目的盈利能力和清偿能力,分析项目在财务上的可行性。

②经济分析。经济分析是在合理配置社会资源的前提下,从国家经济整体利益的角度出发,计算项目对国民经济的贡献,测算项目的经济效率、效果和对社会的影响,分析项目在宏观经济上的合理性。

1)财务分析与经济分析的关系

①财务分析是经济分析的基础。大多数经济分析是在项目财务分析的基础上进行的,任何一个项目财务分析的数据资料都是项目经济分析的基础。

②经济分析是财务分析的前提。对于大型工程项目而言,国民经济效益的可行性决定了项目的最终可行性,它是决定大型项目决策的先决条件和主要依据之一。

因此,在进行项目投资决策时,要考虑项目的财务分析结果,更要遵循使国家与社会获益的项目经济分析原则。

2)财务分析与经济分析的区别

①两种评价的出发点和目的不同。项目财务分析是站在企业或投资人的立场上,从其利益角度分析评价项目的财务收益和成本,而项目经济分析则是从国家或地区的角度分析评价项目对整个国民经济乃至整个社会所产生的收益和成本。

②两种分析中费用和效益的组成不同。在项目财务分析中,凡是流入或流出的项目货币收支均视为企业或投资者的费用和效益,而在项目经济分析中,只有当项目的投入或产出能够给国民经济带来贡献时才被当作项目的费用和效益进行评价。

③两种分析的对象不同。项目财务分析的对象是企业或投资人的财务效益和成本,而项目经济分析的对象是由项目带来的国民收入增长情况。

④两种分析中衡量费用和效益的价格尺度不同。项目财务分析关注的是项目的实际货币效果,它根据预测的市场交易价格去计量项目投入和产出物的价值,而经济分析关注的是对国民经济的贡献,采用体现资源合理有效配置的影子价格去计量项目投入和产出物的价值。

⑤两种分析的内容和方法不同。项目财务分析主要采用企业成本和效益的分析方法,项目经济分析需要采用费用和效益分析、成本和效益分析及多目标综合分析等方法。

⑥两种分析采用的评价标准和参数不同。项目财务分析的主要指标和参数是净利润、财务净现值、市场利率等,而项目经济分析的主要指标和参数是净收益、经济净现值、社会折现率等。

⑦两种分析的时效性不同。项目分析必须随着国家财务制度的变更而做出相应的变化,而项目经济分析多数是按照经济原则进行评价的。

3)工程项目经济评价内容和方法的选择

工程项目的类型、性质、目标和行业特点等都会影响项目评价的方法、内容和参数。

①对于一般项目,财务分析结果将对其决策、实施和运营产生重大影响。因此,财务分析是必不可少的。由于这类项目产出品的市场价格基本上能够反映其真实价值,当财务分析的结果能够满足决策需要时,可以不进行经济分析。

②对于那些关系国家安全、国土开发、市场不能有效配置资源等具有较明显外部效果的项目(一般为政府审批或核准项目),需要从国家经济整体利益角度来考察项目,并以能反映资源真实价值的影子价格来计算项目的经济效益和费用,通过经济评价指标的计算和分析,得出项目是否对整个社会经济有益的结论。

③对于特别重大的工程项目,除进行财务分析与经济费用效益分析外,还应专门进行项目对区域经济或宏观经济影响的研究和分析。

4)工程项目经济评价应遵循的基本原则

①"有无对比"原则。"有无对比"是指"有项目"相对于"无项目"的对比分析。"无项目"状态是指不对该项目进行投资时,在计算期内,与项目有关的资产、费用与收益的预计发展情况;"有项目"状态是指对该项目进行投资后,在计算期内,与项目有关的资产、费用与收益的预计情况。"有无对比"求出项目的增量效益,排除了项目实施以前各种条件的影响,突出项目活动的效果。在"有项目"和"无项目"两种情况下,效益和费用的计算范围、计算期应保持一致,具有可比性。

②效益与费用计算口径对应一致的原则。将效益与费用限定在同一范围内,才有可能进行比较,计算的净效益才是项目投入的真实回报。

③收益与风险权衡的原则。投资人关心的是效益指标,但对可能给项目带来风险的因素考虑得不全面,对风险可能造成的损失估计不足,结果往往有可能使项目失败。收益与风险权衡的原则提示投资者,在进行投资决策时,不仅要看到效益,也要关注风险,权衡得失利弊后再进行决策。

④定量分析与定性分析相结合,以定量分析为主的原则。经济评价的本质是对拟建项目

在整个计算期内的经济活动,通过效益与费用计算,对项目经济效益进行分析和比较。一般来说,项目经济评价要求尽量采用定量指标,但对一些不能量化的经济因素,不能直接进行数量分析,为此需要进行定性分析,并与定量分析结合起来进行评价。

⑤动态分析与静态分析相结合,以动态分析为主的原则。动态分析是指考虑资金的时间价值对现金流量进行分析。静态分析是指不考虑资金的时间价值对现金流量进行分析。项目经济评价的核心是动态分析,静态指标与一般的财务和经济指标内涵基本相同,比较直观,但只能作为辅助指标。

3.2 投资决策阶段造价管理案例分析

3.2.1 决策阶段造价管理问题综合分析案例

[案例 3.1] 高校基建项目 B 投资决策阶段造价管理问题分析

1)投资决策阶段造价管理问题梳理

全过程造价咨询单位 X 分析认为,新校区项目 B 一期工程在投资决策阶段存在前期调研工作不到位、方案研究不全面、建设标准研究不充分、投资估算不精确等问题,使项目决策不科学、不合理,造成工程造价的增加。

(1)前期调研工作不到位

决策时由于管理人员对建设项目周边环境、技术经济条件考察不到位,未提前到现场对建设项目的地理环境、交通运输、水电供应以及周边市场条件进行调查研究,未发现本项目特有的问题,例如,该高校新区建设项目所在地地形地貌复杂,有两条城市河流流经本校区,南北东西地势高程差较大,局部区域为深回填区,但在进行前期调研时未充分考虑地质因素,学生宿舍楼选址在深回填区,导致基础工程费大幅度增加,并极大地影响建设工期。

①事件简介。新校区项目 B 一期工程 1#学生宿舍楼建筑层数为 8 层,桩基为旋挖钻孔灌注桩,桩底深度约 60 m。首桩施工时(预控深度 65.5 m,39.0 m 以上为松散回填层,39.0~57.0 m 为流砂层,59.6 m 进入中风化层)钻至 12 m 塌孔,无法继续钻进。

②处理过程。项目建设方组织参建五方召开基础的施工方案专题会,先后提议了碎石桩、地基处理+筏板或弹性地基梁、管桩等基础处理方案。经各种实验检测及经济测算,以上方案从经济、工期和施工角度均不可行,最后决定采用冲孔钻机进行试桩试验,经试验检测验算通过,确定采用冲孔钻机进行施工。

③后续处理。为避免新校区项目 B 后续项目出现类似问题,在对地块进行布孔勘探发现地质情况不佳时,应尽可能减少该区域楼栋布置,调整该区域为广场或者绿化区。

④事件反思。基础工程的成本占建安成本的 10%~25%(据经验数据),且不同形式、不同深度、不同地质对成本影响较大。在基础设计阶段应对地质情况做充分了解(通过地质勘察报告等),必要情况下做适当补勘,对复杂地质应进行多方案比选,结合经济性、工期、安全等维度做综合判断。

此阶段,成本人员在进行成本测算时,要对地勘情况做充分了解(如基础深度、流砂和淤泥的情况等)。

(2)方案研究不全面

方案研究不全面导致后期工程量增加,多项变更工程造成工程造价增加。例如,图书馆中庭前期方案采用中空方式,后期因需要增加阅览室功能,同时考虑跨度大梁高会比较高(约1.5 m),进而影响阅览室净高,所以将阅览室做成 4~5 层通高,再在 5 层顶部做穹顶造型,如图 3.2.1 所示。

图 3.2.1　图书馆中庭方案调整

经测算,图书馆中庭因方案调整导致结构部分和装修部分共增加造价 455.9 万元,见表3.2.1。

表 3.2.1　项目 B 图书馆中庭调整方案测算汇总表

序号	方案调整	原方案金额(元)	新方案金额(元)	差值(万元)(新方案-原方案)
1	新增结构	42 020 742.22	42 926 109.94	90.54
2	新增装修	0	3 653 760.00	365.38
3	合计	42 020 742.22	46 579 869.94	455.91

又如,图书馆空调工程方案阶段按分体空调考虑,其清单造价为 813.7 万元;实施阶段调整为中央空调,预算金额为 1 001.75 万元,增加 188.05 万元。

(3)建设标准研究不充分

新校区项目 B 一期工程教学楼装修档次设计过高,室内公共区域墙面、地面铺贴工程的材料均采用高档大理石,存在铺张浪费的情况,同时主教学楼首层层高近 5 m,满铺大理石存在安全隐患。安装工程的设备未经过充分市场调研和可行性研究,均要求采用国内知名大品牌,缺乏经济性。

(4)投资估算不精确

项目前期工程造价管理薄弱,可行性论证规范性不强,且不重视多方案比选和风险性分析,同时,对建设项目方案、使用功能和工艺流程缺乏深入了解,造成漏项,致使投资估算内容缺失,估算精度低。工程咨询单位只是参照估算指标和类似工程的决算进行估计,缺少对实际项目自身特点的研究,对建设条件和编制期的价格情况没有进行深入调研,导致各种费用估计误差大,造成投资估算不准确。例如,新校区项目 B 一期工程投资估算中,设备购置费(含设备安装费)投资估算 2 281.34 万元,实际投资 3 331.19 万元,超估算 1 049.85 万元,比例达46.02%;教学家具投资估算 275.23 万元,实际支出为 427.08 万元,超估算 151.85 万元,比例达 55.17%;市政基础设施和绿化工程投资估算 3 120 万元,实际投资高达 5 336 万元,严重超投资估算。

2）投资决策阶段造价管理改进措施

对新校区项目 B 一期工程投资决策阶段造价管理问题进行分析,研究问题出现的原因,提出改进方法:在项目开展前,应通过市场调研等方法,充分了解研究该项目建造的可行性及经济分析。参考同类型项目的建造投入及建造效果,在前期阶段就应充分考虑造价因素,设定一个可控制的投资目标。

（1）做好现场踏勘与调研

决策阶段应做好现场踏勘、地质情况调研以及周边情况和政府规划要求的深入研究。现场踏勘是基于对地块现状存在哪些风险及增量成本的预判,涉及影响因素较多,包括但不限于现场堆土、未拆除的建筑、电线杆、箱变等、场地平整、限高或限宽要求、地下综合管线影响、地块外是否有周边高压线或周边配电箱影响以及涉及文物保护等。

决策阶段应做好地质情况调研,地块地质条件会对场地平整、土石方、基坑支护、降水、基础等地下成本造成影响。了解周边已建、在建项目情况,获取地块最相邻项目的地勘报告;同时,重点关注地块内是否有溶洞、换填风险以及大量风化岩层、淤泥开挖等情况。

建设单位应重视调研和策划,在决策阶段对规划与方案进行充分论证,确定的总体方案应充分考虑建设项目建设规模、功能需求定位、建设单位中长期发展需要、建设项目所在地区自然技术经济条件等因素的影响,并通过总体方案准确确定投资估算,政府投资建设项目的可研及设计概算一经政府相关部门批准即作为建设项目全过程投资控制的最高限价,不得随意突破。建设单位还应对设计、施工、监理、招标代理、造价咨询等单位提出严格要求,不得随意变更,尽量避免因前期决策失误提出变更要求,做好事前控制。

（2）优选设计方案

针对项目 B 一期方案研究不全面的问题,建设单位要在项目 B 二期工程投资决策阶段加强方案经济比选。例如,艺术学院教学楼从特点和功能需求来看,不仅承担着教学表演和文体活动的任务,而且作为学校大型公共活动场所,经常举行各类活动。因此,其建设造价远远超出其他教学楼或建筑物,如果不能物尽其用,会对学校造成资源损失。由于艺术学院教学楼是全校开展文体活动的主要场所,其建造工艺标准不能降低,但建筑装修的档次不需要太高,过高会造成铺张浪费,达不到降低工程投资的效果,并且艺术学院教学楼的设计理念应符合生态和人文要求,以求在视觉上能与校区的其他教学楼或建筑物和谐共生。

所以不论是总体策划还是局部策划,也不论是决策阶段构思策划还是项目实施策划,都是在构思多方案的基础上,通过方案比选,为决策提供依据。

项目 B 二期工程艺术学院教学楼的决策过程中,建设单位坚持适用、经济、安全的原则,设计单位在充分了解设计意图、满足艺术学院使用功能和美观等需求的基础上,提供了两个设计方案,用于比选和技术经济分析。

①方案 A:在满足大学新校区整体功能定位和使用需求的基础上,为了凸显艺术学院教学楼的艺术美观需要,对艺术学院教学楼的整体建筑风格、建筑装饰作了特别设计,工程建筑安装造价估算约为 18 500 万元,建设工期预计 310 天。

②方案 B:在满足大学新校区整体功能定位和使用需求的前提下,采用了较为常见的建筑结构,再通过建筑装饰的色彩搭配来彰显整栋建筑的艺术特色,工程建筑安装造价估算约为 17 100 万元,建设工期预计 280 天。

两方案主要指标对比见表 3.2.2。

表 3.2.2　项目 B 艺术学院教学楼设计方案主要指标对比

方案	建筑风格、美观效果	建筑安装造价估算(万元)	预计建设工期(天)
A	建筑结构、建筑装饰风格独特	18 500	310
B	常见建筑结构,建筑装饰的色彩搭配彰显艺术特色	17 100	280

　　进行方案设计时,要考虑艺术学院对建筑风格和艺术特色这一重要需求,但不能一味地追求建筑风格标新立异,导致建设成本、工期急剧增加。因此,在综合考虑教学和科研等基本功能需求时,兼顾美学效果且建设成本较为理想的前提下,对两个方案进行优化比选,最终确定方案 B 作为本工程的设计方案,如图 3.2.2 所示。

图 3.2.2　艺术学院教学楼方案 B 效果图

　　(3)确定合理的建设标准水平

　　建设工程项目的投资金额多与少,取决于对该工程项目要求标准的高低,它们成正相关,即建造的标准高,则造价高。对工程建造起指导性作用和提高投资利用效果的关键在于确定合适的建造标准,不宜过低,也不允许过高,因此建设标准应坚持"适用、经济、安全和美观"的原则。

　　坚持"适用、经济、安全和美观"的原则,部分地面采用普通地砖、部分墙面采用普通瓷砖、外墙粘贴瓷砖等装饰,场馆的专业设备配置较高,专业照明设备采用大品牌,高压专变和低压配变电系统保证双回路。场馆消防系统配置完善,严格按照质监局要求设计,符合消防验收规定。集中供热水、集中供冷,场馆对综合布线系统仔细考虑,统一施工,目的是使文体活动表演在信息系统上能够畅通、安全。其他配置还有舞台音响系统、灯光控制系统、幕布系统等。

　　(4)投资估算要准确全面

　　投资估算是工程项目准备工作的重要组成部分,是保证投资决策正确的关键。建设单位应根据相关规定和标准来编制投资估算,考虑应长远,估算应准确,把未来建造时的不确定性因素也考虑进去,才能更好地控制后续每一阶段的造价,更好地为投资者提供决策建议。在编制投资估算时,应该根据不同工程项目的特点和实际情况,充分调研和参考同类工程项目的情况,确保资源充分利用,达到最高的效益,尽量做到又快又准,并且要重点考虑材料设备价格的变动因素、市场环境波动和政策变化的影响,确保工程项目投资既切合实际,又留有回旋余地,让投资估算发挥真正的作用,将工程项目的总投资控制在预设范围内。投资估算编制完成后,建设单位应组织对其进行严格审核。

投资估算编制常用的方法有生产能力指数法、系数估算法、比例估算法和指标估算法等。在实际建设项目中要结合实际情况选择适宜的估算方法,提高估算的准确性,进而对整个建设项目的工程造价进行有效控制。

3.2.2 投资估算案例分析

［案例3.2］ 某制药厂项目投资估算编制

对于房地产项目,投资估算是评估项目可行性、制订投资策略和规划的重要工具。投资估算能够帮助投资者了解项目的预期收益、风险及投资回收期等关键信息。在进行投资估算时,需要考虑项目的初始投资、运营成本、预期收益、市场风险等因素,以及长期发展趋势、政策环境、市场竞争等外部因素。房地产项目历经多年发展,在银行贷款、设计方案、运营成本及风险管控等方面实践已较为深入。房地产是一个资金密集型行业,具有周转快、高利润的特点,大多数城市采用的是预售制,即开发商将房子建设到相关的形象进度并满足部分要求后可获取商品房预售许可证,进而开始售房,售房后资金进入监管账户,在开发商履行完《中华人民共和国城市房地产管理法》《城市商品房预售管理办法》等法律法规的相关规定后可提取监控款,用于下一期(区)或项目的开发,也就是“建设—预售—回款—再建设”的商品房开发逻辑,所以更加注重土地成本、建设成本和销售价格的测算,营销端口会根据项目的地理位置、周边配套设施、市场需求、限购政策、贷款利率政策等因素确定项目调性(楼盘走高端、中端还是低端产品线)和销售预测价格,而产品设计端、成本端也会根据项目调性调整敏感性成本,最终根据售价、成本、利润率、动态回收周期等财务指标反推能接受的土地买入价(称为土地购入价压力测试),最终完成房地产项目的投资估算。

制造业厂房的投资估算逻辑与房地产业有所不同,以制药厂为例:医药行业具有高投入、高风险、高回报的特点,新药研发周期长、投入大,但一旦成功上市,往往能够获得高额利润。而制药厂的土地、厂房和设备必须具备支持新药研发生产的能力。正因为制药行业具有高度的研发密集型和监管密集型特点,在投资估算中,需要特别关注研发能力、产品线、市场渠道、政策环境等因素,同时,由于制药厂对环保的影响大、对消防的要求高,部分城区划分了专门区域用于药厂建设。为了招徕具有更好税收的药企,不同的地方政府会给予不同的政策支持,因此,药企建造药厂选址的重点放在政府让利力度、销售网络搭建便利性、原料药和医药中间体供应商位置、消防单位配合度等方向,土地购入价反而不在药企项目投资估算的重点考虑范围内,在这点上,房地产项目的投资估算刚好与之相反。下面,对一家药企进行投资估算时需要考虑的因素进行分析。

1) 制药厂项目简介

某药企公司经过多年的发展,拥有雄厚的技术实力、丰富的生产经营管理经验和可靠的产品质量保证体系。为进一步扩大市场占有率,公司将继续提升供应链构建与管理、新技术新工艺新材料应用研发,拟于C市H区建设主要功能为中间体和原料药制取,兼具研发创新功能的新厂区。

本项目厂区选址位于 C 市 H 区,占地面积约 130 亩(1 亩≈666.7 m²)。项目拟定建设区域地理位置交通便利,规划电力、给排水、通信等公用设施条件完备。根据生产工艺提出的要求,药企委托设计单位进行平面规划、空间组合以及结构选型,拟建原料厂房四栋,仓储库房四栋,办公楼一栋,动力中心一栋及污水处理站。所有生产车间均采用重力流操作,配置有 DCS、SIS、BMS 与 WMS 等自控系统。

上述建筑的主体工程均采用钢筋混凝土框架结构,全面考虑施工、安装及检修要求,既充分满足生产经营要求,又注重建筑的形象。项目总体布置按照使用功能要求,进行功能分区,做到人流、车流路线通畅,空间布置和周围环境协调,同时满足噪声控制、采光、透视、日照、温度、净化等及其他特殊要求;所有建筑物设计均满足防火、防空、防腐、防盗等要求;环境美化、绿化要同周围环境协调并且别致新颖有特色;在生产工艺允许的条件下,尽可能采用联合厂房,并考虑开敞与半开敞甚至露天装置,以节约项目建设投资,如图 3.2.3 所示。

图 3.2.3 项目效果图

项目总建筑面积 71 991.22 m²。其中:主体工程(共计 4 栋原料厂房)50 869.45 m²,仓储工程共计 10 036.41 m²,行政办公及生活服务设施 7 576.95 m²,公共工程 3 508.41 m²。

2)制药厂建筑工程费

本项目建筑工程费主要包括:

①生产厂房、辅助生产厂房、库房,办公和生活福利设施等建筑物工程。

②各种设备基础、操作平台、管架、烟筒、水池、排水沟道路、围墙、大门和防洪设施等构筑物工程。

③土石方和场地平整等。

制药厂在进行投资估算时,已有设计图纸,可根据每个单体的图纸,进行 BIM 建模和套价,其内容与住宅项目类似。值得注意的是,制药厂涉及大量化工原材料,一旦发生火灾或爆炸,将造成较大的人员伤亡和经济损失,所以防火防爆设计较住宅更为严格,该方面的建筑工程费涉及大量计量和询价工作。

例如,施工图设计说明中"所有基层木材均应满足建筑防火极限等级要求,表面涂刷三度防火涂料,防火涂料产品要符合当地消防部门验收要求",又注明"①所有基层木材均应满足防火要求,涂刷达到防火要求和经本地消防大队同意使用的防火涂料;②承建商要在实际施工前呈送防火涂料给筹建处批准方可开始涂刷;③所有基层木材应用至易潮湿空间均须涂三层防腐涂料",但未明确防火涂料与防腐涂料品种,在进行投资估算时,时间较为紧迫,可先进行网络询价后上浮一定系数列入成本。

本工程经测算,建筑工程费共计 23 309.75 万元。

3)制药厂设备购置费

在进行制造业项目的投资估算时,设备购置费是一个非常重要且需要深入研究的内容。设备购置费包括项目所需的各种设备的采购成本,直接影响项目的运行效率、生产能力以及投资回报率。因此,对设备购置费的分析和评估是项目投资决策中必不可少的环节。

①设备需求分析:在确定设备购置费之前,需要先进行设备需求分析,明确项目所需的各种设备类型、规格、数量等具体要求。这需要综合考虑项目的生产规模、工艺流程、技术水平等因素,以确保选购的设备能够满足项目需求。

②设备选型:是设备购置费中非常关键的一环,选型的合理与否直接影响后续的投资效益。在选型过程中,需要考虑设备的品牌、性能、质量、价格等因素,并进行充分比较和评估,以确保选购到性价比最高的设备。

③设备规划:是指根据项目的生产需求和工艺流程,合理布局和配置设备,确保设备之间的协调运作和生产效率。在设备规划中,需要考虑设备之间的连接方式、空间利用率、安全环保等因素,以实现项目的高效生产。

以本项目的综合办公楼为例,涉及综合办公设备及对应的操作条件见表3.2.3。

表3.2.3 综合办公楼设备一览表(节选)

设备位号	设备名称	主要规格型号(mm)	材料	主要介质	温度(℃)	压力(MPa)
				操作/设计条件		
3401-1~3	洁具池	500×600×850	S30408	饮用水	常温	0.3
3402-1~5	洗手盆	600×500×850	组合件	饮用水	常温	0.3
3403-1~5	自动干手器	300×200×350	组合件	—	常温	常压
3404-1~3	手消毒器	300×200×350	组合件	—	常温	常压
3405-1~4	烘箱	800×800×850	组合件	—	60	常压
3406	边实验台(带双水池)	3 650×700×800	组合件	饮用水	常温	0.3
3407-1~7	器皿柜	900×450×1 800	S30408	器具	常温	常压
3408-1~2	样品柜	900×600×1 800	组合件	样品	2~8	常压
3409	边实验台(不带水池)	2 250×700×800	组合件	—	常温	常压
3410-1~10	稳定性试验箱	760×870×1 650	S30408	样品	30~40	常压

续表

设备位号	设备名称	主要规格型号（mm）	材料	操作/设计条件		
				主要介质	温度（℃）	压力（MPa）
3411-1~9	不锈钢操作台	1 500×700×800	S30408	—	常温	常压
3412-1~6	称量台	650×500×800	组合件	天平	常温	常压
3413	通风橱	1 500×800×2 350	不锈钢	样品	常温	常压
3414	边实验台(带4个水池)	3 000×700×800	组合件	饮用水	常温	0.3
3415-1~10	储存柜	900×450×1 800	S30408	器具	常温	常压
3416-1~6	冰箱	1 000×1 000×1 785	复合材料	—	2~8	常压
3417-1~5	中央操作台(带水池)	4 500×1 600×800	复合材料	饮用水	常温	0.3
3418	中央操作台(不带水池)	3 100×1 600×800	复合材料	—	常温	常压
3419-1~8	培养箱	750×710×670	不锈钢	菌种	45	常压
3420	边实验台(带双水池)	4 550×700×800	组合件	饮用水	常温	0.3
3421-1~5	超净工作台	1 300×825×750	不锈钢	—	常温	常压
3422-1~2	灭菌柜(双扉)	XG1.DTE-0.6B	不锈钢	器具	120	常压
3423-1~8	传递窗	850×600×800	S30408	工衣	常温	常压
3424-1~5	灭菌锅	YXQ.L31,电加热	组合件	样品	120	0.2
3425	生物安全柜	B2 型	不锈钢	—	常温	常压
3426	边实验台(带水池)	4 450×700×800	组合件	饮用水	常温	0.3
3427-1~3	清洗池	500×600×850	S30408	饮用水	常温	0.3
3428	纯水机	2 000×850×1 550	S30408	饮用水	常温	0.3
3429	洗眼器	WS101 型	S30408	饮用水	常温	0.3
3430-1~8	防爆气瓶柜(双瓶)	900×460×1 900 带自动排风、监测报警控制器	不锈钢	—	常温	常压
3431-1~19	通风型试剂柜	900×450×1 850	不锈钢	—	常温	常压

　　由于集团原位于 C 市 C 区的制药厂部分生产线设备需要更换,这部分设备包括分离设备、干燥设备等。这部分设备在原药厂建设中已支付完成,故无须计入新药厂的设备购置成本,可直接用于本案例中的新建药厂(位于 C 市 H 区)。经过对关键设备的利旧沿用,本案例新建药厂项目计划购置的设备仅需 190 台(套),设备购置费为 1 804.14 万元。

4)制药厂安装工程费

　　在进行制药厂项目投资估算时,安装工程费涉及设备安装、调试、验收等环节,直接影响项目的实施进度和成本控制。

安装工程费主要包括以下 5 个方面:

①设备安装费用:这是安装工程费的核心部分,包括设备拼装、安装、连接、调试等费用。通常根据设备类型、规模和复杂程度来确定费用水平。

②工程材料费用:包括安装所需的各类管道、电缆、接头、固定件等材料的采购费用。

③辅助设施费用:指安装过程中需要使用的临时设施、机械设备、仓储场地等的租赁费用。

④管理费用:包括安装工程管理人员的工资、差旅费、办公费等,以及与安装工程有关的管理成本。

⑤其他费用:如安装过程中可能出现的临时性支出,如交通费、通信费等。

本项目制药过程中应注意合理通风,因此设计了 VRV 排风系统,采用定风量阀+电动密闭阀控制,定风量阀更能保证万向罩的风量,电动密闭阀更方便万向罩的使用。不需要设置自动关闭密闭阀。手动调节阀可以满足风量相对恒定的需求。对于没有通风柜的房间,新风有风量要求,需安装定风量阀,确保新风量。对于部分仅考虑普通定风量排风的区域,由于排风量较小,且有外窗和门窗缝隙可以渗透自然补风,因此无须设置新风机组,排风机控制房间所需排风量即可。

制药厂仓库内储存着大量的化工原料,若发生失火可能引发爆炸,后果不堪设想,本项目以水消防为主、化学消防为辅,对于不能直接采用水喷淋的场所,如生产车间、资料室、计算机房、变配电室等配置二氧化碳类灭火装置系统。项目的室外消防水源可直接取于市政消防供水管网;室内和自动喷淋系统消防水源由生产车间内消防水池供水。整个工艺设备通过分布式控制系统进行监测、控制,同时设置紧急安全连锁系统,对于关键的连锁按三选二考虑。工艺设备中采取必要的安全报警及联锁设施,防止因工艺参数超过设计安全值引发的火灾爆炸事故。在工艺设计中,产生燃爆性气体和粉尘的生产车间内采取相应的通风除尘措施,以降低爆炸性物质浓度,使其低于燃爆下限,并设置必要的安全联锁报警设备。

同时,因试验区的设备(包括且不限于通风橱、试验台、试剂柜、万向罩)均包含在安装工程中,故需进行成本计算。不同的制造厂所需的安装工程内容不同,难以像住宅安装工程那样根据建筑单方指标计算,本项目在投资估算时仅有建筑图及结构图,并未完全出具电气、暖通等安装图纸,而制药厂的通风要求极高,如果仅仅考虑简单的通风投资概算指标,很可能导致安装图纸出来后成本超支的情况。为了避免出现此类情况,借鉴本药企在 C 市 C 区已建好并完成结算的项目对应业态建筑结算价,用对应分部分项工程的总价除以总建筑面积得出单方造价指标,并适当考虑上浮后作为待建制药厂的安装工程费用。

经估算,项目总安装工程费为 13 926.52 万元。

5) 工程建设其他费用

工程建设其他费用是指根据有关规定应在基本建设投资中支付的,并列入建设项目总概预算或单项工程综合概预算的,除建筑安装工程费用和设备工器具购置费外的费用。其组成包括土地使用费、与项目建设有关的其他费用以及与未来企业生产经营有关的其他费用。

①土地使用费:包括土地征用及迁移补偿费和土地使用权出让金。

②与项目建设有关的其他费用,由以下部分组成:

a. 建设管理费:包含建设单位管理费及工程监理费。

b.可行性研究费。

c.研究试验费。

d.勘察设计费:包含工程勘察费、初步设计费、施工图设计费以及设计模型制作费。

e.环境影响评价费。

f.劳动安全卫生评价费。

g.场地准备费及临时设施费。

h.引进技术和进口设备其他费:包含出国人员费用、国外工程技术人员来华费用、技术引进费、分期或延期付款利息、担保费以及进口设备检验鉴定费用。

i.工程保险费。

j.特殊设备安全监督检验费。

k.市政公用设施建设费及绿化补偿费。

③与未来企业生产经营有关的其他费用:这部分费用主要包括联合试运转费、生产准备费以及办公和生活家具购置费。

工程建设其他费用组成中,土地使用费和与项目建设有关的其他费用的计费内容和房建住宅基本相同;与未来生产经营有关的其他费用应包含可供正常生产所需的办公及基础设备,例如:

①个人防护装备:更衣柜、鞋柜、白大褂、工鞋、医用棉口罩、一次性口罩、帽子等。

②基础设备:分样用办公桌、样品柜、样品袋、取样工具、台秤、各类标签、通风除尘设施、粉碎台、粉碎机、研钵、废物中转箱等。

③实验台及辅助设备:天平台、试验台、滴定台、铁架台、试管架、万能夹、移液管架、各种滤纸、温度计、薄层板架、手持式气压计等。

④精密分析仪器:紫外分光光度计、可见分光光度计、红外光谱仪、荧光分光光度计、各类色谱仪、旋光仪、超净工作台、恒温培养箱、恒温恒湿箱、冰箱和冰柜等。

⑤其他特殊设备:便携式 pH 计、酸度计、电导率仪、自动电位滴定仪、自动旋光仪、生物安全柜、双目显微镜、实用型实验室专用纯水机等。

具体采购的仪器种类和数量应根据制药厂的实际需求和实验室规模进行定制,对于这类检验分析类仪器,需考虑妥当并周全地列入工程建设其他费用,计入成本。总之,工程建设其他费用在项目投资估算中占据着重要位置,对项目的成功实施和成本控制至关重要。因此,项目前期投资估算就应重视工程建设其他费用的评估和控制,以提高项目的投资回报率和风险控制能力。

经测算,工程建设其他费用为 5 097.57 万元。

6)建设期利息和流动资金

建设期利息是指在项目建设阶段,由于投资所用资金而需要支付的利息支出。这些利息支出主要源于项目融资所产生的借款,包括银行贷款、债券发行等形式的融资。建设期利息的时长通常是指从项目开工到项目建成投产之间的时间段,通常以天或月为单位计算。确定建设期时长后根据项目融资金额和贷款利率来确定具体的利息支出额度。本项目选择了信誉良好、利率较低的融资机构,以减少建设期利息支出。

流动资金在项目和投资估算中扮演着重要角色,制药厂在日常生产运营时需要购买原材料、支付工资、维护设备以及支付其他运营成本。尤其是在现金流回正前,需确保有足够的流动资金,可以避免因资金短缺而导致的生产中断,从而保持生产的连续性和稳定性。充足的流动资金还可以用于支持后期制药厂稳定运行后的扩张计划,如扩大产能等,有助于实现规模经济,提高生产效率,进一步巩固和扩大市场份额。

通过各职能部门对生产活动和项目需求的预测,合理预测流动资金需求,可灵活运用各种融资方式,包括自有资金、银行贷款和债券发行等,确保流动资金的多元化来源。通过合理管理和运用流动资金,可以保证项目的顺利进行,确保资金周转顺畅,提高企业的竞争力和可持续发展能力。因此,企业在项目实施和投资估算中应当高度重视流动资金管理,制订科学合理的策略和措施,以应对复杂多变的市场环境和经营挑战。

7)项目总投资估算分析评价

(1)项目总投资构成分析

本期项目总投资包括建设投资、建设期利息和流动资金。根据谨慎投资估算,项目总投资约 58 890.80 万元,其中:建设投资 45 227.87 万元,占项目总投资的 76.80%;建设期利息 978.63 万元,占项目总投资的 1.66%;流动资金 12 684.29 万元,占项目总投资的 21.54%。

(2)建设投资构成

本期项目建设投资 45 227.87 万元,包括建筑工程费、设备购置费、安装工程费、工程建设其他费用、预备费,其中:建筑工程费 23 309.75 万元,设备购置费 1 804.14 万元,安装工程费 13 926.53 万元,工程建设其他费用 5 097.57 万元,预备费 1 089.89 万元。

(3)资金筹措方案

本期项目总投资 58 890.80 万元,其中申请银行长期贷款 19 972.27 万元,其余部分由企业自筹。

(4)项目预期经济效益规划目标

①经济效益目标值(正常经营年份)。

a.营业收入:120 000.00 万元。

b.综合总成本费用:9 883.75 万元。

c.净利润:16 548.68 万元。

②经济效益评价目标。

a.全部投资回收期:6.14 年。

b.财务内部收益率:18%。

(5)项目投资估算结论及建议

本期项目按照国家基本建设程序的有关法规和实施指南要求进行建设,建设期限规划 18个月,全部投资回收期 6.14 年,小于行业基准投资回收期,说明项目投资回收能力高于同行业的平均水平,表明项目投资能够及时回收,盈利能力较强,投资风险性相对较小,为满足集团对该新建项目的经济评价,通过投资估算,建议在 C 市 H 区建立该制药厂。主要经济指标见表 3.2.4。

表 3.2.4　主要经济指标一览表

序号	项目	单位	本工程	备注
1	占地面积	m²	86 667.10	约 130.00 亩
2	总投资	万元	58 890.80	——
2.1	建设投资	万元	45 227.87	——
2.1.1	建筑工程费	万元	23 309.75	——
2.1.2	设备购置费	万元	1 804.14	——
2.1.3	安装工程费	万元	13 926.53	——
2.1.4	工程建设其他费用	万元	5 097.57	——
2.1.5	预备费	万元	1 089.89	——
2.2	建设期利息	万元	978.63	——
2.3	流动资金	万元	12 684.29	——
3	资金筹措	万元	58 890.80	——
3.1	自筹资金	万元	38 918.53	——
3.2	银行贷款	万元	19 972.27	——
4	营业收入	万元	120 000.00	预测正常运营年份
5	总成本费用	万元	98 783.75	建安+研发等集团管理成本分摊
6	利润总额	万元	21 216.25	——
7	净利润	万元	16 548.68	——
8	所得税	万元	4 667.58	考虑 II 区现有的药企和小微企业减税政策
9	增值税	万元	4 071.91	由财务测算
10	税金及附加	万元	572.64	——
11	纳税总额	万元	9 312.13	——
12	工业增加值	万元	35 929.46	——
13	盈亏平衡点	万元	52 087.84	产值
14	回收期	年	6.14	含建设期 18 个月
15	财务内部收益率	%	18	——
16	财务净现值	万元	——	——

[案例 3.3]　项目 C 投资估算分析与调整

1) 投资估算偏差分析

　　本案例是对第 2 章中提及的市政项目 C 进行分析。根据市政项目 C 与典型道路的可研批复金额、设计方案概算及中标合同价的对比,造价咨询单位 Y 详细测算了可研批复金额与实际金额的偏差,并对金额偏差原因进行了分析:

　　①6 条已招标市政道路的单位造价指标水平对比,设计方案概算与施工合同价比较接近。

②道路等级较高的纬八路和经十三路投资额较高,纬八路可研批复金额为0.762 2亿元,设计方案概算金额为1.312 1亿元,设计概算超投资估算72.15%;经十三路可研批复金额为0.568 1亿元,设计方案概算金额为0.977 6亿元,设计概算超投资估算72.08%。

③道路等级较低的经十一路、经十二路和滨海路的投资额较小,设计概算低于投资估算31.48%～68.5%。

④龙潭南路设计概算与投资估算单方造价指标相近,但设计图道路长度较可研批复超出71.7%。

根据已发生及现有的资料数据分析,批复投资总额因建设标准、建设内容及投资回报率低等因素引起概算存在较大缺口,目前已实施项目的标准均高于已批复投资估算参考标准。经审核后,EPC工程总承包单位组织造价咨询单位Y及设计院共同查找可研批复金额与实际金额偏差原因,并进行了分析,造成金额偏差的原因有:可研批复的工程量与设计图纸的工程量存在较大差异,设计图纸部分清单项目在可研批复工程量清单中未体现,造成可研批复项目出现较多缺项、漏项,影响总投资额的估算。原可研批复方案中,纬八路道路工程未考虑回填开山石、回填砂、钢板桩等工程内容,然而经过对相关方案进行细化,设计图纸发生了较大更改。对原可研批复方案的缺漏项内容进行补充后,纬八路道路工程量大大增加,总投资额也相应增加。调整前后的工程量及投资额差异详见表3.2.5。经十三路也发生了类似情况,在对借方、回填砂及钢板桩等方案进行细化后,工程量发生了较大更改,因而影响总投资额,详见表3.2.6。

表3.2.5 纬八路道路工程部分工程量统计表

| 序号 | 工程内容 | 单位 | 可研批复 | | | 设计图纸 | | | 设计图纸与可研差额(元) | 差异率(%) |
			工程量	单价(元)	合价(元)	工程量	单价(元)	合价(元)		
1	回填开山石	m³	0	0	0	77 400	120	9 288 000	9 288 000	—
2	回填砾石	m³	0	0	0	2 475	110	272 251	272 251	—
3	回填砂	m³	0	0	0	13 378	70	936 459	936 459	—
4	土工布(膜)	m²	0	0	0	19 140	12	229 680	229 680	—
5	草皮护坡	m²	0	0	0	23 897	45	1 075 378	1 075 378	—
6	M7.5浆砌片石	m³	0	0	0	5 172	300	1 551 708	1 551 708	—
7	钢板桩	m	0	0	0	5 305	1 300	6 897 280	6 897 280	—
合计					0			20 250 756	20 250 756	—

表 3.2.6　经十三路道路工程部分工程量统计表

序号	工程内容	单位	可研批复			设计图纸			设计图纸与可研差额（元）	差异率（%）
			工程量	单价（元）	合价（元）	工程量	单价（元）	合价（元）		
1	回填开山石	m³	19 665	60	1 179 900	44 929	120	5 391 504	4 211 604	357
2	借方	m³	0	0	0	228 484	35	7 996 969	7 996 969	—
3	回填砂	m³	0	0	0	13 377	70	936 459	936 459	—
4	钢板桩	m	0	0	0	3 544	2 400	8 505 840	8 505 840	—
合计					1 179 900			22 830 772	21 650 872	1 835

2）投资估算调整建议

造价咨询单位 Y 协助委托方进行投资估算的合理性分析。对项目投资各组成部分的合理性、数据的准确性及各类费用构成的合规性进行专业分析，并在此基础上提出专业建议及分析（含盈亏）成果。

依据项目的建设要求、背景因素，对投资估算进行评估，提出如下造价咨询建议：目前已实施项目的标准均高于已批复投资估算参考标准，但与已批复详细规划中的标准相符合。按规划的道路等级及建设标准重新进行测算，可研报告中的投资估算金额应调整为107 979.44 万元，其中：

①建筑安装部分估算金额为 88 524.8 万元。
②工程其他费用为 10 321.93 万元。
③预备费用为 7 907.74 万元。
④建设期贷款利息为 1 225 万元。
具体内容见表 3.2.7。

表 3.2.7　投资估算金额对比表

序号	名称	可研批复（万元）	设计方案预估（万元）	设计方案与可研差额（万元）	差异率（%）
1	建筑安装部分	57 651.03	88 524.77	30 873.74	54
2	工程其他费用	7 354.81	10 321.93	2 967.12	40
3	预备费用	5 200.47	7 907.74	2 707.27	52
4	建设期贷款利息	1 225	暂按批复金额	0	0
5	总投资	71 431.31	107 979.44	36 548.13	51

基于表 3.2.7，建议调整内容主要有：

①首先主要考虑市政项目 C 一期的 12 条道路，实际的实施进展情况各不相同，部分工程已经完工或正处于实施状态，还有部分工程处于待开工建设状态。因此在本次估算时借鉴了

已发生的现有资料数据,并在此基础上考虑8%的合同规划、变更洽商、索赔、配合、重复工作、处理验收遗留问题、调整资料等产生的费用增加额度。

②管廊部分,可研批复估算金额为20 000万元。本次估算暂按实施方案显示的2.74 km单舱管廊标准计入,单舱管廊建筑安装估算费用为11 000万元/km,调整后的估算金额为30 100万元,调增10 100万元。

③工程建设其他费用,按相应取费文件进行相应调整。

④建设期贷款利息,暂按1 225万元计算。但造价咨询单位Y指出委托方需考虑增加的投资额的资金安排[如果按实施方案中贷款额与建安费的贷款比例5/5.765 1=0.867计算,调整后的投资估算中的贷款额应为:8.852×0.867=7.6(亿元)]。

咨询效果:在市政项目C中,造价咨询单位Y根据工程实际情况,针对可研批复金额、设计方案概算金额、中标合同价等进行数据比较和认真分析,通过三算对比分析,提出委托方投资估算存在的重大问题,避免了不必要的损失,为委托方详细测算了可研批复金额与实际金额的偏差,为后期委托方决策提供了正确依据。

3.2.3 多方案比选与工程项目经济评价案例分析

[案例3.4] 项目A基于市场调研的规划调整案例

从第2章项目A一期的成本工作总结分析中,可得出一期成本控制欠佳,存在的管理问题较多,总成本及成本利润率均未达到目标要求。

1)投资决策阶段成本管控改进措施

鉴于项目A拿地时市场调研不够充分,存在拿地测算不精确的问题,B集团成本部针对拿地环节存在的问题进行了讨论,总结了成本管控改进措施,项目A为一期、二期同时拿地,所以部分改进措施无法运用到二期,但可为后续拿地工作积累经验。

(1)充分做好市场调研

市场调研是拿地的第一步工作,由于房地产项目投资额大,一旦开端决策错了,将满盘皆输,因此市场调研无疑是重中之重。

另外,需考虑当地经济水平状况及政府规划,考察地块周边的环境、交通运输、医疗及学校等基础设施情况,充分了解项目本身、其所处环境带来的相关属性以及周边竞品楼盘情况,有利于更加准确地进行方案设计、项目定位及目标成本设定。

为了保证项目的可行性,通过项目的机会及风险分析,可最大限度地控制因投资失误引发的成本增加。对于地块附有的不利因素应考虑周全,重点关注项目法律风险、拆迁风险、高压线风险、地下管线风险、市政条件风险、地铁降噪风险、地下埋藏物风险、工程地质条件风险、环评风险、投资利润风险、政策风险等。为了满足项目收益最大化的需求,需争取有利的规划要点,适当提高容积率,降低单方土地成本。

(2)合适的测算成本

房地产项目拿地测算期间,通常需要投资发展部、设计部、营销部、成本部、工程部等多部门通力协作。成本部应作为强纽带者,一方面要加强自身专业能力,全面参与评估项目策划;另一方面要加强与其他部门之间的沟通,确保数据测算的准确性和高效性。

方案设计基于规划条件和产品定位,主要是确定经济技术指标、建造标准。为了更好地实现方案设计,应做到以下几点:一是加强前期调研,摸排各地区政府费用及配套收费标准以及工程价格,提高测算精度;二是提高标准化产品应用比例,提高运营管理能力,加快资金周转速度;三是配置专业的工程或设计人员,结合地质勘察资料对土方支护基础工程提供专业意见,避免保守测算;四是提高各端口的责任心,提升测算输入条件的质量;五是参考周边竞品项目,精确定位户型配比、精装修适配、展示区成本等,使项目去化率得到保证。

成本数据基于方案设计和经验数据,主要由成本计量、成本计价组成。应善于研究及总结,及时进行内外部数据调研,积累技术和相关成本数据,建立完善并动态更新多元化业态的成本测算数据库,实时掌握市场造价水平,为成本数据测算奠定坚实基础。成本测算坚持的原则是通过精益化降低隐性成本;通过行业对标,类似项目经验数据对比校验,找到合理的显性成本配置清单。

2)项目 A 二期规划调整

(1)C 市 C 区市场分析

项目 A 可研阶段业态全部按洋房考虑,规划方案为商业、洋房及高层住宅,其中洋房户型面积区间为 99～133 m²。自 2018 年 6 月起,C 市房地产市场急剧转冷,持续低迷。2018 年 1 月至 2019 年 3 月 C 市 C 区交易数据如图 3.2.4 所示。

图 3.2.4　2018 年 1 月至 2019 年 3 月 C 市 C 区交易数据

项目 A 一期洋房 2019 年推出 99 m² 户型洋房 48 套,去化 45 套,去化率 93%;同期推出 120 m² 以上户型洋房 96 套,去化 45 套,去化率仅 46%。

根据对最近三年市场成交数据调研,C 市 C 区市场 100～140 m² 为主力户型面积段,其中 90～120 m² 面积段的去化率最高,连续三年维持 80% 以上;120～140 m² 成交量较大,是因为供货量较大,但是去化率远低于 90～120 m² 面积段;120 m² 为洋房去化速度的分水岭。2016—2018 年 C 市 C 区分面积段去化分析详见表 3.2.8。

表 3.2.8　2016—2018 年 C 市 C 区分面积段去化分析

洋房面积段（m²）	2016 年			2017 年			2018 年		
	供应套数（套）	去化套数（套）	去化率（%）	供应套数（套）	去化套数（套）	去化率（%）	供应套数（套）	去化套数（套）	去化率（%）
≤70	—	—	—	22	22	100	4	4	100
70～80	—	—	—	—	—	—	20	20	100
80～90	30	22	73	9	9	100	7	7	100
90～100	29	29	100	—	—	—	22	22	100
100～110	28	28	100	25	25	100	600	563	93.8
110～120	180	153	85	212	188	88	590	513	86.7
120～130	282	191	67	800	521	65	710	627	88
130～140	432	282	65	220	139	63	1 100	780	70
140～150	302	197	65	90	54	60	200	107	53.5
150～160	10	6	60	7	7	100	7	7	100
>160	130	90	69	144	108	75	84	72	85.7
合计	1 423	998	70	1 529	1 073	70	2 722		

（2）产品调整主因及总结

根据目前的市场形势、市场调研以及未来走势判断,该区域高总价、大面积、改善型物业客群锐减,客户接受程度低,将严重影响去化质效。C 市 C 区作为城市容量不大且客群与主城分流态势明显的区域,本土区域内同质化产品扎堆,一期推出后,市面上堆积及新推的同质化产品增量巨大,去化形势严峻。按照成交面积分析:120 m² 为洋房去化速度的分水岭;按照成交总价分析:100 万元为洋房总价去化速度的分水岭。

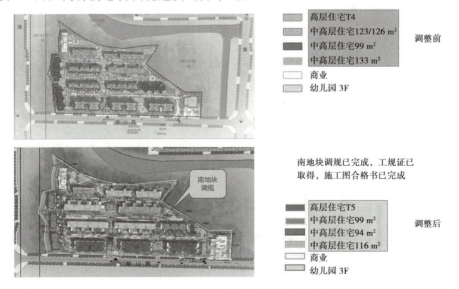

图 3.2.5　项目 A 二期规划调整前后对比

若二期仍按原设计方案,按照当地市场销售情况预判不佳,故拟将洋房户型区间由99~133 m² 调整为94~116 m²(规划调整前后对比如图3.2.5所示),规划调整后利用产品差异,将跑量型业态前置,预期可提升一定的去化速度,缩短现金流利用周期。

3)二期规划调整的运用成效分析

(1)成本对比

项目A二期因调整规划方案导致增加成本1 179万元,具体明细见表3.2.9。

表3.2.9 规划方案调整前后成本对比

费用名称	调整后 (万元) ①	调规前 (万元) ②	差异 (万元) ①-②	是否调 规引起	计价工程量及金额备注
土地成本	44 696	44 698	-2	是	
前期工程成本	13 814	13 479	335		成本变化包含建筑设计费、二次专项设计费、城市配套费、人防异地建设费、其他报建费等
建安工程 总成本	50 292	48 801	697		成本变化包含因户型变化引起的建安成本增加、洋房增加正压送风、楼面增加保温、普通栏杆调整为防火栏杆、高层外墙保温调整、车库面积变化等
基础设施成本	11 640	11 573	67	是	
配套设施成本	2 764	2 679	85	是	
开发间接费	932	935	-3	是	
合计	124 140	122 165	1 179		结论:调规导致增加成本1 179万元(未考虑资本化利息)

(2)调整规划前后销售情况对比

项目A二期调整规划前后销售情况见表3.2.10、表3.2.11。

综上可以看出,项目A二期规划调整后,货值增加1 139万元,成本增加1 179万元,但去化速度明显加快,如果考虑资金成本,调整规划是有利的。

表 3.2.10　项目 A 二期按原方案销售情况预判

业态	套数（套）	可售面积（m²）	单价（元）	货值（万元）	2018—2019 年			2020 年			2021 年		
					去化比（%）	面积（m²）	签约金额（万元）	去化比（%）	面积（m²）	签约金额（万元）	去化比（%）	面积（m²）	签约金额（万元）
洋房	810	94 437	8 700	82 161	35.02	33 071	28 772	73.37	36 220	31 512	100	25 145	21 876
小高层	660	68 366	7 680	52 506	60.03	41 040	31 519	80.95	14 305	10 987	100	13 021	10 000
商业	1	501	17 000	852	—	—	—	100	501	852	—	—	—
车库	1 826	59 457	2 457	14 608	—	—	—	23.05	13 675	3 360	54.77	18 884	4 640
合计	—	222 762	—	150 127	40.16	74 111	60 291	80.48	64 701	46 711	95	57 050	36 516

表 3.2.11　项目 A 二期规划调整后销售情况分析

业态	套数（套）	可售面积（m²）	单价（元）	货值（万元）	2018—2019 年			2020 年			2021 年		
					去化比（%）	面积（m²）	签约金额（万元）	去化比（%）	面积（m²）	签约金额（万元）	去化比（%）	面积（m²）	签约金额（万元）
洋房	876	94 446	8 716	82 315	47.19	44 565	38 843	97.62	47 715	41 512	100	2 248	1 960
小高层	716	68 421	7 700	52 687	77.00	53 921	41 519	100	14 157	10 987	—	—	0
商业	1	501	17 000	852	—	—	—	100	501	852	—	—	—
车库	1 799	59 313	2 457	14 574	—	—	—	23.05	13 675	3 360	54.77	18 884	4 640
合计	—	222 686	—	151 266	53.13	98 486	80 362	90.62	76 048	56 711	95	21 041	6 600

3.3　仿真演练

[仿真演练 3.1]　基于某项目规划调整的仿真任务

1)任务背景

Z 项目位于 Z 市 Z 区,紧邻温泉城、高尔夫球场和旅游度假区等大型度假休闲配套,以别墅为主,搭配部分洋房,容积率 1.47,小区品质优良。经过十年的发展,Z 市 Z 区配套日渐成熟,居住氛围也更加浓郁,一个低密的近郊度假区已经形成,其度假和宜居属性已经被广泛认可,且区块内有优质教育资源,项目升值潜力巨大。

2013 年项目通过规划审批,随即开工建设,一期竣工后开始对外销售。但原开发商实力不足,资金链断裂,交付房屋维修停滞,二期、三期处于烂尾状态。

2017 年,XH 公司法拍收购了 Z 项目,负责处理一期遗留问题,并完成二期、三期开发建设。XH 公司接手之后解决了很多遗留问题,有将 Z 项目建成优质成熟社区的能力。

2)事件脉络回顾

洋房+小高层的模式在 Z 市 Z 区得到了广泛应用,市场认可度极高,能够同时满足改善型和刚需客户的需求。基于市场形势,XH 公司拟将 Z 项目二期、三期由别墅+洋房调整规划为洋房+小高层的业态方案。产品形态的改变,对楼盘品质和居住环境的损伤是有形的。一期部分购房业主对变更规划反应强烈,在规划调整听证会上予以反对,变更纷争成为购房业主与建设方中间的一堵高墙。近两年来,业主间分歧不断加大,意见难以统一;政府主管部门也进退维谷,饱受质疑。

2018 年,Z 项目二、三期规划调整方案进入最终审批阶段,最终因部分一期业主反对而搁置;2019 年上半年,XH 公司再次组织新规报批工作,在与政府主管部门协商之后,根据新规下调了容积率再次报批,同样因存在纠纷未能通过审批。

XH 公司认为,Z 项目调规属历史遗留问题,原规划产品形态为别墅+洋房,已于 2013 年通过审批,但当时的方案已完全不能满足当下市场需求,而且政府出台了新的规范。所以,调整规划成为 XH 公司 2017 年接盘 Z 项目之后必须面对的问题。

随着时间的推移,部分业主因担心项目二次烂尾,希望 XH 公司尽快报批新规,督促主管部门尽快通过审批。部分业主则认为,调规之后,未建的产品形态变为洋房和小高层,导致项目整体品质下降,房产价值缩水,拒绝 XH 公司和主管部门进行规划调整。因规划调整一事,Z 项目各方之间的矛盾仍然在不断激化,XH 公司寄希望于政府方面,主管部门同样难以决策。

从原开发商到 XH 公司,跨越的建设周期过长,其间确实有部分规范有了新的要求,市场也发生了较大变化,所以 Z 项目的规划调整合情合理。就流程来说,规划调整需要经过征求意见会、专家听证会,然后梳理存在的风险、逐项排查并报政府批准等。

对于 XH 公司来说,此次纠纷也损害了自身的合法权益,因为开发商拥有土地开发权和对规划设计方案进行调整的权利。XH 公司也随时间流逝遭受巨大损失,一方面多付出近 2.1 亿元的巨额利息;另一方面错过盘活资金的市场周期,带来无形的损失。

3)任务布置

任务一:2019年上半年,XH公司再次组织新规报批工作,政府主管部门接到申请后,组织召开了听证会,参加听证会的成员有Z项目一期业主、XH公司和政府主管部门代表,其中部分业主因担心项目二次烂尾,希望XH公司尽快报批新规,部分业主以调整规划影响Z项目整体档次为由持反对意见。会议召开在即,请6~8名同学为一个小组,扮演不同角色,模拟召开听证会,并形成会议纪要。

任务二:2020年2月份,Z项目终于经过审批获得规划许可证。但由于经济形势下行,房价下跌,就投入与回报粗略估算,单位面积建造成本为11 000~12 000元/m²,然售价才8 000元/m²左右,XH公司将亏损3 000元/m²以上。新的规划、新的设计、新的规范,使该项目的建筑品质大幅提升,但由于经济形势下行,房价下跌,使XH公司面临严峻的经济形势,更好的成本控制方案迫在眉睫。

请根据以上情景与背景,分析有何更好的成本控制方案可以降低亏损或者扭亏为盈。要求提交一篇1 000字左右条理清晰的咨询报告。

3.4 总结拓展

1)投资决策与工程造价的关系

(1)建设项目决策的正确性是工程造价合理性的前提

建设项目决策是否正确直接关系项目建设的成败。建设项目决策正确,意味着对项目建设做出科学的决断,选出最佳投资行动方案,实现资源合理配置。这样才能合理地估计和计算工程造价,在实施最优决策方案过程中,有效地进行工程造价管理。建设项目决策失误,如对不该建设的项目进行投资建设,或者项目建设地点选择错误,或者投资方案确定不合理等,会直接带来人力、物力及财力浪费,甚至造成不可弥补的损失。在这种情况下,合理地进行工程造价控制已经毫无意义。因此,要达到项目工程造价的合理性,首先要保证建设项目决策的正确性。

(2)建设项目决策的内容是决定工程造价的基础

工程造价管理贯穿于项目建设全过程,但决策阶段建设项目规模的确定、建设地点的选择、工艺技术的评选、设备选用等技术经济决策直接关系项目建设工程造价的高低,对项目的工程造价有重大影响。据有关资料统计,在项目建设各阶段,投资决策阶段所需投入的费用只占项目总投资很小比例,但影响工程造价的程度最高,达到70%~90%。因此,决策阶段是决定工程造价的基础阶段,直接影响决策阶段之后各个建设阶段工程造价确定与控制的科学性和合理性。

(3)造价高低、投资多少影响项目决策

在项目的投资决策过程中对建设项目投资数额进行估计形成的投资估算,是进行投资方案选择和项目决策的重要依据之一,同时造价的高低、投资的多少也是决定项目是否可行以及主管部门进行项目审批的参考依据。因此,采用科学的估算方法和可靠的数据资料,合理地计算投资估算,全面准确地估算建设项目的工程造价是建设项目决策阶段的重要任务。

(4)项目决策的深度影响投资估算的精确度和工程造价的控制效果

投资决策过程分为投资机会研究及项目建议书阶段、可行性研究阶段和详细可行性研究阶段,各阶段由浅入深、不断深化,投资估算的精确度越来越高。在项目建设决策阶段、初步设计阶段、技术设计阶段、施工图设计阶段、工程招投标及承发包阶段、施工阶段以及竣工验收阶段,通过工程造价的确定与控制,相应形成投资估算、设计概算、修正概算、施工图预算、承包合同价、结算价以及竣工决算。这些造价形式之间为"前者控制后者,后者补充前者",即作为"前者"的决策阶段投资估算对其后各阶段的造价形式都起着制约作用,是限额目标。因此,要加强项目决策的深度,保证各阶段的造价被控制在合理范围,使投资控制目标得以实现。

2)投资决策阶段影响工程造价的主要因素

项目工程造价的多少主要取决于项目的建设标准。合理的建设标准能控制工程造价、指导建设投资。标准水平定得过高,会脱离实际情况和财力、物力的承受能力,增加造价;标准水平定得过低,会妨碍技术进步,影响国民经济的发展和人民生活的改善。因此,建设标准水平应从目前的经济发展水平出发,区别不同地区、不同规模、不同等级、不同功能,合理确定。建设标准包括建设规模、占地面积、工艺装备、建筑标准、配套工程、劳动定员等方面的标准和指标,主要归纳为以下几个方面:

(1)项目建设规模

项目建设规模即项目"生产多少"。每一个建设项目都存在着一个合理规模的选择问题,生产规模过小,资源得不到有效配置,单位产品成本较高,经济效益低下;生产规模过大,超过项目产品市场的需求量,导致设备闲置,产品积压或降价销售,项目经济效益也会低下。因此,应选择合理的建设规模以达到规模经济的要求。在确定项目规模时,不仅要考虑项目内部各因素之间的数量匹配、能力协调,还要使所有生产力因素共同形成的经济实体(如项目)在规模上大小相适应,这样可以合理确定和有效控制工程造价,提高项目的经济效益。项目规模合理化的制约因素有市场因素、管理因素和环境因素等。

①市场因素。市场因素是项目规模确定过程中需要考虑的首要因素。其中,项目产品的市场需求状况是确定项目生产规模的前提,一般情况下,项目产品的生产规模应以市场预测的需求量为限,并根据项目产品市场的长期发展趋势做出相应调整。除此之外,还要考虑原材料市场、资金市场、劳动力市场等,它们对项目规模的选择也起着不同程度的制约作用。如项目规模过大可导致材料供应紧张和价格上涨,项目所需投资资金筹集困难和资金成本上升等。

②管理因素。先进的管理水平及技术装备是项目规模效益赖以存在的基础,而相应的管理技术水平则是实现项目规模效益的保证。若与经济规模生产相适宜的先进管理水平及其装备的来源没有保障,或获取技术的成本过高,或管理水平跟不上,则不仅预期的规模效益难以实现,还会给项目的生存和发展带来危机,导致项目投资效益低下,工程支出浪费严重。

③环境因素。项目的建设、生产和经营离不开一定的社会经济环境,项目规模确定中需要考虑的主要因素有政策因素、燃料动力供应、协作及土地条件、运输及通信条件。其中,政策因素包括产业政策、投资政策、技术经济政策,以及国家、地区及行业经济发展规划等。特别是为了取得较好的规模效益,国家对部分行业的新建项目规模做了下限规定,选择项目规模时应遵照执行。

④建设规模方案比选。在对以上3个方面进行充分调研的基础上,应确定相应的产品方案、产品组合方案和项目建设规模。可行性研究报告应根据经济合理性、市场容量、环境容量以及资金、原材料和主要外部协作条件等方面的研究,对项目建设规模进行充分论证,必要时进行多方案技术经济分析与比较。应研究合理的工程分期分批方案,明确初期规模和远景规模。不同行业、不同类型项目在研究确定其建设规模时还应充分考虑自身特点。经过多方案比较,在项目决策的早期阶段(初步可行性研究或在此之前的阶段),应提出项目建设(或生产)规模的倾向意见,为项目决策提供有说服力的方案。

(2)建设地区及建设地点(厂址)的选择

建设地区选择是在几个不同地区之间,对拟建项目适宜配置在哪个区域范围的选择。建设地点选择是在已选定建设地区的基础上,对项目具体坐落位置的选择。

①建设地区的选择。建设地区的选择对建设工程造价和建成后的生产成本及经营成本均有直接影响。建设地区选择的合理与否,在很大程度上决定着拟建项目的命运,影响着工程造价的高低、建设工期的长短、建设质量的好坏,还影响着项目建成后的经营状况。因此,建设地区的选择要充分考虑各种因素的制约。具体来说,建设地区的选择首先要符合国民经济发展战略规划、国家工业布局总体规划和地区经济发展规划的要求;其次要根据项目的特点和需要,充分考虑原材料条件、能源条件、水源条件、各地区对项目产品需求及运输条件等;再次要综合考虑气象、地质、水文等建厂的自然条件;最后,要充分考虑劳动力来源、生活环境、施工力量、风俗文化等社会环境因素的影响。在综合考虑上述因素的基础上,建设地区的选择还要遵循两个基本原则:靠近原料、燃料提供地和产品消费地的原则;工业项目适当聚集的原则。

②建设地点(厂址)的选择。建设地点的选择是一项极为复杂的技术经济综合性很强的系统工程,它不仅涉及项目建设条件、产品生产要素、生态环境和未来产品销售等重要问题,受社会、政治、经济、国防等多种因素的制约,而且还直接影响项目建设投资、建设速度和施工条件,以及未来企业的经营管理及所在地点的城乡建设规划和发展。因此,必须从国民经济和社会发展的全局出发,运用系统的观点和方法分析决策。

在对项目的建设地点进行选择时应满足以下要求:项目的建设应尽可能节约土地和少占耕地,尽量把厂址放在荒地和不可耕种的地点,避免大量占用耕地,节约土地的补偿费用,减少拆迁移民;应尽量选在工程地质、水文地质条件较好的地段,土壤耐压力应满足工厂的要求,严禁选在断层、熔岩、流砂层与有用矿床上,以及洪水淹没区、已采矿坑塌陷区、滑坡区,厂址的地下水位应尽可能低于地下建筑物的基准面;要有利于厂区合理布置和安全运行,厂区土地面积与外形能满足厂房与各种结构物的需要,并适于按科学的工艺流程布置厂房与构筑物,厂区地形力求平坦而略有坡度(一般以5%~10%为宜),以减少平整土地的土方工程量,节约投资,又便于地面排水;尽量靠近交通运输条件和水电等供应条件好的地方,应靠近铁路、公路、水路,以缩短运输距离,便于供电、供热和其他协作条件的取得,减少建设投资;应尽量减少对环境的污染。对于排放大量有害气体和烟尘的项目,不能建在城市的上风口,以免对整个城市造成污染;对于噪声大的项目,应选在距离居民集中地区较远的地方,同时要设置一定宽度的绿化带,以减弱噪声的干扰。

除考虑上述条件外,还应从以下两个方面进行分析:项目投资费用,包括土地征收费、拆迁补偿费、土石方工程费、运输设施费、排水及污水处理设施费、动力设施费、生活设施费、临时设施费、建材运输费等;项目投产后生产经营费用,包括原材料、燃料运入及产品运出费用,给水、排水、污水处理费用,动力供应费用等。

③技术方案。技术方案是指产品生产所采用的工艺流程和生产方法。工艺流程是从原料到产品的全部工序的生产过程,在可行性研究阶段就得确定工艺方案或工艺流程,随后各项设计都是围绕工艺流程展开的。技术方案不仅影响项目的建设成本,也影响项目建成后的运营成本。选定不同的工艺流程和生产方法,造价将会不同,项目建成后生产成本与经济效益也不同。因此,技术方案是否合理直接关系企业建成后的经济利益,必须认真选择和确定。技术方案的选择应遵循先进适用、安全可靠和经济合理的基本原则。

④设备方案。技术方案确定后,要根据生产规模和工艺流程的要求,选择设备的种类、型号和数量。设备方案的选择应注意以下几个方面:设备应与确定的建设规模、产品方案和技术方案相适应,并满足项目投产后生产或使用的要求;主要设备之间、主要设备与辅助设备之间能力要相互匹配;设备质量可靠、性能成熟,保证生产和产品质量稳定;在保证设备性能前提下,力求经济合理;尽量选用维修方便、运用性和灵活性强的设备;选择的设备应符合政府部门或专门机构发布的技术标准要求。要尽量选用国产设备;只引进关键设备就能在国内配套使用的,就不必成套引进;要注意进口设备之间以及国内外设备之间的衔接配套问题;要注意进口设备与原有国产设备、厂房之间配套问题;要注意进口设备与原材料、备品备件及维修能力之间的配套问题。

(3)工程方案

工程方案构成项目的实体。工程方案选择是在已选定项目建设规模、技术方案和设备方案的基础上,研究论证主要建筑物、构筑物的建造方案,包括对建造标准的确定。一般工业项目的厂房、工业窑炉、生产装置等建筑物、构筑物的工程方案,主要研究其建筑特征(面积、层数、高度、跨度)、建筑物和构筑物的结构形式以及特殊建筑要求(防火、防震、防爆、防腐蚀、隔声、保温、隔热等)、基础工程方案、抗震设防等。工程方案应在满足使用功能、确保质量和安全的前提下,力求降低造价、节约资金。

(4)环境保护措施

建设项目一般会引起项目所在地自然环境、社会环境和生态环境的变化,对环境状况、环境质量产生不同程度的影响,因此需要在确定建设地址和技术方案过程中,调查研究环境条件,识别和分析拟建项目影响环境的因素,研究提出治理和保护环境的措施,比选和优化环境保护方案。在研究环境保护治理措施时,应从环境效益、经济效益相统一的角度进行分析论证,力求使环境保护治理方案技术可行和经济合理。

思考与练习

一、单选题

1.建设项目投资决策是(　　　)。

　A.对已建项目进行技术经济论证的过程

　B.选择和决定投资行动方案,对拟建项目的必要性和可行性进行技术经济论证,对不同建设方案进行技术经济比选及做出判断和决定的过程

　C.只对项目的建设区位进行选择的过程

D. 对项目投资规模、融资模式等因素随意确定的过程

2. 建设项目投资决策阶段造价管理的主要工作不包括( )。

    A. 编制项目投资估算　　　　　　　B. 参与施工图设计

    C. 参与可行性研究报告的编制　　　D. 比选各方案的经济性

3. 建设项目投资决策阶段中,( )的投资估算精度要求为±20% 以内。

    A. 建设项目规划阶段　　　　　　　B. 项目建议书(投资机会研究)阶段

    C. 初步可行性研究阶段　　　　　　D. 可行性研究阶段

4. 建设项目多方案比选不包括( )。

    A. 工艺方案比选　　　　　　　　　B. 人员方案比选

    C. 规模方案比选　　　　　　　　　D. 选址方案比选

5. 下列关于可行性研究的说法,错误的是( )。

    A. 可行性研究是对建设项目有关的社会、经济、技术等各方面进行调查研究

    B. 可行性研究是对各种可能拟订的技术方案和建设方案进行技术经济分析

    C. 可行性研究是对项目建成后的经济效益进行科学的预测和评价

    D. 可行性研究与建设项目的投资决策无关

6. 按形成资产法估算建设投资时,预备费应( )。

    A. 计入无形资产　　　　　　　　　B. 计入其他资产

    C. 一并计入固定资产　　　　　　　D. 单独列项不计入任何资产类别

7. 下列属于建设期利息估算内容的是( )。

    A. 购买原材料的贷款利息

    B. 支付给工人的工资利息

    C. 为筹措债务资金发生的融资费用及建设期内计入固定资产原值的利息

    D. 流动资金贷款产生的利息

8. 在建设项目规划阶段,适合采用的投资估算方法是( )。

    A. 指标估算法　　　　　　　　　　B. 分项详细估算法

    C. 生产能力指数法　　　　　　　　D. 定额单价法

9. 政府投资项目的投资估算审核依据不包括( )。

    A. 设计文件　　　　　　　　　　　B. 建设项目投资估算指标

    C. 项目建设单位的内部规定　　　　D. 工程造价信息

10. 当采用"单位工程指标"估算法时,不是审核重点的有( )。

    A. 套用的指标与拟建工程的标准和条件是否存在差异

    B. 修正系数的确定和采用是否具有科学依据

    C. 指标的发布时间

    D. 是否对计算结果进行了修正

11. 建设项目经济评价的主要内容不包括( )。

    A. 财务评价　　　　　　　　　　　B. 经济效果评价

    C. 社会评价　　　　　　　　　　　D. 以上选项均不正确

12. 项目财务分析与经济分析的主要区别在于( )。

    A. 财务分析关注国民经济贡献,经济分析关注企业收益

B.财务分析采用影子价格,经济分析采用市场价格

C.财务分析从企业立场出发,经济分析从国家角度出发

D.财务分析以定性分析为主,经济分析以定量分析为主

13.对于一般项目,可以不进行经济分析的情况有(　　)。

　A.项目无外部效果

　B.财务分析结果能满足决策需要

　C.项目产出品无市场价格

　D.项目投资规模较小

14.工程项目经济评价中"有无对比"原则的核心是(　　)。

　A.对比项目实施前后的收益

　B.对比"有项目"和"无项目"的增量效益

　C.对比不同投资方案的效益

　D.对比项目的财务效益与经济效益

15.工程项目经济评价应遵循的基本原则中,以(　　)为核心。

　A.效益与费用计算口径对应一致的原则

　B.定量分析与定性分析相结合,以定量分析为主的原则

　C.动态分析与静态分析相结合,以动态分析为主的原则

　D.收益与风险权衡的原则

二、多选题

1.建设项目投资决策阶段造价管理的主要工作内容包括(　　)。

　A.编制项目投资估算

　B.参与可行性研究报告的编制

　C.比选各方案经济性

　D.进行项目经济评价

　E.确定项目的施工单位

2.关于建设项目投资决策阶段的说法,正确的有(　　)。

　A.投资决策是选择和决定投资行动方案的过程

　B.建设项目决策需要决定项目是否实施、在什么地方兴建和采用什么技术方案兴建等
　　问题

　C.建设项目投资决策分为建设项目规划阶段、项目建议书阶段、初步可行性研究阶段、
　　详细可行性研究阶段

　D.不同建设项目阶段的投资估算精度要求不同,随着项目管理工作的深化,投资估算
　　精度应逐步提高

　E.投资决策阶段对工程造价的确定与控制影响不大

3.以下关于投资估算的说法,正确的有(　　)。

　A.投资估算是指在建设项目投资决策阶段通过编制估算文件来预先测算的工程造价

　B.投资估算是进行项目决策、筹集资金和合理控制造价的主要依据

　C.投资估算只能在可行性研究阶段编制

　D.编制投资估算的方法有系数估算法、生产能力指数法、指标估算法、混合法与比例估

算法等

　　E. 投资估算精度在项目建议书阶段要求在±20％以内

4. 关于可行性研究和建设项目经济评价,下列说法正确的有(　　　)。

　　A. 可行性研究是对与建设项目有关的社会、经济、技术等各方面进行深入细致的调查研究

　　B. 可行性研究是建设项目投资决策的基础

　　C. 建设项目经济评价是在工程项目初步方案的基础上,对拟建项目的财务可行性和经济合理性进行分析论证

　　D. 建设项目经济评价对于提高投资决策科学化水平具有重要作用

　　E. 可行性研究主要是对项目建成后的经济效益进行科学的预测和评价,不涉及技术方面

5. 建设投资估算按照费用性质划分,包括(　　　)。

　　A. 工程费用　　　　　　　　　　　　B. 工程建设其他费用

　　C. 预备费用　　　　　　　　　　　　D. 建设期利息

　　E. 流动资金

6. 建设项目投资估算编制依据包括(　　　)。

　　A. 国家、行业和地方政府的有关规定

　　B. 拟建项目建设方案确定的各项工程建设内容

　　C. 类似工程的各种技术经济指标和参数

　　D. 工程所在地的工、料、机市场价格

　　E. 项目运营后的市场收益预测

7. 以下关于建设项目投资估算的说法正确的有(　　　)。

　　A. 建设期利息是指为工程建设筹措债务资金发生的融资费用以及在建设期内发生并应计入固定资产原值的利息

　　B. 流动资金是伴随着建设投资而发生的长期占用的流动资产投资,流动资金＝流动资产－流动负债

　　C. 建设项目投资估算的基本步骤中,先估算价差预备费,再估算建设期利息

　　D. 在建设项目规划和项目建议书阶段,只能采用指标估算法进行投资估算

　　E. 按形成资产法估算建设投资时,预备费一并计入固定资产

8. 关于投资估算费用项目及数额的真实性审核,以下说法正确的有(　　　)。

　　A. 需审核费用项目是否符合国家规定及地区实际要求

　　B. 偏远地区项目无须考虑设备运杂费的增加

　　C. 应审核是否考虑物价上涨及通货膨胀率对投资额的影响

　　D. 无须审核"三废"处理所需投资

　　E. 要审核项目投资主体对自有稀缺资源的机会成本是否考虑

三、简答题

1. 简述投资决策的定义及建设项目投资决策包含的主要内容。

2. 建设项目投资决策阶段造价管理的主要工作有哪些? 请作简要说明。

3. 投资估算在建设项目不同阶段有哪些作用?

4.投资估算的编制内容包括哪几个方面？分别简述其具体含义。

5.建设项目投资估算的编制方法在不同阶段有何差异？

四、案例分析题

1.某建筑工程项目,建筑面积为 8 000 m²,结构形式为框架–剪力墙结构。预计建设工期为 2 年。已知类似工程单位建筑面积投资额为 2 800 元,该项目所在地材料价格比类似工程高 5%,人工成本比类似工程高 8%。设备及工器具购置费用预计为 1 500 万元,设备安装工程费用预计为设备购置费用的 10%。工程建设其他费用(除土地费用外)按建筑安装工程费用的 15% 计算,土地费用暂未确定。基本预备费费率为 8%,不考虑价差预备费。

(1)请简述投资估算在建筑工程项目中的作用。

(2)用类比估算法估算该项目的建筑工程费用。

(3)若土地费用为 500 万元,计算该项目的工程建设其他费用。

(4)本工程预计建设工期为 2 年,请简述投在资估算中如何考虑物价上涨因素。

2.某新建学校项目,包含教学楼、实验楼和办公楼。教学楼建筑面积 6 000 m²,实验楼建筑面积 3 000 m²,办公楼建筑面积 2 000 m²。采用指标估算法进行投资估算,已知教学楼单位建筑面积造价指标为 3 500 元/m²,实验楼单位建筑面积造价指标为 4 000 元/m²,办公楼单位建筑面积造价指标为 3 800 元/m²。设备购置费用共计 1 200 万元,设备安装工程费用为设备购置费用的 12%。工程建设其他费用(除土地费用外)为建筑安装工程费用的 18%,土地费用为 800 万元。基本预备费费率为 7%,价差预备费费率为 6%。

(1)估算该项目各建筑物的建筑工程费用。

(2)计算项目的建筑安装工程费用。

(3)如何对投资估算进行质量控制和审核？

3.某甲方从中间人处获得某商业综合体项目的信息如下:建筑面积 15 000 m²。已知该项目直接工程费中,人工费为 800 元/m²,材料费为 1 500 元/m²,机械费为 300 元/m²。措施费为直接工程费的 12%,间接费为直接费的 16%,利润为直接费和间接费之和的 10%,税率为 9%。设备购置费用为 2 000 万元,设备安装工程费用为设备购置费用的 8%。工程建设其他费用(除土地费用外)按建筑安装工程费用的 14% 计算,土地费用为 1 000 万元。

(1)投资估算在项目决策过程中扮演着怎样的角色？

(2)计算该项目单位建筑面积的建筑工程费用。

(3)计算项目的工程建设其他费用。

(4)试分析影响建筑工程投资估算准确性的因素。

第**4**章
勘察设计阶段造价管理实务

4.1　勘察设计阶段造价管理基础知识

4.1.1　建设工程勘察

建设工程勘察是指根据建设工程的要求,查明、分析、评价建设场地的地质地理环境特征和岩土工程条件,编制建设工程勘察文件的活动。建设工程勘察的基本内容有工程测量、水文地质勘察和工程地质勘察。勘察任务在于查明工程项目建设地点的地形地貌、地层土壤岩性、地质构造、水文条件等自然地质条件资料,做出鉴定和综合评价,为建设项目的选址、工程设计和施工提供科学可靠的依据。

工程勘察的主要工作包括搜集研究区域地质、地形地貌、遥感照片、水文、气象、水文地质、地震等已有资料,以及工程经验和已有的勘察报告等;工程地质调查与测绘;工程地质勘探和工程地质测绘;岩土测试、土工试验和现场原型观测、岩体力学试验和测试;资料整理和编写工程地质勘察报告。

1)工程地质勘察任务和工作内容

工程地质勘察是为了查明影响工程建筑物的地质因素而进行的地质调查研究工作。所需勘察的地质因素包括地质结构或地质构造、地貌、水文地质条件、土和岩石的物理力学性质,自然(物理)地质现象和天然建筑材料等。这些通常称为工程地质条件。查明工程地质条件后,需根据设计建筑物的结构和运行特点,预测工程建筑物与地质环境相互作用(即工程地质作用)的方式、特点和规模,并作出正确的评价,为确定保证建筑物稳定与正常使用的防护措施提供依据。

工程地质勘察工作一般划分为选址勘察(可行性研究勘察)、初步勘察、详细勘察3个阶段。各勘察阶段的任务和工作内容简述如下:

(1)选址勘察阶段

选址勘察的目的是从总体上判定拟建场地的工程地质条件是否适宜工程建设项目。一般通过取得几个候选场址的工程地质资料进行对比分析,对拟选场址的稳定性和适宜性作出工程地质评价。选择场址阶段应进行下列工作：

①搜集区域地质、地形地貌、地震、矿产和附近地区的工程地质资料及当地的建筑经验。

②在收集和分析已有资料的基础上，通过踏勘，了解场地的地层、构造、岩石和土的性质、不良地质现象及地下水等工程地质条件。

③对工程地质条件复杂，已有资料不符合要求，但其他方面条件较好且倾向于选取的场地，应根据具体情况进行工程地质测绘及必要的勘探工作。

选择场址时，应进行技术经济分析，一般情况下宜避开下列工程地质条件恶劣的地区或地段：不良地质现象发育，对场地稳定性有直接或潜在威胁的地段；地基土性质严重不良的地段；对建筑抗震不利的地段，如设计地震烈度为 8 度或 9 度且邻近发震断裂带的场区；洪水或地下水对建筑场地有威胁或有严重不良影响的地段；地下有未开采的有价值矿藏或不稳定的地下采空区上的地段。

（2）初步勘察阶段

初步勘察阶段是在选定的建设场址上进行的。根据选址报告书了解建设项目类型、规模、建设物高度、基础的形式及埋置深度和主要设备等情况。初步勘察的目的是：对场地内建筑地段的稳定性作出评价；为确定建筑总平面布置、主要建筑物地基基础设计方案以及不良地质现象的防治工程方案作出工程地质论证。初步勘察时，在搜集分析已有资料的基础上，根据需要和场地条件还应进行工程勘探、测试以及地球物理勘探工作。本阶段的主要工作如下：

①搜集本项目可行性研究报告（附有建筑场区的地形图，一般比例尺为 1∶2 000～1∶5 000）、有关工程性质及工程规模的文件。

②初步查明地层、构造、岩石和土的性质；地下水埋藏条件、冻结深度、不良地质现象的成因和分布范围及其对场地稳定性的影响程度和发展趋势。当场地条件复杂时，应进行工程地质测绘与调查。

③对抗震设防烈度为 7 度或 7 度以上的建筑场地，应判定场地和地基的地震效应。

（3）详细勘察阶段

在初步设计完成后进行详细勘察，它是为施工图设计提供资料。此时场地的工程地质条件已基本查明。详细勘察的目的是提出设计所需的工程地质条件的各项技术参数，对建筑地基作出岩土工程评价，为基础设计、地基处理和加固、不良地质现象的防治工程等具体方案作出论证和结论。详细勘察阶段的主要工作要求如下：

①取得附有坐标及地形的建筑物总平面布置图，各建筑物的地面整平标高、建筑物的性质和规模，可能采取的基础形式与尺寸和预计埋置的深度，建筑物的单位荷载和总荷载、结构特点和对地基基础的特殊要求。

②查明不良地质现象的成因、类型、分布范围、发展趋势及危害程度，提出评价与整治所需的岩土技术参数和整治方案建议。

③查明建筑物范围各层岩土的类别、结构、厚度、坡度、工程特性，计算和评价地基的稳定性和承载力。

④对需进行沉降计算的建筑物，提出地基变形计算参数，预测建筑物的沉降、差异沉降或整体倾斜。

⑤对抗震设防烈度大于或等于 6 度的场地，应划分场地土类型和场地类别。对抗震设防烈度大于或等于 7 度的场地，尚应分析预测地震效应，判定饱和砂土和粉土的地震液化可能

性,并对液化等级作出评价。

⑥查明地下水的埋藏条件,判定地下水对建筑材料的腐蚀性。当需基坑降水设计时,尚应查明水位变化幅度与规律,提供地层的渗透性系数。

⑦提供为深基坑开挖的边坡稳定计算和支护设计所需的岩土技术参数,论证和评价基坑开挖、降水等对邻近工程和环境的影响。

⑧为选择桩的类型、长度,确定单桩承载力,计算群桩的沉降以及选择施工方法提供岩土技术参数。

详细勘察的主要手段以勘探、原位测试和室内土工试验为主,必要时可以补充一些地球物理勘探、工程地质测绘和调查工作。详细勘察的勘探工作量,应按场地类别、建筑物特点及建筑物的安全等级和重要性来确定。对于复杂场地,必要时可选择具有代表性的地段布置适量的探井。

(4)勘察报告

目的:根据业主、设计单位提出的技术要求(勘察任务书),按照有关规范和规程的规定,针对该工程的特点,初步查明拟建场地的工程地质条件,并进行综合分析与评价,为该工程初步设计提供岩土工程依据。

①文字部分:作为描述性和结论性语言,主要包括工程概况,勘察目的、任务,勘察方法及完成工作量,依据的规范标准,工程地质、水文条件,岩土特征及参数,场地地震效应等,最后对地基作出一个综合评价,如地基承载力等。

②表格部分:土工试验成果表、物理力学指标统计表、分层土工试验报告表等,主要对设计有用。

③图部分:平面图、图例、剖面图、柱状图等,现场应用较多。

2)工程地质对工程造价影响

工程建设过程中,如果对工程地质基本情况了解不足,尤其是缺乏对工程地质问题的恰当处理,常常会给工程建设带来事故隐患,并且大幅度提高工程造价。正是工程建设的复杂性,决定了当前在进行工程造价管理时,要注意对特殊地质状况进行分析和处理,并且通过事先制订应对方案和计划,确保费用合理支出,并且实现技术应用与工程方案的有效融合。比如,在市政道路工程建设时,要对边坡、路基等特殊工程地质状况进行详细收集和反馈,确保工程造价的实效性。

在工程建设时,地质勘察作为基础工作,其勘察状况对工程造价具有多种影响,主要有:第一,通过科学系统的地质勘察,选择工程地质相对有利的方案,确保工程造价方案合理化。第二,工程地质勘察资料的精准度直接关系工程造价结果。工程项目涉及的地质资料极为复杂,在制订工程造价方案时,对工程地质资料的掌握状况直接决定工程造价方案的精准结果。第三,工程建设时,涉及的地质状况较为复杂,只有对特殊、不良地质问题进行全面认识,才能避免工程变更,降低成本。

进行工程地质勘察时,主要在于使用多种技术和手段对影响工程建筑施工的地质因素状况进行全面、综合了解,如对影响工程项目建设的地质因素进行分析时,既要对地貌、土壤和水文地质信息进行分析,也要对天然建筑材料进行汇总。通过充分研判该地区工程地质条件,结合工程规模及特点要求,做出正确的工程造价判断。在工程建筑过程中,受地质因素影响,无形中必然增加工程建筑的风险与成本。在具体的工程施工时,特殊、不良的工程地质现象直接影响工程建筑项目的材料选择和尺寸变更,并且引发工程变更,增加造价支出。从客观上看,如果对不良、特殊工程地质处理不当,不仅加大工程造价支出,更容易引发工程灾难。实际上,在工程造价开展过程中,要对工程地质进行科学、合理的检测与信息收集,通过实施针对性勘察,从而确保建筑施工的针对性与有效性。通过对潜在的工程地质问题拟定合理的应对方案,从而实现工程造价的合理支出与把控。

建设工程地基基础、边坡支护及结构设计主要根据工程地质勘察来确定,因此,工程地质勘察状况直接关系和影响工程项目的安全性与具体设计,并且影响工程建筑的施工进程和造价控制。因此,对于任何一项工程项目来说,想要实现理想的工程建设质量和成本管控,就需要以精准的地质勘察为基础,并且结合勘察结果,制订精准的工程造价方案,在降低经济支出的同时,真正确保工程建设的质量。

如果能充分了解并勘察建设项目所处地段的工程地质情况,则可避免方案设计的盲目性,也便于造价人员测算出精准的工程造价,使决策更科学、更合理,并提高经济效率,并确保工程顺利建设,安全运行。

例如,某酒店拟兴建多幢 30 层以上的高层建筑。选址处由于淤泥层很厚,地质条件太差,施工中最长的工程桩长度达 93 m,该工程仅桩基及地基处理已耗资几千万元,历时十几年,之后避开了 90 m 深的泥坑,更改规划,重新土地招拍挂。这是项目选址失败的典型例子。

又如,某大厦于 1991 年开工,占地面积 4 619.72 m²,总建筑面积 63 000 m²,地上 28 层(局部 30 层),地下 3 层,地上部分高 102 m。地下室采用地下连续墙挡土、封水、兼作外墙,为钢筋混凝土框架-抗震墙结构。基础采用直径 700 mm 的沉管灌注桩,全钢结构设计。该地块地质条件很不好,地下有暗流,海积淤泥层较厚,桩基施工时困难重重,而且东面、南面紧邻居民区,传统施工方式又无法达成技术要求,后追加建造成本,采用当时国内最先进的"嵌岩桩"和逆作法施工,工期延误的同时又遇到了资金困难,造成无法按时交房的局面,而且片面追求各种第一,导致不堪重负的大厦"昏睡"了 12 年。原为住宅,后改造成高档写字楼才得以重生。

3)先勘察后规划的重要性

长期以来,对于工程地质与工程造价的关系,常常建立在建设项目实施阶段,普遍忽视建设前期投资决策和设计阶段工程地质对造价的影响,如果在投资决策和设计阶段要提高对工程地质勘察的重视程度,重点关注地块内是否有溶洞、换填风险以及大量风化岩层、淤泥开挖等不良地质情况。基于充分的地质情况调研与勘察进行方案经济比选,比如,地质条件好的地块可以规划建筑物,条件差一点的则可以建设广场、公用绿地等,充分地利用土地资源,节省基建投入。

对于房地产项目,由于容积率、建筑密度等规划指标的确定与地块的工程地质状况无关,且开发商预先也没有获得相关的地质资料,因此,土地的取得无异于一种赌博,运气好基础投资很省,运气不好会遇到填不满的无底洞,如上述提到的酒店及大厦项目。从经济角度看,建筑市场的竞争主要是工程造价的竞争,谁在工程建设中既能确保工期、质量,又能注重成本管理,控制和把握合理的造价,以最小的成本换取最大的效益,谁就能在竞争中获取主动,走向成功。如果政府在地块规划设计前,先进行地质普查,如能提供几个地质初步勘察资料给规划单位作规划指导,为规划、建设、工程决策提供数据支持,"知己知彼,百战不殆",基建投资可大幅度节省,规划建设也可避免盲目性。

4.1.2 设计阶段造价管理的工作内容及重要意义

设计阶段是分析处理工程技术与经济关系的关键环节,也是有效控制工程造价的重要阶段。据统计,设计阶段对整个项目工程造价的影响程度达到35%~75%,技术先进、经济合理的工程设计可以降低工程造价10%~20%。因此,设计阶段的造价管理具有十分重要的意义。

在工程设计阶段,工程造价管理人员需要密切配合设计人员进行限额设计,处理好工程技术先进性与经济合理性之间的关系。在初步设计阶段,要按照可行性研究报告及投资估算进行多方案的技术经济分析比较,确定初步设计方案,审查工程概算;在施工图设计阶段,要按照审批的初步设计内容、范围和概算进行技术经济评价与分析,提出设计优化建议,确定施工图设计方案,审查施工图预算。

设计阶段工程造价管理的主要方法是通过多方案技术经济分析,优化设计方案,选用适宜方法审查工程概预算;同时,通过推行限额设计和标准化设计,有效控制工程造价。

1)设计阶段造价管理的工作内容

根据《建筑工程设计文件编制深度规定》(建质函〔2016〕247号),工程设计一般分为方案设计、初步设计和施工图设计3个阶段。《基本建设设计工作管理暂行办法》第十三条规定:建设项目一般按初步设计、施工图设计两个阶段进行;技术上复杂的建设项目,根据主管部门的要求,可按初步设计、技术设计和施工图设计3个阶段进行。小型建设项目中技术简单的,经主管部门同意,在简化的初步设计确定后,就可做施工图设计。

(1)方案设计阶段的投资估算

方案设计是在项目投资决策立项之后,将可行性研究阶段提出的问题和建议,经过项目咨询机构和业主单位共同研究,形成具体、明确的项目建设实施方案的策划性设计文件,其深度应当满足编制初步设计文件的需要。方案设计的造价管理工作主要是投资估算。该阶段投资估算额度的偏差率显然低于可行性研究阶段投资估算额度的偏差率。

(2)初步设计阶段的设计概算

初步设计的内容依工程项目的类型不同而有所变化,一般来说,应包括项目的总体设计、布局设计、主要的工艺流程、设备的选型和安装设计、工程量及费用的估算等。初步设计文件应当满足编制施工招标文件、主要设备材料订货和编制施工图设计文件的需要,是施工图设计的基础。例如,某项目初步设计的主要内容有:初步系统设计,绘制各工艺系统的流程图;通过计算确定各系统的规模和设备参数并绘制管道及仪表图;编制设备的规程及数据表以供招标使用。初步设计阶段的造价管理工作称为设计概算。设计概算的任务是对项目建设的土建、安装工程量进行估算,对工程项目建设费用进行概算。以整个建设项目为单位形成的概算文件称为建设项目总概算;以单项工程为单位形成的概算文件称为单项工程综合概算。设计概算一经批准,即作为控制拟建项目工程造价的最高限额。

(3)技术设计阶段的修正概算

技术设计(也称为扩大初步设计)是初步设计的具体化,也是各种技术问题的定案阶段。

技术设计的详细程度应能够满足设计方案中重大技术问题的要求,应保证能够根据它进行施工图设计和提出设备订货明细表。技术设计时如果对初步设计中所确定的方案有所更改,则应对更改部分编制修正概算。对不很复杂的工程,技术设计阶段可以省略,即初步设计完成后直接进入施工图设计阶段。

(4)施工图设计阶段的施工图预算

施工图设计(也称为详细设计)的主要内容是根据批准的初步设计(或技术设计),绘制出正确、完整和尽可能详细的建筑、结构、安装等图纸,包括建设项目部分工程的详图、零部件图。此设计文件应当满足设备材料采购、非标准设备制作和施工的需要,并注明建筑结构明细表、验收标准及工程合理使用年限等。施工图预算(也称为设计预算)是在施工图设计完成之后,根据已批准的施工图纸和既定的施工方案,结合现行的预算定额、地区单位估价表、费用计取标准、各种资源单价等计算并汇总的造价文件(通常以单位工程或单项工程为单位汇总施工图预算)。

2)设计阶段影响造价管理的主要因素

工程建设项目由于受资源、市场、建设条件等因素的限制,拟建项目可能存在建设场址、建设规模、产品方案、工艺流程等多个整体设计方案,而在一个整体设计方案中也可能存在总平面布置、建筑结构形式等多个设计方案。显然,不同的设计方案其工程造价各不相同,必须对多个不同设计方案进行全面的技术经济评价分析,为建设项目投资决策提供方案比选意见,推荐最合理的设计方案,才能确保建设项目在经济合理的前提下做到技术先进,从而为工程造价管理提供前提和条件,最终达到提高工程建设投资效果的目的。此外,对于已经确定的设计方案,也可以依据有关技术经济资料对设计方案进行评价,提出优化设计的建议与意见,通过深化、优化设计使技术方案更加经济合理,使工程造价的确定具有科学的依据,使建设项目投资获得最佳效果。

不同类型的建筑,使用目的及功能要求不同,影响设计方案的因素也不相同。工业建筑设计由总平面设计、工艺设计及建筑设计3个部分组成,它们之间相互关联和制约。因此,影响工业建筑设计的因素从以上3个部分考虑才能保证总设计方案经济合理。各部分设计方案侧重点不同,影响因素也略有差异。民用建筑项目设计是根据建筑物的使用功能要求,确定建筑标准、结构形式、建筑物空间与平面布置以及建筑群体的配置等。

(1)总平面设计

总平面设计是指总图运输设计和总平面配置。主要包括选址方案、占地面积和土地利用情况;总图运输、主要建筑物和构筑物及公用设施的配置;水、电、气及其他外部协作条件等。总平面设计是否合理对整个设计方案的经济合理性有重大影响。正确合理的总平面设计可以大大减少建筑工程测量,节约建设用地,节省建设投资,降低工程造价和项目运行后的使用成本,加快建设进度,可以为企业创造良好的生产组织、经营条件和生产环境,还可以为城市建设和工业区建设创造完美的建筑艺术整体。总平面设计中影响工程造价的因素有以下几个方面:

①占地面积的大小。一方面影响征地费用的高低,另一方面影响管线布置成本及项目建成后运营的运输成本。因此,要注意节约用地,不占或少占农田,同时还要满足生产工艺过程的要求,适应建设地点的气候、地形、工程水文地质等自然条件。

②功能分区。无论是工业建筑还是民用建筑都由许多功能组成,这些功能之间相互联系和制约。合理的功能分区既可以充分发挥建筑物各项功能,又可以使总平面布置紧凑、安全,避免大挖大填,减少土石方量和节约用地,还能使生产工艺流程顺畅,运输简便,能降低造价和项目建成后的运营费用。

③运输方式。不同运输方式的运输效率及成本不同。有轨运输运量大,运输安全,但需要一次性投入大量资金;无轨运输不需一次性大规模投资,但是运量小,运输安全性较差。应合理组织场内外运输,选择方便经济的运输设施和合理的运输路线。从降低工程造价的角度看,应尽可能选择无轨运输,但若考虑项目运营的需要,如果运输量较大,则有轨运输往往比无轨运输成本低。

（2）工艺设计

一般来说,先进的技术方案所需投资较大,劳动生产率较高,产品质量好。选择工艺技术方案时,应认真进行经济分析,根据我国国情和企业的经济与技术实力,以提高投资的经济效益和企业投产后的运营效益为前提,积极稳妥地采用先进的技术方案和成熟的新技术、新工艺,确定先进适度、经济合理、切实可行的工艺技术方案。主要设备方案应与拟选的建设规模和生产工艺相适应,满足投产后生产的要求。设备质量、性能成熟,以保证生产的稳定和产品质量。设备选择应在保证质量性能前提下,力求经济合理。主要设备之间、主要设备与辅助设备之间的能力相互配套。选用设备时,应符合国家和有关部门颁布的相关技术标准要求。

（3）建筑设计

建筑设计部分,要在考虑施工过程合理组织和施工条件的基础上,决定工程的立体平面设计和结构方案的工艺要求、建筑物和构筑物及公用辅助设施的设计标准,提出建筑工艺方案、暖气通风、给排水等问题简要说明。在建筑设计阶段影响工程造价的主要因素有以下7个方面:

①平面形状。一般来说,建筑物平面形状越简单,其单位面积造价越低。不规则建筑物将导致室外工程、排水工程、砌砖工程及屋面工程等复杂化,从而增加工程费用。一般情况下建筑物周长与面积的比值 K（即单位建筑面积所占外墙长度）越低,设计越经济。K 值按圆形、正方形、矩形、T形、L形的次序依次增大。因此,建筑物平面形状的设计应在满足建筑物功能要求的前提下,降低建筑物周长与建筑面积之比,实现建筑物寿命周期成本最低的要求。除考虑造价因素外,还应注意美观、采光和使用要求等方面的影响。

②流通空间。建筑物的经济平面布置的目标之一是在满足建筑物使用要求的前提下,将流通空间（门厅、过道、走廊、楼梯及电梯井等）减少到最小。但是造价不是检验设计是否合理的唯一标准,其他如美观和功能质量的要求也是非常重要的。

③层高。在建筑面积不变的情况下,层高增加会引起各项费用的增加,如墙体及有关粉刷、装饰费用提高;体积增加会导致供暖费用增加等。据有关资料分析,住宅层高每降低10 cm,可降低造价1.2% ~1.5%。单层厂房层高每增加1 m,单位面积造价增加1.8% ~3.6%,年度采暖费用增加约3%;多层厂房层高每增加0.6 m,单位面积造价提高8.3%左右。由此可见,随着层高的增加,单位建筑面积造价也在不断增加。单层厂房的层高主要取决于车间内的运输方式;多层厂房的层高应综合考虑生产工艺、采光、通风及建筑经济的因素,还应考虑能否容纳车间内最大生产设备和满足运输的要求。

④建筑物层数。建筑工程总造价随着建筑物层数的增加而提高。建筑物层数对造价的影

响,因建筑类型、形式和结构的不同而不同。如果增加一个楼层不影响建筑物的结构形式,单位建筑面积的造价可能会降低。多层住宅具有降低工程造价和使用费用以及节约用地等优点。如砖混结构的多层住宅,单方造价随着层数的增加而降低,6 层最经济;若超过 6 层,需要增加电梯费用和补充设备(供水、供电等),尤其是高层住宅,要考虑较强的风力荷载,需要提高结构强度、改变结构形式,工程造价会大幅度上升。工业厂房层数的选择应重点考虑生产性质和生产工艺的要求。对于需要跨度大和层度高大,拥有重型生产设备和起重设备,生产时有较大振动及大量热和气散发的重型工业,采用单层厂房是经济合理的;对于工艺过程紧凑,设备和产品重量不大,并要求恒温条件的各种轻型车间,可采用多层厂房,以充分利用土地,节约基础工程量,缩短交通线路、工程管线和围墙的长度,降低单方造价。确定多层厂房的经济层数主要有两个因素:一是厂房展开面积的大小,展开面积越大,层数越可提高;二是厂房宽度和长度,宽度和长度越大,则经济层数越能增高,造价也随之相应降低。

⑤柱网布置。柱网布置是确定柱子行距(跨度)和间距(每行柱子中相邻两个柱子间的距离)的依据。柱网布置是否合理,对工程造价和厂房面积的利用效率都有较大影响。对于单跨厂房,当柱间距不变时,跨度越大,单位面积造价越低;对于多跨厂房,当跨度不变时,中跨数量越多越经济。

⑥建筑物的体积与面积。工程总造价往往会随着建筑物体积和面积的增加而提高。因此对于工业建筑,在不影响生产能力的条件下,厂房、设备布置力求紧凑合理;用先进工艺和高效能的设备,节省厂房面积;采用大跨度、大柱距的大厂房平面设计形式,提高平面利用系数。对于民用建筑,尽量减少结构面积比例,增加有效面积。住宅结构面积与建筑面积之比称为结构面积系数,这个系数越小,设计越经济。

⑦建筑结构是指建筑工程中由基础、梁、板、柱、墙、屋架等构件组成的起骨架作用的,能承受直接和间接"荷载"的体系。建筑结构按所用材料可分为砌体结构、钢筋混凝土结构、钢结构和木结构等。建筑材料和建筑结构选择是否合理,不仅直接影响工程质量、使用寿命、耐火抗震性能,而且对施工费用、工程造价有很大影响。尤其是建筑材料,一般占直接费的 70%,降低材料费用,不仅可以降低直接费,而且也会导致间接费的降低。

3)设计阶段工程造价控制的重要意义

设计是建设项目由计划变为现实具有决定意义的工作阶段,工程项目建成后能否获得满意的经济效果,除项目决策外,设计阶段的工程造价控制也有重要的意义。

①在设计阶段进行工程造价的计价分析可以使造价构成更合理,提高资金利用效率。在设计阶段,工程造价的计价形式是编制设计概算,通过概算了解工程造价的构成,分析资金分配的合理性,并可以利用设计阶段各种控制工程造价的方法使经济与成本更趋于合理化。

②在设计阶段进行工程造价的计价分析可以提高投资控制效率。编制设计概算可以了解工程各组成部分的投资比例,投资比例较大的部分应作为投资控制的重点,这样可以提高投资控制效率。

③在设计阶段控制工程造价会使控制工作更主动。设计阶段控制工程造价,可以使被动控制变为主动控制。设计阶段可以先列出新建建筑物每一分部或分项的计划支出费用的报表,即投资计划,当详细设计制订出来后,对照造价计划中所列的指标进行审核,预先发现差异,主动采取一些控制方法消除差异,使设计更经济。

④在设计阶段控制工程造价,便于技术与经济相结合。设计人员往往关注工程的使用功能,力求采用较先进的技术方法实现项目所需功能,对经济因素考虑较少。在设计阶段吸引造价人员参与全过程设计,使设计一开始就建立在健全的经济基础之上,在做出重要决定时就能充分认识其经济后果。

⑤在设计阶段控制工程造价效果最显著。工程造价控制贯穿项目建设全过程。设计阶段的工程造价控制对投资的影响程度很大。控制建设投资的关键在设计阶段,在设计一开始就将控制投资的思想植根于设计人员的头脑中,以保证选择恰当的设计标准和合理的功能水平。

4.1.3　设计方案评价与优化

设计方案评价与优化是设计过程的重要环节,是指通过技术比较、经济分析和效益评价,正确处理技术先进与经济合理之间的关系,力求达到技术先进与经济合理的和谐统一。

技术方案评价与优化通常采用技术经济分析法,即将技术与经济相结合,按照建设工程经济效果,针对不同的设计方案,分析其技术经济指标,从中选出经济效果最优的方案。由于设计方案不同,其功能、造价、工期和设备、材料、人工消耗等标准均存在差异,因此,技术经济分析法不仅要考察工程技术方案,还要关注工程费用。

1)设计方案评价与优化的基本程序

设计方案评价与优化的基本程序如下:

①按照使用功能、技术标准、投资限额的要求,结合工程所在地实际情况,探讨和建立可能的设计方案。

②所有可能的设计方案中初步筛选出各方面都较为满意的方案作为比选方案。

③根据设计方案的评价目的,明确评价的任务和范围。

④确定能反映方案特征并能满足评价目的的指标体系。

⑤根据设计方案计算各项指标及对比参数。

⑥根据方案评价的目的,将方案的分析评价指标分为基本指标和主要指标,通过对评价指标的分析计算,排出方案的优劣次序,并提出推荐方案。

⑦综合分析,进行方案选择或提出技术优化建议。

⑧对技术优化建议进行组合搭配,确定优化方案。

⑨实施优化方案并总结备案。

设计方案评价与优化的基本程序如图4.1.1所示。

在设计方案评价与优化过程中,建立合理的指标体系,并采取有效的评价方法进行方案优化是最基本和最重要的工作内容。

2)评价指标体系

设计方案的评价指标是方案评价与优化的衡量标准,对于技术经济分析的准确性和科学性具有重要作用。内容严谨、标准明确的指标体系,是对设计方案进行评价与优化的基础。

评价指标应能充分反映工程项目满足社会需求的程度,以及为取得使用价值所需投入的社会必要劳动和社会必要消耗量。因此,指标体系应包括以下内容:

①使用价值指标,即工程项目满足需要程度(功能)的指标。

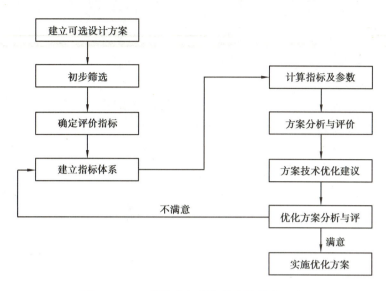

图4.1.1　设计方案评价与优化的基本程序

②消耗量指标,即反映创造使用价值所消耗的资金、材料、劳动量等资源的指标。

③其他指标。

对建立的指标体系,可按指标的重要程度设置主要指标和辅助指标,并选择主要指标进行分析比较。

3)设计方案的评价原则

建筑工程设计方案评价就是对设计方案进行技术与经济分析、计算、比较和评价,从而选出技术上先进、结构上坚固耐用、功能上适用、造型上美观、环境上自然协调和经济合理的最优设计方案,为决策提供科学的依据。为了提高工程建设投资效果,从选择建设场地和工程总平面布置开始,直至建筑节点的设计,都应进行多方案比选,从中选取技术先进且经济合理的最佳设计方案。设计方案优选应遵循以下原则:

①设计方案必须要处理好经济合理性与技术先进性之间的关系。技术先进性与经济合理性有时是一对矛盾体,设计者应妥善处理好两者的关系,一般情况下,要在满足使用者要求的前提下,尽可能降低工程造价。如果资金有限,也可以在资金限制范围内,尽可能提高项目功能水平。

②设计方案必须兼顾建设与使用,并考虑项目全寿命费用。选择设计方案时不但要考虑工程的建造成本,控制其成本支出,同时还要考虑使用成本。如果单纯降低造价,建造质量得不到保障,就会导致使用过程中的维修费用很高,甚至有可能发生重大事故。在设计过程中应兼顾建设过程和使用过程,力求项目寿命周期费用最低,即做到"成本低、维修少、使用费省"。

③设计必须兼顾近期与远期的要求。设计者如果按照目前的要求设计工程,在不远的将来,会出现由于项目功能水平无法满足需要而必须重新建造的情况;如果按照未来的需要设计工程,又会出现由于功能水平过高而资源闲置浪费的现象。因此,设计者要兼顾两者的要求,选择项目合理的功能水平;同时也要根据远景发展需要,适当留有发展余地。

4)设计方案的评价方法

设计方案的评价方法主要有多指标法、单指标法和多因素评分法3种。

（1）多指标评价法

多指标法就是采用多个指标，将各个对比方案的相应指标值逐一进行分析比较，按照各种指标数值的高低对其做出评价。其评价指标包括：

①工程造价指标。该指标是指反映建设工程一次性投资的综合货币指标，根据分析和评价工程项目所处的时间段，可依据设计概（预）算予以确定。如每平方米建筑造价、给排水工程造价、采暖工程造价、通风工程造价、设备工程造价等。

②主要材料消耗指标。该指标从实物形态的角度反映主要材料的消耗数量，如钢材消耗量指标、水泥消耗量指标、木材消耗量指标等。

③劳动消耗指标。该指标反映的劳动消耗量，包括现场施工和预制加工厂的劳动消耗量。

④工期指标。该指标是指建设工程从开工到竣工所耗费的时间，可用来评价不同方案对工期的影响。

以上四类指标，可以根据工程的具体特点进行选择。从建设工程全面造价管理角度考虑，仅利用这四类指标还不能完全满足设计方案的评价要求，还需要考虑建设工程全寿命周期成本，并考虑工期成本、质量成本、安全成本及环保成本等诸多因素。

多指标评价法可分为多指标对比法和多指标综合评分法。

①多指标对比法是目前采用得比较多的一种方法，其基本特点是使用一组适用的指标体系，将对比方案的指标值列出，然后一一进行对比分析，根据指标值的高低来分析判断方案的优劣。利用这种方法首先需要将指标体系中的各个指标，按其在评价中的重要性分为主要指标和辅助指标。主要指标是能够比较充分反映工程技术经济特点的指标，是确定工程项目经济效果的主要依据。辅助指标在技术经济分析中处于次要地位，是主要指标的补充。当主要指标不足以说明方案的技术经济效果优劣时，辅助指标就成了进一步进行技术经济分析的依据。

这种方法的优点是指标全面、分析确切，可通过各种技术经济指标定性或定量地反映方案技术经济性能的主要方面。如果某一方案的所有指标都优于其他方案，则为最佳方案；如果各个方案的其他指标都相同，只有一个指标之间有差异，则该指标最优的方案就是最佳方案。这两种情况对于优选决策来说都比较简单，但实际中很少有这种情况。大多数情况下，不同方案之间往往各有所长，有些指标较优，有些指标较差，而且各种指标对方案经济效果的影响也不相同。

容易出现某一方面有些指标较优，有些指标较差，而另一方面则可能是有些指标较差，有些指标较优，出现不同指标的评价结果不同的情况，不便于综合定量分析，从而使分析工作复杂化。

②多指标综合评分法。这种方法首先对需要进行分析评价的方案设定若干个评价指标，并按其重要程度确定各指标的权重，然后确定评分标准，并就各设计方案对各指标的满足程度打分，最后计算各方案的加权得分。以加权得分高者为最优设计方案。其计算式为：

$$S = \sum_{n=1}^{\infty} W_n \cdot S_n$$

式中 S——设计方案总得分;

S_n——某方案在评价指标 n 上的得分;

W_n——评价指数 n 的权重;

n——评价指标数。

这种方法的优点是避免了多指标对比法指标之间可能发生相互矛盾的现象,评价结果是唯一的。但各指标的权重又很难确定,在确定权重及评分过程中存在主观臆断成分,同时,由于分值是相对的,所以不能直接判断出各方案的各项功能实际水平。

(2)综合费用法

这里的费用包括方案投产后的年度费用,以及由于工期提前或延误而产生的收益或亏损等。该方法的基本出发点在于将建设投资和使用费结合起来考虑,同时考虑建设周期对投资效益的影响,以综合费用最小为最佳方案。综合费用法包括投资回收期法和计算费用法两种方法。

①投资回收期法。投资回收期反映初始投资的补偿速度,是衡量设计方案优劣的重要依据,投资回收期越短设计方案越好。

不同设计方案的比较、选择,实际上是互斥方案的选择和比较,首先要考虑方案可比性问题。当互相比较的各设计方案能满足相同的需要时,就只需比较它们的投资和经营成本的大小,用差额投资回收期进行比较。差额投资回收期是指在不考虑时间价值的情况下,用投资大的方案比投资小的方案所节约的经营成本来回收差额投资所需的期限。两个方案年业务量相同的情况下,其计算式为:

$$\Delta P_t = \frac{K_2 - K_1}{C_1 - C_2}$$

式中 K_1——方案1的投资额,且 $K_2 > K_1$;

K_2——方案2的投资额;

C_1——方案1的年经营成本,且 $C_1 > C_2$;

C_2——方案2的年经营成本;

ΔP_t——差额投资回收期。

当 $\Delta P_t \leqslant P_c$(基准投资回收期)时,投资大的方案优;反之,投资小的方案优。

如果两个比较方案的年业务量不同,则需将投资和经营成本转化为单位业务量的投资和成本,然后再计算差额投资回收期,进行方案比较、选择。其计算式为:

$$\Delta P_t = \frac{\dfrac{K_2}{Q_2} - \dfrac{K_1}{Q_1}}{\dfrac{C_1}{Q_1} - \dfrac{C_2}{Q_2}}$$

式中 Q_1,Q_2——各设计方案的年业务量;

其他符号含义同上述投资回收期计算式中的符号含义。

②计算费用法。建设投资和使用费用是两类不同性质的费用,两者不能直接相加。一种合乎逻辑的计算费用方法是将一次性投资与经常性经营成本统一为一种性质的费用,可直接用来评价设计方案的优劣。

a.总计算费用法。其计算式为:

$$K_2+P_cC_2 \leqslant K_1+P_cC_1$$

式中 K——项目总投资;

      C——年经营成本;

      P_c——基准投资回收期。

令 $TC_1=K_1+P_cC_1$、$TC_2=K_2+P_cC_2$ 分别表示方案 1、方案 2 的总计算费用,则总计算费用最小的方案最优。

     b.年计算费用法。差额投资回收期的倒数就是差额投资效果系数。

$$\Delta R = \frac{C_1-C_2}{K_2-K_1}(K_2>K_1,C_2<C_1)$$

当 $\Delta R \geqslant R_c$(基准投资效果系数)时,方案 2 优于方案 1。将

$$\Delta R = \frac{C_1-C_2}{K_2-K_1} \geqslant R_c$$

移项整理得

$$C_1+R_cK_1 \geqslant C_2+R_cK_2$$

令 $A_c=C+R_cK$ 表示投资方案的年计算费用,则年计算费用越小的方案越优。

综合费用法是一种静态价值指标评价方法,没有考虑资金的时间价值,只适用于建设周期较短的工程。此外,由于综合费用法只考虑费用,未能反映功能、质量、安全、环保等方面的差异,因而只有在方案的功能建设标准等条件相同或基本相同时才能采用。

(3)全寿命周期费用法

建设工程全寿命周期费用除包括筹建、征地拆迁、咨询、勘察、设计、施工、设备购置以及贷款支付利息等与工程建设有关的一次性投资费用外,还包括工程完成后交付使用期内经常发生的费用支付,如维修费、设施更新费、采暖费、电梯费、空调费、保险费等。这些费用统称为使用费,按年计算时称为年度使用费。全寿命周期费用评价法考虑了资金的时间价值,是一种动态的价值指标评价方法。由于不同技术方案的寿命周期不同,应用全寿命费用评价法计算费用时,不用净现值法,而用年度等值法,以年度费用最小者为最优方案。

5)设计方案评价应注意的问题

①工期的比较。工程施工工期的长短涉及管理水平、投入的劳动力数量和施工机械的配备情况,因此应在相似的施工资源条件下进行工期比较,并应考虑施工的季节性。由于工期缩短而工程提前竣工交付使用所带来的经济效益,应纳入分析评价范围。

②采用新技术的分析。设计方案采用某项新技术,往往在项目的早期经济效益较差,因为生产率的提高和生产成本的降低需要经过一段时间来掌握和熟悉新技术后方可实现。因此,进行设计方案技术经济分析评价时应预测其预期的经济效果,不能仅由于当前的经济效益指标较差而限制新技术的采用和发展。

③对产品功能的分析评价。对产品功能的分析评价是技术经济评价中常常被忽视却不可或缺的内容。必须明确方案经济性评价应具有可比性,当参与对比的设计方案功能项目和水平不同时,应对其进行可比性处理,使之满足下列几方面的可比条件:需要可比、费用消耗可比、价格可比及时间可比。

6)设计方案优化

设计方案优化是使设计质量不断提高的有效途径,可在设计招标或设计方案竞赛的基础上,将各设计方案的可取之处进行重新组合,吸收众多设计方案的优点,使设计更加完美。对于具体方案,则应综合考虑工程质量、造价、工期、安全和环保五大目标,基于全要素造价管理进行优化。

工程项目五大目标之间的整体相关性,决定了设计方案优化必须考虑工程质量、造价、工期、安全和环保等之间的最佳匹配,力求达到整体目标最优,而不能孤立、片面地考虑某一目标或强调某一目标而忽略其他目标。在保证工程质量和安全、保护环境的基础上,追求全寿命周期成本最低的设计方案。

（1）设计招标

建设单位或招标代理机构首先就拟建项目设计任务确定招标方式后编制招标文件,并通过报刊、网络或其他媒体发布招标会,吸引设计单位参加设计招标或设计方案竞选,然后对投标单位进行资格审查（若为资格后审则在投标文件递交并开标后评标前进行资格审查）,并向合格的设计单位发售招标文件,组织投标单位勘察工程现场,解答投标单位提出的问题。投标单位编制并报送投标文件。建设单位或招标代理机构组织开标和评标活动,择优确定中标设计单位并发出中标通知,双方签订设计委托合同。设计招标鼓励竞争,促使设计单位改进管理,采用先进技术,降低工程造价,提高设计质量。也有利于控制项目建设投资和缩短设计周期,降低设计费用,提高投资效益。设计招投标是招标方和投标方之间的经济活动,其行为受到《中华人民共和国招标投标法》的保护和监督。

（2）设计方案竞选

建设单位或招标代理机构竞选文件一经发出,不得擅自变更其内容或附加文件,参加方案竞选的各设计单位提交设计竞选方案后,建设单位组织有关人员和专家组成评定小组对设计方案按规定的评标方法进行评审,从中选择技术先进、功能全面、结构合理、安全适用、满足建筑节能及环保要求、经济美观的设计方案。综合评价各设计方案的优劣,从中选择最优的设计方案,或将各方案的可取之处重新组合,提出最佳方案。方案竞选扩大了建设单位的选择范围,可集思广益博采众长,从而得到更完善的设计方案。同时,参加方案竞选的单位想要在竞争中获胜,就要有独创之处,中选项目所做出的设计概算一般能控制在竞选文件规定的投资范围内。

4.1.4　价值工程

1)价值工程概念

20 世纪 40 年代,美国通用电气公司工程师 L. D. 迈尔斯首先提出"价值工程"理论,在第二次世界大战后风靡全球,更为工程项目管理注入丰富的理论资源。"价值"二字,从此萦绕在每一位工程项目管理人的心上,而造价工程师无疑是其中不可或缺的"智囊"。

价值工程(Value Engineering)是以产品的功能分析为核心,提高产品的价值为目的,力求以最低的寿命周期成本实现产品使用所需必要功能的创造性设计方法。价值工程的三要素有价值(Value)、功能(Function)和成本(Cost),三者关系为

$$V = \frac{F}{C}$$

式中　V——产品的价值；

　　　F——产品具有的功能；

　　　C——产品获得以上功能所需的全部费用。

　　在建设工程施工阶段应用该方法来提高建设工程价值的作用是有限的。要使建设工程的价值能够大幅提高，获得较高的经济效益，必须先在设计阶段应用价值工程的原理和方法，在保证建设工程功能不变或功能改善的情况下力求节约成本，以设计出更加符合用户要求的产品。

2）评价步骤

　　在工程设计阶段，应用价值工程法对设计方案进行评价的步骤如下：

　　①功能分析。分析工程项目满足社会和生产需要的各主要功能。

　　②功能评价。比较各项功能的重要程度，确定各项功能的重要性系数。目前，功能重要性系数一般通过打分法确定。

　　③计算功能评价系数（F）。功能评价系数计算式为：

$$功能评价系数 = \frac{某方案功能满足程度总分}{所有参加评选方案功能满足程度总分之和}$$

　　④计算成本系数（C）。成本系数可参照下列计算式：

$$成本系数\ C = \frac{某方案每平方米造价}{所有评选方案每平方米造价之和}$$

　　⑤求出价值系数（V）并对方案进行评价。

　　按 $V = F/C$ 分别求出各方案的价值系数，价值系数最大的方案为最优方案。

　　价值工程在工程设计中的运用过程实际上是发现矛盾、分析矛盾和解决矛盾的过程。具体来说，就是分析功能与成本之间的关系，以提高建设工程的价值系数。工程设计人员要以提高价值为目标，以功能分析为核心，以经济效益为出发点，从而真正实现对设计方案的优化。

3）提升价值的途径

　　对于发包人而言，要求承包人交付的项目满足预期所需的所有功能，达到项目最初的概念设想；对于承包人而言，如何在合同总价固定、满足发包人最低需求的条件下，使工程成本降到最低，从而获得最大的收益。既要满足有效的功能，又要获得最高的收益，必须充分考虑功能与成本的关系，才能获得最大的价值。结合数学原理，可得到提升价值的 5 种途径，见表 4.1.1。在不同情况下分别使用以上不同的方法提高价值，根据具体情况进行选择。

表 4.1.1　提高价值的 5 种途径

序号	公式	方法
1	$V\uparrow = \dfrac{F\uparrow}{C\downarrow}$	提高功能，降低成本
2	$V\uparrow = \dfrac{F\downarrow}{C\rightarrow}$	成本不变，提高功能

序号	公式	方法
3	$V\uparrow=\dfrac{F\rightarrow}{C\downarrow}$	功能不变,降低成本
4	$V\uparrow=\dfrac{F\uparrow\uparrow}{C\uparrow}$	功能明显提高,成本微微提高
5	$V\uparrow=\dfrac{F\downarrow}{C\downarrow\downarrow}$	功能微微下降,成本明显下降

4)设计阶段实施价值工程的意义

在研究对象寿命周期的各个阶段都可实施价值工程,但是在设计阶段实施价值工程的意义更为重大。

①可以使建筑产品的功能更合理。工程设计实质上就是设计建筑产品的功能,而价值工程的核心正是功能分析。价值工程的实施,可以使设计人员更加准确地了解用户所需和建筑产品各项功能之间的比重,同时还可以考虑各方建议,使设计更加合理。

②可以有效控制工程造价。价值工程需要对研究对象的功能与成本之间的关系进行系统分析。设计人员参与价值工程,可以避免在设计过程中只重视功能而忽视成本的倾向,在明确功能的前提下,发挥设计人员的创造精神,从多种实现功能的方案中选取最合理的方案。这样既保证了用户所需功能的实现,又有效地控制了工程造价。

③可以节约社会资源。价值工程的目的是以研究对象的最低寿命周期成本可靠地实现使用者所需的功能。实施价值工程,既可以避免一味地降低工程造价而导致研究对象功能水平偏低的现象,也可以避免一味地降低使用成本而导致功能水平偏高的现象,使工程造价、使用成本及建筑产品功能合理匹配,节约社会资源消耗。

4.1.5 限额设计

1)限额设计的概念

限额设计是按照投资或造价的限额进行满足技术要求的设计。它包括两个方面的内容:一方面是项目的下一阶段按上一阶段的投资或造价限额达到设计技术要求;另一方面是项目局部按设定投资或造价限额达到设计技术要求。即按照批准的可行性研究报告中的投资限额进行初步设计、按照批准的初步设计概算进行施工图设计、按照施工图预算编制施工图设计中各个专业设计文件的过程。

限额设计中,工程使用功能不能减少,技术标准不能降低,工程规模也不能缩减。因此,限额设计需要在不增加投资额度的情况下,实现使用功能和建设规模的最大化。限额设计是工程造价控制系统中的一个重要环节,是设计阶段进行技术经济分析、实施工程造价控制的一项重要措施。

限额设计是按照项目设计任务书批准的投资估算额进行初步设计,按照初步设计概算造价限额进行施工图设计,各专业在保证达到使用功能的前提下,按分配的投资限额控制设计,严格控制技术设计和施工图设计的不合理变更,保证总投资限额不被突破。限额设计即在资金一定的情况下,尽可能提高工程功能水平的一种设计方法。推行限额设计有利于处理好技术与经济的关系,提高设计质量,优化设计方案,有利于增强设计单位的责任感。

2)合理确定限额设计目标

投资决策阶段是限额设计的关键。对于政府工程而言,投资决策阶段的可行性研究报告是政府部门核准投资总额的主要依据,而经批准的投资总额则是进行限额设计的重要依据。工程设计是一个从概念到实施的不断认识的过程,控制限额的提出难免会产生偏差或错误,因此限额设计应以合理的限额为目标。目标值过低会造成目标值被突破,限额设计无法实现;目标值过高会造成投资浪费。因此,应在多方案技术经济分析和评价后确定最终方案,提高投资估算准确性,合理确定设计限额目标。

3)限额设计的控制内容

限额设计控制工程造价可以从纵向控制和横向控制两个角度入手。

(1)限额设计的纵向控制

限额设计的纵向控制是指在设计工作中,根据前一设计阶段的投资确定后一设计阶段的投资控制额。具体来说,可行性研究阶段的投资估算作为初步设计阶段的投资限额,初步设计阶段的设计概算作为施工图设计阶段的投资限额。即按照限额设计过程从前往后依次进行控制,成为纵向控制。具体包括以下4个阶段:

①投资分解。设计任务书获批准后,设计单位在设计前应在设计任务书的总框架内将投资先分解到各专业,然后再分配到各单项工程和单位工程,作为进行初步设计的造价控制目标。

②初步设计阶段的限额设计。初步设计需要依据最终确定的可行性研究方案和投资估算,对影响投资的因素按照专业进行分解,并按规定的投资限额下达到各专业设计人员。设计人员应用价值工程基本原理,通过多方案技术经济比选创造出价值较高、技术经济性较为合理的初步设计方案,并将设计概算控制在批准的投资估算内。

③施工图设计阶段的限额控制。施工图是设计单位的最终成果文件,应按照批准的初步设计方案进行限额设计,施工图预算需控制在批准的设计概算范围内。在施工图设计中,无论是建设项目总造价,还是单项工程造价,均不应该超过初步设计概算造价。进行施工图设计应把握两个标准:一个是质量标准;另一个是造价标准,并应做到两者协调一致,相互制约。

④设计变更。在初步设计阶段因外部条件制约和人们主观认识的局限,往往会造成施工图设计阶段,甚至施工过程中的局部修改和变更,引起对已经确认的概算价值的变化。这种变化在一定范围内是允许的。但必须经过核算和调整,即先算账后变更的办法。如果涉及建设规模、设计方案等的重大变更,使预算大幅度增加时,必须重新编制或修改初步设计文件,并重新报批。为实现限额设计的目标,应严格控制设计变更。

(2)限额设计的横向控制

限额设计的横向控制是指对设计单位及其内部各专业、科室及设计人员进行考核,实施奖惩,进而保证设计质量的一种控制方法。首先,横向控制必须明确设计单位内部各专业科室对限额设计所负的责任,将工程投资按专业进行分配,并分段考核,下段指标不得突破上段指标。责任落实越接近个人,效果就越明显,并赋予责任者履行责任的权利。其次,要建立健全奖惩制度。设计单位在保证工程安全和不降低工程功能的前提下,采用新材料、新工艺、新设备、新方案,节约了投资的,应根据节约投资额的大小,对设计单位给予奖励;因设计单位设计错误、漏项或扩大规模和提高标准而导致静态投资超支的,要视其超支比例扣减相应比例的设计费。

4)限额设计实施程序

限额设计强调技术与经济的统一,需要工程设计人员和工程造价管理人员密切合作。工程设计人员进行设计时,应基于建设工程全寿命周期,充分考虑工程造价的影响因素,对方案进行比较,优化设计;工程造价管理人员要及时进行投资估算,在设计过程中协助工程设计人员进行技术经济分析和论证,从而达到有效控制工程造价的目的。

限额设计的实施是建设工程造价目标的动态反馈和管理过程,可分为目标制订、目标分解、目标推进和成果评价 4 个阶段。

(1)目标制订

限额设计目标包括造价目标、质量目标、进度目标、安全目标和环保目标。各个目标之间既相互关联又相互制约,因此,在分析论证限额设计目标时,应统筹兼顾,全面考虑,追求技术经济合理的最佳整体目标。

(2)目标分解

分解工程造价目标是实行限额设计的一个有效途径和主要方法。首先,将上一阶段确定的投资额分解到建筑、结构、电气、给排水和暖通等设计部门的各个专业。其次,将投资限额再分解到各个单项工程、单位工程、分部工程及分项工程。在目标分解过程中,要对设计方案进行综合分析与评价。最后,将各细化的目标明确到相应设计人员,制订明确的限额设计方案。通过层次目标分解和限额设计,实现对投资限额的有效控制。

(3)目标推进

目标推进通常包括限额初步设计和限额施工图设计两个阶段。

①限额初步设计阶段。严格按照分配的工程造价目标进行方案的规划和设计。在初步设计方案完成后,由工程造价管理人员及时编制初步设计概算,并进行初步设计方案的技术经济分析,直至满足限额要求。初步设计只有在满足各项功能要求并符合限额设计目标的情况下,才能被批准作为下一阶段的限额目标。

②限额施工图设计阶段。遵循各目标协调并进的原则,做到各目标之间的有机结合和统一,防止忽略其中任何一个。在施工图设计完成后,进行施工图设计的技术经济论证,分析施工图预算是否满足设计限额要求,以供设计决策者参考。

(4)成果评价

成果评价是目标管理和总结阶段。通过对设计成果进行评价,总结经验和教训,作为指导和开展后续工作的重要依据。

值得指出的是,当考虑建设工程全寿命周期成本时,按照限额要求设计的方案未必具有最佳经济性,此时也可考虑突破原有限额,重新选择设计方案。

5)限额设计的要点

①严格按照建设程序办事。
②在投资决策阶段,要提高投资估算的准确性,据以确定限额设计。

③充分重视、认真对待每个设计环节及每项专业设计。

④加强设计审核。

⑤建立设计单位经济责任制。

⑥施工图设计应尽量吸收施工单位人员意见,使其符合施工要求。

6)限额设计的不足

限额设计的不足主要有以下3个方面:

①限额设计的理论和操作技术还需进一步发展。

②限额设计由于突出地强调了设计限额的重要性,忽视了工程功能水平的要求及功能与成本的匹配性,可能会出现因功能水平过低而增加工程运营维护成本的情况,或者在投资限额内没有达到最佳功能水平的现象,甚至可能降低设计的合理性。

③限额设计中对投资估算、设计概算、施工图预算等的限额均是指建设项目的一次性投资,而对项目建成后的维护使用费、项目使用期满后的报废拆除费则考虑得较少,这样就可能出现限额设计效果较好,但项目的全寿命费用不一定经济的现象。

4.2　勘察设计阶段造价管理案例分析

4.2.1　设计方案评价与优化案例分析

[案例4.1]　项目A基于地形地貌的土方设计平衡案例

1)项目A地形地貌

项目A地块位于C市C区滨江路北东侧,地块形状呈不规则矩形,地块属于滨江岸坡地貌。总体北东高南西低,北东侧高程最高点214.79 m,南西侧高程最低点192.17 m。场地最大高差22.62 m。南西侧为已建滨江道路,路面高程为190.70～191.83 m。地块红线图及周边标高如图4.2.1所示。

2)土方设计平衡

在设计中充分了解场地的地形、地貌、水文、气候等自然条件,充分尊重现有地形地貌,利用场地东低西高的特点,充分挖掘自然资源,创造环境优美,尺度宜人,具有亲和力的人文居住空间,满足"显山露水"的设计要求理念。从生态保护的原则出发,尽可能地使新的建筑、场地能与原自然环境相融合、相协调。尽可能地不破坏原有的地貌、植被及生态环境。

根据对地块原始地形的分析,设计提出尊重原有地形地貌,充分利用周边资源的竖向设计原则,尽量保持原有地形地貌的前提下,减少土方量,做到挖填平衡。项目A竖向设计如图4.2.2所示。

项目用地东西两侧接道路处高差达到15～20 m,根据现状地形及周边道路标高,方案采取分台处理,消化内部高差,减小南北两条道路沿街挡墙,将场地设计为3个台地,为美化沿街立面,每个台地高差控制在4.8 m左右(3个台地标高关系如图4.2.3所示)。

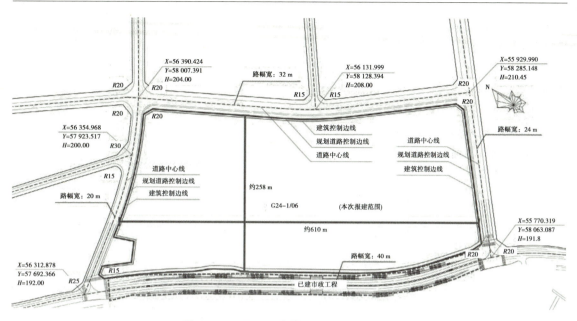

图 4.2.1　项目 A 地块红线图及周边标高

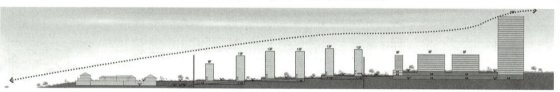

图 4.2.2　项目 A 竖向设计示意图

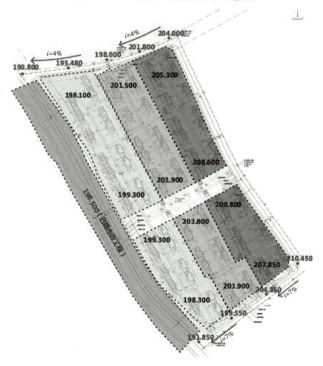

图 4.2.3　项目 A 3 个台地标高关系

在台地与台地相交处,设计以斜坡绿化和景观踏步相结合的处理高差。地形经改造后,有利于场地的水土保持及排水系统设计;能较好地配合建筑设计、道路设计、环境设计及合理解决车行、人行、无障碍等设计要求;该方案采取分台处理,前低后高,景观视线最优,沿江效果层次感更强。

小区内人行道路系统主要是围绕坡地建筑的特点,结合小区内中心绿地形成台阶式步行体系,在不同的标高处形成不同的观景、休闲场所,让业主在回家的路上能体验到各种不同的心情,欣赏到不同的景色。

[案例4.2] 项目 C 设计方案评价与优化案例

1)市政项目 C 横一路管道工程方案评价与优选

市政项目 C 横一路管道工程可行性研究报告的方案比选中认为采用顶管工艺结合开槽埋管施工的费用会超出全线采用开槽埋管施工的费用。可行性研究报告中顶管工艺结合开槽埋管施工方案估算的费用为 3 370.98 万元,全线开槽埋管施工方案估算的费用为 1 497 万元,故选取了全线开槽埋管施工方案。

在设计阶段,造价咨询单位 Y 根据经验数据发现可行性研究报告的估算偏差较大,造价人员与设计人员对两种方案再次进行了比选与测算,测算结果见表4.2.1 和表4.2.2。

表4.2.1 全线开槽埋管施工方案估算表

序号	工程或费用名称	合计(万元)	单位	数量	指标	工程规模
一	建筑安装工程费	1 912.63				
(一)	排水工程	1 795.13				
1	排水管道	411.61	m	860	4 786.16 元/m	φ800 ~ φ1 400
2	支管	18.14	m	240	755.7 元/m	DN400
3	连管	5.36	m	230	232.92 元/m	DN225
4	拆除老管道及临时管道	21.88	m	860	254.42 元/m	
5	路面翻挖及修复	119.25	m²	4 297	277.52 元/m²	
6	土体加固	1 218.89				
(二)	管线保护	117.50				
1	平行管线保护	102.5	m	1 025	1 000 元/m	
2	路口管线保护	15.00				
二	其他基建费用	481.46				
1	临时接水接电费	19.13				
2	设计前期费	27.91				
3	设计费	99.2				
4	施工图预算费	9.92				
5	竣工图编制费	7.94				
6	勘测费	21.04				

续表

序号	工程或费用名称	合计（万元）	单位	数量	指标	工程规模
7	监理费	69.43				
8	投资监理费	38.25				
9	招投标费	6.31				
10	开办费	114.76				
11	评审费	6.00				
12	建设单位管理费	23.33				
13	交通配合费	38.25				
三	预备费用	191.53				
1	预备费	191.53				
四	工程总投资	2 585.62				

表4.2.2　顶管工艺结合开槽埋管施工方案估算表

序号	工程或费用名称	合计（万元）	单位	数量	指标	工程规模
一	建筑安装工程费	774.64				
（一）	排水工程	737.64				
1	排水管道	189.98	m	560	3 392.57 元/m	$\phi800 \sim \phi1\,400$
2	支管	18.14	m	240	755.70 元/m	DN400
3	连管	5.36	m	230	232.92 元/m	DN225
4	拆除老管道及临时管道	21.88	m	860	254.42 元/m	
5	路面翻挖及修复	65.59	m^2	2 348.4	279.30 元/m^2	
6	土体加固	173.73				
7	顶管	234.21	m	310	7 555.12 元/m	
8	拆除人防构筑物	28.75	m^2	250	1 150 元/m^2	
（二）	管线保护	117.50				
1	平行管线保护	4.00	m	40	1 000 元/m	
2	路口管线保护	15.00				
3	管线迁移复位	18.00				通信、燃气
二	其他基建费用	204.66				
1	临时接水接电费	7.75				
2	设计前期费	12.59				
3	设计费	44.17				
4	施工图预算费	4.42				

续表

序号	工程或费用名称	合计(万元)	单位	数量	指标	工程规模
5	竣工图编制费	3.53				
6	勘测费	8.52				
7	监理费	28.12				
8	投资监理费	15.49				
9	招投标费	6.31				
10	开办费	114.76				
11	评审费	6.00				
12	建设单位管理费	23.33				
13	交通配合费	38.25				
三	预备费用	191.53				
1	预备费	191.53				
四	工程总投资	1 170.83				

测算结果表明:顶管工艺结合开槽埋管施工方案估算费用为 1 170.83 万元,全线开槽埋管施工方案估算费用为 2 585.62 万元。可见,可行性研究报告里估算金额出现巨大偏差,根据造价咨询单位 Y 的测算数据,设计人员没有采纳可行性研究报告中全线开槽埋管施工方案,采取了顶管工艺结合开槽埋管施工方案,节约成本 1 414.79 万元。

2) 市政项目 C 基于现场条件的设计优化

造价咨询单位 Y 在管理过程中发现,由于前期勘察设计深度不够和设计单位工作疏漏,导致部分设计方案与现场实际不符。为了给委托方科学决策提供依据,通过对多方案进行技术经济分析,在不降低设计标准、不影响设计功能并确保工程质量、合同工期、成本控制目标的前提下,择优推荐最优设计方案。截至项目竣工,共提出 9 项设计优化建议(表 4.2.3),并最终得到委托方和设计单位采纳,共节约投资 3 496.85 万元。

表 4.2.3 设计优化建议汇总表

编号	变更项目名称	优化建议	优化前(万元)	优化后(万元)	节约投资(万元)
1	K8+075 下大坝中桥改路加涵洞 (K8+041.97~K8+112)	减少弃方量,降低施工难度,加快施工进度	449.90	222	227.90
2	K23+640.5 滩子口中桥结构形式由 3×25 m 简支 T 梁变更为 4×20 m 简支小箱梁	原 3#桥墩位处有一根 φ720 mm 的天然气管道,无法搬迁,3#桥墩桩基无法实施,需对该桥梁跨径进行调整	640.94	533.29	107.65

续表

编号	变更项目名称	优化建议	优化前（万元）	优化后（万元）	节约投资（万元）
3	K17+488.5 石脚基中桥变更为路基	优化设计的三点建议:减少本合同多余路基弃方工程量,减少弃土临时占地;降低施工难度,加快施工进度	669.83	235.51	416.32
4	K32+399 高石口大桥减跨改为路基	由于天然气管与主线呈斜交现状,需对该桥进行减跨径优化设计	1190.73	485.23	705.50
5	K30+288 大石谷大桥桥改路基	可减少本合同多余路基弃方问题	1 531.73	833.89	697.84
6	K42+010 河晏坎中桥设计变更	减少弃方量,降低施工难度,加快施工进度	901.50	493.68	407.82
7	K50+371.5 市东互通跨线桥设计变更	减少弃方量,降低施工难度,加快施工进度	586.80	362.22	224.58
8	K57+038 杜河小桥设计变更	减少弃方量,降低施工难度,加快施工进度	544.49	129.09	415.40
9	K56+386 青龙咀小桥设计变更	减少弃方量,降低施工难度,加快施工进度	545.97	252.13	293.84
10	合计				3 496.85

其中主要优化建议内容示例如下:

①原设计 K17+488.5 石脚基中桥上部结构为 3×25 m 先简支后连续预应力混凝土 T 形梁,桥长95.06 m,桥墩为双柱式圆墩,钻孔灌注桩基础;桥台为重力式桥台,扩大基础。造价管理人员在认真分析设计文件并结合现场踏勘的情况下,认为石脚基中桥所在 LJ2 合同段设计路基挖方量69.20 万 m³,路基填方量65.50 万 m³,存在大量弃方。经技术经济分析比较,如果将 K17+488.5 石脚基中桥优化设计变更为 K17+440.97～K17+536.03 段路基,其优点如下:第一,可减少本合同多余路基弃方问题;第二,优化设计方案后,可减少投资 416.32 万元;第三,可加快施工进度。最终该建议得到项目公司和设计单位采纳,此项优化设计节约投资416.32 万元。

②K30+288 大石谷大桥,原设计为 7×30 m 预应力简支 T 形梁,桥长219 m,下部结构为柱式桥墩,钻孔桩基础,桥台为重力式桥台,扩大基础。造价管理人员经认真分析施工设计图,并会同设计人员进行详细调查研究,提出可取消 K30+288 大石谷大桥,将该段变更为路基,其优点如下:第一,本合同段总路基挖方量为226.341 万 m³,路基总填方量为194.129 2 万 m³,存在大量弃方,如果采用桥改路方案,可减少本合同弃方问题。第二,优化设计方案后,可减少投资697.84 万元。通过技术经济分析,变更前该座桥梁总造价为 1 531.73 万元,优化设计方案后的造价为833.89 万元,节约投资697.84 万元。第三,有利于加快施工进度。最终该建议得到项目公司和设计单位采纳,节约投资697.84 万元。

4.2.2　价值工程应用案例分析

[案例4.3]　价值工程在某住宅项目设计方案优选中的应用

现以某建筑设计院在建筑设计中用价值工程方法进行住宅设计方案优选为例,说明价值工程在工程设计中的应用。

(1)价值工程对象选择

该院承担设计的工程种类繁多,通过对该院近几年各种建筑设计项目类别的统计分析,该院设计项目中住宅所占比重最大,因此将住宅作为价值工程的主要研究对象。

(2)资料收集

主要收集以下资料:

①工程回访,收集用户对住宅的意见。

②对不同地质情况和基础形式的住宅进行定期沉降观测,获取地基方面的资料。

③了解有关住宅施工方面的情况。

④收集大量有关住宅建设的新工艺和新材料等数据资料。

⑤分地区按不同地质情况、基础形式和类型标准统计分析近年来住宅的各种技术经济指标。

(3)功能分析

由设计、施工及建设单位的有关人员组成价值工程研究小组,共同讨论,对住宅的各种功能进行定义、整理和评价分析:

①平面布局。

②采光、通风、保温、隔热、隔声等。

③层高、层数。

④牢固耐久。

⑤三防设施(防火、防震和防空)。

⑥建筑造型。

⑦室内外装饰。

⑧环境设计。

⑨技术参数。

在功能分析中,用户、设计人员、施工人员以百分形式分别对各功能进行评分,即假设住宅功能合计为100分,分别确定各项功能在总体功能中所占的比例,然后将所选定的用户、设计人员、施工人员的评分意见进行综合,三者的权重分别为0.7、0.2、0.1,各功能重要性系数见表4.2.4。

表4.2.4　各功能重要性系数

功能		用户评分		设计人员评分		施工人员评分		功能重要性系数 ψ_i
		得分 f_{i1}	$0.7f_{i1}$	得分 f_{i2}	$0.2f_{i2}$	得分 f_{i3}	$0.1f_{i3}$	
适用	平面布局	41	28.7	38	7.6	43	4.3	0.406
	采光通风等	16	11.2	17	3.4	15	1.5	0.161
	层高、层数	4	2.8	5	1	4	0.4	0.042

续表

功能		用户评分		设计人员评分		施工人员评分		功能重要性系数 ψ_i
		得分 f_{i1}	$0.7 f_{i1}$	得分 f_{i2}	$0.2 f_{i2}$	得分 f_{i3}	$0.1 f_{i3}$	
安全	牢固耐用	20	14.0	21	4.2	19	1.9	0.201
	三防设施	4	2.8	3	0.6	3	0.3	0.037
美观	建筑造型	3	2.1	5	1.0	3	0.3	0.034
	室外装修	2	1.4	3	0.6	2	0.2	0.022
	室内装饰	7	4.9	6	1.2	5	0.5	0.066
其他	环境设计	2	1.4	1	0.2	4	0.4	0.020
	技术参数	1	0.7	1	0.2	2	0.2	0.011
总计		100	70	100	20	100	10	1.000

注:功能重要性系数 $\varphi_i = (0.7 f_{i1} + 0.2 f_{i2} + 0.1 f_{i3}) \div 100$。

(4)方案设计与评价

在某住宅小区设计中,价值工程研究推广小组,根据收集的资料及上述功能重要性系数的分析结果,集思广益,提出了十余个方案。在采用优缺点列举法进行定性分析筛选后,对所保留的 5 个较优方案进行定量评价选优,见表4.2.5—表4.2.7。

$$成本系数 C_k = \frac{方案成本}{各方案成本综合}$$

$$方案总分 Y_k = \sum (重要系数 \varphi \times 方案功能评分值 P_{ik})$$

$$功能评价系数 F_k = \frac{各方案总分 Y_k}{各方案总分之和}$$

其中:

表4.2.5 备选方案成本及成本系数

方案	主要特征	单位造价(万元)	成本系数
一	7 层混合结构、层高 3 m,240 内外砖墙,预制桩基础,半地下室储藏间,外装修一般,内装饰好,室内设备较好	784	0.234 2
二	7 层混合结构、层高 2.9 m,240 内外砖墙,120 非承重内砖墙,条形基础(基底经过真空预压处理),外装修一般,内装饰较好	596	0.178 0
三	7 层混合结构,层高 3 m,240 内外砖墙,沉管灌注桩基础,外装修一般,内装饰和设备较好	740	0.221 0
四	5 层混合结构,层高 3 m,空心砖内外砖墙,满堂基础,装修及室内设备一般,屋顶无水箱	604	0.180 4
五	层高 3 m,其他物征同方案二	624	0.186 4

107

表4.2.6 方案功能评分

评价因素		方案功能评分值P_s				
功能因素	重要系数y_i	方案一	方案二	方案三	方案四	方案五
F_1	0.406	10	10	9	9	10
F_2	0.161	10	9	10	10	9
F_3	0.042	9	8	9	10	9
F_4	0.201	10	10	10	8	10
F_5	0.037	8	7	8	7	7
F_6	0.034	10	8	9	7	6
F_7	0.022	6	6	6	6	6
F_8	0.066	10	8	8	6	6
F_9	0.020	9	8	9	8	8
F_{10}	0.011	8	10	9	2	10
方案总分	9.574	9.316	9.193	8.499	9.361	

表4.2.7 价值系数计算

方案	方案功能得分	功能评价系数	成本系数	价值系数
方案一	9.574	0.208 3	0.234 2	0.889 4
方案二	9.316	0.202 8	0.178 0	1.139 3
方案三	9.193	0.200 1	0.221 0	0.905 4
方案四	8.499	0.184 8	0.180 4	1.024 4
方案五	9.361	0.203 6	0.186 4	1.092 3

(5)效果评价

根据对所收集资料进行分析,结果表明近年来该地区建设条件与该工程大致相同的住宅,每平方米建筑面积造价约为1 080元/m^2,方案二只有894元/m^2,节约186元/m^2,可节约投资17.20%。该小区18.4万m^2的住宅可节省投资3 422.4万元。

功能评价系数分数越高说明方案越能满足功能要求,据此计算的价值系数也越大越好。方案二的价值系数最高,故方案二最优。

[案例4.4] 价值工程在某商住楼设计方案优选中的应用

【背景材料】某开发商拟开发一幢商住楼,有如下3种可行设计方案:

方案A:结构方案为大柱网框架轻墙体系,采用预应力大跨度叠合楼板,墙体材料采用多孔砖及移动式可拆装式分室隔墙,窗户采用单框双玻璃钢塑窗,面积利用系数为93%,单方造价为1 437.47元/m^2。

方案B:结构同方案A,墙体采用内浇外砌,窗户采用单框双玻璃空腹钢窗,面积利用系数为87%,单平方米造价为1 108元/m²。

方案C:结构方案采用砖混结构体系,采用多孔预应力板,墙体材料采用标准黏土砖。窗户采用玻璃空腹钢窗,面积利用系数为70.69%,单平方造价为1 081.8元/m²。3种方案的功能得分及重要系数见表4.2.8。

表4.2.8 3种方案的功能得分及重要系数

方案功能	方案功能得分			方案功能重要系数
	A	B	C	
结构体系 F_1	10	10	8	0.25
模型类型 F_2	10	10	9	0.05
墙体材料 F_3	8	9	7	0.25
面积系数 F_4	9	8	7	0.35
窗户类型 F_5	9	7	8	0.10

【问题】

(1)应用价值工程方法选择最优设计方案。

(2)为控制工程造价和进一步降低费用,拟针对所选的最优设计方案的土建工程部分,以工程材料费为对象开展价值工程分析。将土建工程划分为4个功能项目,各功能项目评分值及其目前成本见表4.2.9。按限额设计要求目标成本额应控制在12 170万元。

表4.2.9 各功能项目评分值及其目前成本

序号	功能项目	功能评分	目前成本(万元)
1	桩基围护工程	11	1 520
2	地下室工程	10	1 482
3	主体结构工程	35	4 705
4	装饰工程	38	5 105
合计		94	12 812

试分析各功能项目的目标成本及成本可能降低的幅度,并确定出各功能项目改进顺序。

问题(1):

①成本系数计算见表4.2.10。

表4.2.10 成本系数计算

方案名称	造价(元/m²)	成本系数
A	1 437.47	0.396 3
B	1 108.00	0.305 5
C	1 081.18	0.298 2
合计	3 626.65	1

②功能因素评分与功能系数计算见表4.2.11。

表4.2.11　功能因素评分与功能系数计算

功能因素	重要系数	方案功能得分加权值 $\varphi_i S_{ij}$		
		A	B	C
F_1	0.25	$0.25 \times 10 = 2.50$	$0.25 \times 10 = 2.50$	$0.25 \times 8 = 2.00$
F_2	0.05	$0.05 \times 10 = 0.50$	$0.05 \times 10 = 0.50$	$0.05 \times 9 = 0.45$
F_3	0.25	$0.25 \times 8 = 2.00$	$0.25 \times 9 = 2.25$	$0.25 \times 7 = 1.75$
F_4	0.35	$0.35 \times 9 = 3.15$	$0.35 \times 8 = 2.80$	$0.35 \times 7 = 2.45$
F_5	0.10	$0.10 \times 9 = 0.90$	$0.10 \times 7 = 0.70$	$0.10 \times 8 = 0.80$
方案加权平均总分 $\sum \varphi_i S_{ij}$		9.05	8.75	7.45
功能系数 $\dfrac{\sum \varphi_i S_{ij}}{\sum_i \sum_i \varphi_i S_{ij}}$		0.358	0.347	0.295

③计算3种方案的价值系数见表4.2.12。

表4.2.12　3种方案的价值系数

方案名称	功能系数	成本系数	价值系数	选优
A	0.358	0.396 3	0.903	
B	0.347	0.305 5	1.136	最优
C	0.295	0.298 2	0.989	

④通过对方案A、B、C进行价值工程分析,方案B价值系数最高,为最优方案。

问题(2):方案A功能项目的评分为11,功能系数 $F_A = 11 \div 94 = 0.117$;目前成本为1 520万元,成本系数 $C = 1\,520 \div 12\,812 = 0.118\,6$;价值系数 $V = F/C = 0.117 \div 0.118\,6 = 0.986\,5 < 1$,成本比重偏高,需作重点分析,寻找降低成本的途径。根据功能系数0.117 0,目标成本为 $12\,170 \times 0.117\,0 = 1\,423.89$(万元),需成本降低幅度为 $1\,520 - 1\,423.89 = 96.11$(万元)。其他功能项目的分析同理,按功能系数计算目标成本及成本降低幅度,计算结果见表4.2.13。

表4.2.13　其他功能项目的计算结果

序号	功能项目	功能评分	功能系数	目前成本（元/m²）	成本系数	价值系数	目标成本（元/m²）	成本降低幅度
1	桩基围护工程	11	0.117	1 520	0.118 6	0.986 5	1 423.89	96.11
2	地下室工程	10	0.106 4	1 482	0.115 7	0.919 6	1 294.89	187.11
3	主体结构工程	35	0.372 3	4 705	0.367 2	1.013 9	4 530.89	174.11
4	装饰工程	38	0.404 3	5 105	0.398 5	1.014 6	4 920.33	184.67

根据计算结果,功能项目的优先改进顺序为 b、d、c、a。

4.2.3　限额设计应用案例分析

[案例4.5]　项目A基于限额设计的方案优化

1)项目A深究产品适配及设计限额指标

从限额设计角度,项目A一期在钢筋含量、混凝土含量、窗地比、景观及精装修标准等制订了相应的限额标准,但对比刚需盘限额指标建安成本仍超出2 200万元,故二期仍有空间可挖掘。

鉴于项目A一期未达成成本管控及利润目标,为促进二期的成本及利润目标达成,二期成本策划时,主要以客户感知为导向,合理配置显性成本,持续降低隐性成本,如结构优化、建筑构造做法优化等(表4.2.14)。

表4.2.14　项目A二期建筑做法优化

功能分区	一期建筑图纸做法(设计图纸)		二期建筑图纸做法(讨论定稿)
	分项	构造做法	构造做法
厨房	楼面	饰面层由用户自理(预留50 mm饰面层厚度,结构总共降板100 mm作为面层厚度)	饰面层由用户自理(预留50 mm饰面层厚度。结构总共降板100 mm作为面层厚度)
		40 mm厚C20细石混凝土随捣随抹(内配φ6@200双向钢筋网)	40 mm厚C20细石混凝土,随捣随抹(内配φ6@200双向钢筋网)
		1.5 mm厚聚合物水泥砂浆防水涂料,沿墙上翻300 mm	1.5 mm厚JS防水涂料,沿墙上翻300 mm
		现浇钢筋混凝土板	现浇钢筋混凝土板
厨房	内墙	基层墙体(界面清理干净)	基层墙体(界面清理干净)
		不同材质交界处,喷浆挂钢丝网片,两边各铺设150 mm	不同材质的交界处,喷浆挂钢丝网片,两边各铺设150 mm
		15 mm厚DPM15砂浆分层抹平(掺5%防水剂)	8 mm厚1:3水泥砂浆打底、拉毛,5 mm厚1:2水泥砂浆罩面、压实
		3 mm厚1:0.5水泥砂浆掺水泥用量20%的建筑胶水细拉毛	
卫生间	内墙	基层墙体(界面清理干净)	基层墙体(界面清理干净)
		不同材质交界处,喷浆挂钢丝网片,两边各铺设150 mm	材质交界处,喷浆挂钢丝网片,两边各铺设150 mm
		3 mm厚聚合物水泥砂浆防水涂料Ⅱ型	1.5 mm厚JS防水涂料
		15 mm厚DPM15分遍抹平	8 mm厚1:3水泥砂浆打底、拉毛,5 mm厚1:2水泥砂浆罩面、压实
		3 mm厚1:0.5水泥砂浆掺水泥用量20%的建筑胶水细拉毛	

续表

功能分区		一期建筑图纸做法（设计图纸）	二期建筑图纸做法（讨论定稿）
	分项	构造做法	构造做法
露台（有保温）	楼面	饰面层用户自理（结构降板详对应图纸）	饰面层用户自理（结构降板详对应图纸）
		50 mm 厚 C25 细石混凝土随捣随抹（内配→φ6～200 双向钢筋网片）	40 mm 厚 C25 细石混凝土随捣随抹（内配→φ6@200 双向钢筋网片）
		10 mm 厚低强度等级砂浆	10 mm 厚低强度等级砂浆
		1.5 mm 厚自粘无胎高聚物改性沥青防水卷材防水层	1.5 mm 厚自粘无胎高聚物改性沥青防水卷材防水层
		20 mm 厚 1:2.5 水泥砂浆找平	45 mm 厚挤塑聚苯板保温层（燃烧性能等级:B1 级）
		45 mm 厚挤塑聚苯板保温层（燃烧性能等级:B1 级）	1.5 mm 厚单组分聚氨酯涂膜防水层
		1.5 mm 厚单组分聚氨酯涂膜防水层	最薄处 30 mm 厚 C20 细石混凝土随捣随抹平,2% 坡向地漏或排水沟
		最薄处 30 mm 厚 C20 细石混凝土随捣随抹平,2% 坡向地漏或排水沟	钢筋混凝土楼面板
管道井	内墙	基层墙体清理干净	基层墙体清理干净
		不同材质交界处,喷浆挂钢丝网片,两边各铺设 150 mm	不同材质交界处,喷浆挂钢丝网片,两边各铺设 150 mm
		15 mm 厚 DPM10 分遍抹平	12 mm 厚 1:2.5 水泥砂浆随砌随抹平
		白色成品腻子刮平（5 mm 厚腻子）	白色成品腻子两遍刮平
地下室外墙	外墙	回填土分层夯实	回填土分层夯实
		30 mm 厚挤塑聚苯板	20 mm 厚挤塑聚苯板
		1.2 mm 厚高分子自粘胶膜预铺反粘防水卷材	2.0 mm 厚单组分聚氨酯防水涂料
		钢筋混凝土自防水结构侧壁	钢筋混凝土自防水结构侧壁
地下室顶棚	顶棚	钢筋混凝土地库顶板	钢筋混凝土地库顶板
		刷素水泥浆一道	刷防霉腻子一遍,砂皮打磨平整
		无机耐水防霉腻子两遍刮平（5 mm 厚腻子）	白色防霉涂料两面
		白色防霉涂料	

　　根据客户敏感程度不同,对敏感度较高的景观工程、公区精装修工程及智能化工程,相较一期做了局部提升;对敏感度适中的入户门、外立面及电梯工程,配置基本与一期持平;对敏感度较低的地库地坪、栏杆、外墙保温等工程,做了做法及材质优化。

　　建筑做法优化是基于能保障基本功能的前提下进行的,与设计院讨论后对一期建筑做法不经济的地方进行优化。建筑做法主要从防水涂料的材质及厚度、墙面砂浆粉刷厚度、保温层做法优化等方面进行优化,合计减少约 283 万元;设计费从 110 元/m^2 优化为 90 元/m^2,减少约 230 万元;地下室钢筋含量由 115 m^3/m^2 优化至 112 m^3/m^2,减少 84 万元;地上钢筋含量由 40 kg/m^2 优化至 38 kg/m^2,减少 116 万元;墙地比指标从 1.66 优化至 1.5,减少 122 万元;景观工程通过增加水景、小品等方式将单方从 500 元/m^2 提升至 550 元/m^2,增加 205 万元;智能化标准由单户 3 200 元提升至 3 600 元,增加 24 万元(表 4.2.15)。通过建筑做法优化及含量指标优化,二期建安成本较原设计减少 654 万元。

表 4.2.15　项目 A 二期限额表

序号	指标名称	一期限额	二期限额	影响造价(万元)
1	设计费(元/m^2)	110	90	−230
2	地下室钢筋含量(kg/m^2)	115	112	−84
3	地下室混凝土含量(m^3/m^2)	1.14	1.14	0
4	地上钢筋含量(kg/m^2)	40	38	−116
5	地上混凝土含量(m^3/m^2)	0.34	0.34	0
6	窗地比	0.22	0.22	0
7	景观工程(元/m^2)	500	550	205
8	墙地比	1.66	1.5	−122
9	大堂装修标准(元/m^2)	2 200	2 200	0
10	电梯厅装修标准(元/m^2)	1 000	1 000	0
11	公共走道装修标准(元/m^2)	600	600	0
12	智能化(每户指标)(元/户)	3 200	3 600	24

2) 项目 B 测算合理的结构限量范围

　　针对新校区项目 B 一期工程未能真正推行限额设计问题,造价咨询单位 X 根据 10 个同区、同档次或近期完成的类似学校项目,测算合理的结构限量范围,见表 4.2.16。

表 4.2.16　项目 B 土建结构限量设计指标表

序号	单体建筑	参考建筑面积(m^2)	钢筋含量限额(kg/m^2)	混凝土含量额(m^3/m^2)
1	主教学楼	…	…	…
2	艺术学院教学楼	…	…	…
3	报告厅	…	…	…
…	…	…	…	…

根据施工图（1 版）和施工图（2 版），测算钢筋、混凝土结构工程量是否在限量设计范围内，测算对比结果见表 4.2.17。

表 4.2.17　项目 B 限量设计工程测算对比表

单体建筑	投标钢筋限额含量（kg/m²）	投标混凝土限额含量（m³/m²）	1 版建筑面积（m²）	1 版钢筋含量（kg/m²）	1 版混凝土含量（m³/m²）	2 版建筑面积（m²）	2 版钢筋含量（kg/m²）	2 版混凝土含量（m³/m²）
主教学楼	53	0.63	18 730.91	68.868	0.592	21 362.59	60.86	0.38
国际教学楼	48	0.50	3 590.4	67.800	0.43	3 730.97	50.92	0.28
艺术学院教学楼	53	0.50	13 298.98	66.248	0.46	14 508.97	47.38	0.39
男生宿舍	50	0.44	11 786.34	56.24	0.37	11 524.88	41.05	0.27
女生宿舍	50	0.38	13 151	55.88	0.38	13 296.23	39.71	0.29
教师公寓	55	0.54	22 178.92	46.92	0.42	21 307.7	42.00	0.31
超市中心	56	0.56	6 313.88	72.660	0.646	6 097.24	59.67	0.41
报告厅	95	0.75	3 810	105.473	0.72	3 322.95	86.61	0.53
综合楼	50	0.41	10 920	65.302	0.44	10 114.30	43.13	0.26
风雨操场	65	0.74	5 798.46	88.163	0.582	5 798.460	74.23	0.522
地下车库	150	1.55	16 228	178.460	1.394	16 042.08	152.8	1.23

造价咨询单位 X 将第 1 版测算结果反馈给建设单位，建设单位要求总承包单位组织专家论证会。通过专家论证会，总承包方同意对超限单体建筑的设计图纸进行优化，最终将超出图纸限额含量的单体建筑控制在投标时限额含量范围内，除了主教学楼和国际部教学楼钢筋含量分别超出 14.83%、6.08%，测算结果见表 4.2.17。经测算该项工程预计可节约 67.85万元。

3）基于限额设计的新校区项目 B 室外景观工程设计优化

图纸设计阶段是建设项目投资控制的关键阶段，通过运用指标库中类似项目经济数据，确定合理可行的建设标准及限额，把项目目标成本分解到各分项、各专业或系统。通过与设计人员沟通，要求其进行限额设计，优化施工图设计，在满足技术要点和建设方使用功能要求的前提下，做到设计合理、经济可行，确保项目投资从设计源头就处于可控状态。

（1）新校区项目 B 二期室外园林景观工程初步最高投标限价分析

新校区项目 B 二期室外园林景观工程目标成本为 8 500 万元，测算最高投标限价 12 341 万元，已超出目标成本 45%。经过对室外面积进行统计分析，具体数据如下：室外总面积为 112 432 m²，其中硬景面积为 43 007 m²，软景面积 69 355 m²，硬景面积：软景面积≈4：6，属于合理室外景观面积比重范围。造价咨询单位 X 进一步计算室外总体单方指标为 1 097.66 元/m²，通过运用指标库中的类似项目经济数据，单方指标 1 097.66 元/m² 属于高标准的室外景观设计。对于大面积室外景观的单方指标，此指标数值较高，对比各专业工程，发现土方工程、绿化

工程、铺装工程和室外景观排水工程 4 个专业工程指标异常高(表 4.2.18)。造价咨询单位 X
提出在满足业主定位的条件下,设计方案可进一步的优化。

表 4.2.18　园林景观工程初步最高投标限价(指标分析)

序号	专业工程	控制价(元)	面积(m²)	单方指标(元/m²)
1	土方工程	9 477 031	43 077	220.00
2	绿化工程	65 908 970	69 355	950.31
3	铺装工程	8 227 183	43 077	190.99
4	硬质景观工程	6 361 565	43 077	147.68
5	仿古建筑工程	1 606 207	43 077	37.29
6	市政道路工程	7 215 189	43 077	167.50
7	市政桥梁工程	1 837 631	43 077	42.66
8	室外景观排水工程	10 063 238	112 432	89.51
9	室外景观给水工程	1 610 259	112 432	14.32
10	室外景观电气工程	1 586 857	112 432	14.11
11	室外标志标牌工程	559 636	112 432	4.98
12	水利工程	3 097 256	112 432	27.55
13	室外综合管线	1 551 567	112 432	13.98
14	出户平台	715 287	112 432	6.36
15	开办费	3 594 536		
16	总计	123 412 412		

(2)新校区项目 B 二期室外园林景观工程设计优化

①土方工程。新校区项目 B 二期室外园林景观工程余方弃置工程量约为 68 962.26 m³,
但项目 B 二期其他单体工程需要大量的外购回填土。招标工程量清单中,将"余方弃置"项调
整为"余方短驳",以供其他项目回填土所需,造价减少约 1 906 万元。

②绿化工程。新校区项目 B 二期室外园林景观工程还有特选的进口苗木,可能对绿化的
造价指标有所影响,故将绿化工程拆分成种植土、特选苗、工程苗 3 项进行分析。招标图纸设
计要求种植土厚度为 1.50 m,其中改良种植土厚度为 0.50 m,普通种植土厚度为 1.00 m。通
过运用指标库类似项目经济数据以及施工经验分析,建议设计单位取消改良种植土,同时将种
植土厚度修改至 1.00 m。设计单位同意将种植土厚度由 1.50 m 调整为预留地种植土厚度为
0.30 m,非预留地种植土厚度为 1.20 m,造价减少约 500 万元。预留地设计优化前后对比如
图 4.2.4 和图 4.2.5 所示。

图 4.2.4　预留地优化前设计图

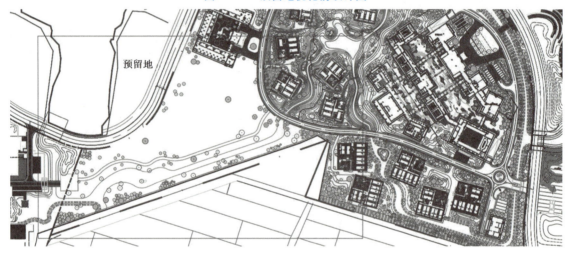

图 4.2.5　预留地优化后设计图

③铺装工程。新校区项目 B 二期室外园林景观工程招标图纸设计所有的花岗岩厚度均为 80 mm。经测算,人行铺装面积约 9 000 m²,通过运用指标库中的类似工程经济数据以及施工经验分析,建议将人行铺装的花岗岩厚度优化为 30 mm 或者 50 mm。设计单位同意将人行铺装面的花岗岩厚度由 80 mm 调整为 40 mm,造价减少约 237 万元。

④室外景观排水工程。新校区项目 B 二期室外园林景观工程招标图纸建筑排水沟盖板设计为 40 mm 厚球墨铸铁盖板,因建筑排水沟均不需要过车,故建议设计单位优化为复合树脂盖板;招标图纸中道路排水沟花岗岩饰面厚度设计为 200 mm,为节约成本,在不影响外观的情况下,建议设计单位将厚度优化为 100 mm。设计单位同意将建筑排水沟盖板材质由球墨铸铁盖板调整为复合树脂盖板,道路排水沟花岗岩饰面厚度由 200 mm 调整为 100 mm,造价减少约 465 万元。

最终,新校区项目 B 二期室外园林景观工程控制价优化至 8 389 万元(表 4.2.19),满足委托方对目标成本的要求。

表 4.2.19　园林景观工程最终最高投标限价 (指标分析)

序号	专业工程	初版控制价 （元）	初版指标 （元/m²）	终版控制价 （元）	终版指标 （元/m²）
1	土方工程	9 477 031	220.00	7 571 529	162.94
2	绿化工程	65 908 970	950.31	40 080 002	577.90
2.1	种植土	9 195 125	132.58	4 192 572	41.34
2.2	特选苗	34 355 061	495.35	17 008 026	244.72
2.3	工程苗	22 358 784	322.38	18 879 404	272.12
3	铺装工程	8 227 183	190.99	5 858 025	135.99
4	硬质景观工程	6 361 565	147.68	6 489 389	150.65
5	仿古建筑工程	1 606 207	37.29	213 206	4.95
6	市政道路工程	7 215 189	167.50	6 583 258	152.83
7	市政桥梁工程	1 837 631	42.66	1 600 051	37.14
8	室外景观排水工程	10 063 238	89.51	5 410 414	48.12
9	室外景观给水工程	1 610 259	14.32	1 600 051	13.03
10	室外景观电气工程	1 586 857	14.11	1 441 482	12.82
11	室外标志标牌工程	559 636	4.98	554 548	4.93
12	水利工程	3 097 256	27.55	2 480 258	22.06
13	室外综合管线	1 551 567	13.98	1 551 566	13.8
14	出户平台	715 287	6.36	715 287	6.36
15	开办费	3 594 536		1 881 839	
16	总计	123 412 412		83 896 022	

在整个优化过程中,作为全过程造价咨询单位,首先需要进行详细的数据拆分及指标统计。再根据对比类似项目经验指标,筛选出指标过高的专业工程。针对指标过高的专业工程,分析、整理出占比影响较大的设计部分,分析此部分是否具备可优化性。最终确定设计优化建议,反馈至设计单位,同时与设计单位积极沟通、协调配合成本测算。根据设计单位确认的最终方案进行控制价的相应调整,确保在满足设计要求的情况下,符合目标成本要求,为客户创造价值。

[案例 4.6]　项目 B 基于限额设计的设计招标

1) 限额设计管理、锁定设计概算

为实现投资控制目标,提高设计院对限额设计的责任意识,解决传统设计管理模式下设计人员只承担技术责任、不承担经济责任的问题,需要通过限额设计招标来选择设计单位。只有在设计招标阶段对设计单位提出限额设计的要求、在招标文件及设计合同文件中明确设计超限的责任才能锁定设计概算,确保设计概算不超过投资估算。

例如,招标文件对于限额设计明确以下要求:

①明确最高限额设计控制价,投标人所报的项目估算价不得高于招标文件项目最高限额设计控制价。

②设计人应进行限额设计,保证其初步设计概算不超过投标文件中的投资估算,施工图预算(设计预算)不超过初步设计概算,上述限额要求中地基处理面积与投标估算中的面积按相等情况进行核算,若项目设计过程中因方案重大调整、规模变化等导致可能超限额的,设计人应提前向发包人发函提示,经发包人确认后方可后续工作。

③若施工图预算超过经批复的初步设计概算,设计单位应免费进行设计修改直至使施工图预算不超过经批复的初步设计概算,且不能影响本工程项目建设进度要求,否则发包人有权对设计人进行违约扣款,例如,按以下标准进行扣款:施工图预算超过经批复的初步设计概算3%(含)~5%的,扣减设计费的10%。施工图预算超过经批复的初步设计概算5%(含)~10%的,扣减设计费的20%。施工图预算超过经批复的初步设计概算10%(含)以上的,结合当地政府投资项目管理的有关规定,严肃处理。

④招标文件所附合同对支付条件约定:为保证本项目限额设计要求的落实,最终一笔设计费(如设计费总额的15%)作为本项目限额设计保证金。如果经评审的施工图预算超出设计人自身承担的设计部分的政府审批确定的初步设计概算,设计人应对施工图进行调整和修订,以控制在政府审批确定的初步设计概算的范围内。如果设计人不按发包人的限额设计要求进行调整,发包人可从限额设计保证金中先行扣减。如限额设计保证金被扣减后,仍不能补偿设计人应承担的经济责任和损失,发包人有权依据本合同的限额要求采取相应的措施,继续追究相应的责任。

2) 项目 B 以限额设计为核心的设计管理

以新校区项目 B 艺术学院教学楼工程各设计阶段造价管理为例。

(1)方案设计阶段的设计管理

方案设计阶段造价咨询单位 X 组织设计人员从以下方面进行审核:建筑功能是否符合设计任务书及能否满足使用单位功能需求;是否符合国家及当地有关规定规范;建筑造型方面是否符合业主及美学要求;建筑布局是否合理;图纸深度、无障碍等方面进行审核。协助设计单位减少了图纸问题。

(2)初步设计阶段的设计管理

①初步设计过程中,在项目 B 二期艺术学院办公楼报告厅和演播厅工艺设计需求不明确的情况下,由建筑设计单位参照类似项目的常规配置做初步设计。

②初设概算设计方案的建设内容与可行性研究批复基本一致。总建筑规模(26 575 m²)较可研批复中的建筑规模(27 230 m²)减少 655 m²,主要是综合考虑地上、地下建筑功能的合理性和结构的经济性,对建筑功能和结构框架进行优化调整后产生的面积差异,是基本合理的。

③设计单位提交初步设计成果后,造价咨询单位 X 组织人员对各专业的初步设计图纸进行充分的技术、经济审核,减少图纸问题,使初步设计概算控制在可研报告中投资估算额以内。由于本项目存在南北高差大、造型复杂、跨度大等特点,初步设计审核集中在结构、暖通专业。

④经评审后项目总投资概算为 14 297.43 万元,与报审总投资 14 861.35 万元相比核减

563.92 万元。评审后的项目总投资构成为：工程费用 12 487.12 万元，工程建设其他费用 1 090.69 万元，预备费 719.62 万元。

（3）施工图设计阶段的设计管理

在施工图设计阶段，要对各专业的施工图进行详细审核，发现施工图中的缺、漏、碰、错等问题。项目采用 BIM 技术对施工图进行碰撞检测，可大大减少施工图中的设计缺陷问题。

（4）BIM 技术的应用

项目 B 艺术学院教学楼是一个带地下车库的公共建筑，管线较多。为了解决这个问题，造价咨询单位 X 组建了 BIM 技术小组，并要求施工单位、监理单位也配置 BIM 技术小组，共同探索实践 BIM 技术和设计、工程管理的结合。应用软件包括 Revit、5D 云平台。

BIM 技术的应用有以下几个方面：

①建立三维模型，检查图纸、辅助施工。BIM 技术小组使用 Revit 软件建立 5 个建筑单体的三维模型。

②管线碰撞检测、管线综合布置。利用 Revit 软件检查出各专业的碰撞情况，在施工前最大化杜绝错、漏、碰、缺的问题，提前调整图纸。BIM 的可视化应用还包含管线综合布置，对管线进行有规则的合理排布，大大提高了管线的综合效率。通过分别建立土建和机电 BIM 模型，可以导出土建装饰（不含钢筋）、给排水、暖通风、暖通水、强电、弱电、消防等专业的工程量，辅助造价人员进行工程量计算。

4.3 仿真演练

［仿真演练 4.1］ 根据限额指标的某项目建安成本估算

1）任务背景

在第 3 章［仿真演练 3.1］里 Z 市 Z 区 Z 项目，由于原开发商实力不足，资金链断裂，资不抵债，交付房屋维修停滞，二期、三期处于烂尾状态。该项目公司破产后，法院拟对该项目进行拍卖，土地价值已做鉴定，金额为 6.998 亿元，委托造价咨询单位对 Z 项目二期、三期已建建筑建筑安装成本进行估算，以决定项目起拍价格。Z 项目二期、三期已建建筑示意图如图 4.3.1 所示。

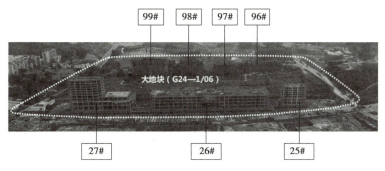

图 4.3.1 Z 项目二期、三期已建建筑示意图

2）任务布置

任务范围：估算如图 4.3.1 所示地块内已建建筑（含车库及基础）的建筑安装成本，出具咨询报告。

具体要求：对任务范围已建建筑建筑安装成本进行估算，需按楼栋列项，各楼栋按基础、地下结构、地上结构进行细分，依据案例资料——某地产成本限额指标分别列出其建安成本，然后汇总，并注明数据来源。其中基础按 10 m 深桩基础（桩径 1.1 m）统一考虑。

案例资料：已建建筑面积测量成果、各楼栋建筑明细表、已建建筑区域地形图；某房地产成本限额指标（无已建建筑施工设计图，要求依据限额指标进行估算）。

3）任务内容

①进一步熟悉已完成工程的规模、面积、含量指标、单方指标等信息。

②对完成的工程量产值报表进行核实，对比施工图、现场实际情况和合同约定，确保数据的准确性。

4）任务步骤

①按照实际工作流程，进行工程计量与产值估算。

②在演练过程中，可能存在一些障碍和问题，模拟实际工作，提高应变能力和处理问题的能力。

③演练结束后，进行反思和总结，分析存在的问题和不足，提出改进措施。

[仿真演练 4.2]　某项目景观方案优化测算

1）任务背景

某住宅小区景观工程，在方案设计阶段，测算金额约 3 382 万元，单方造价为 750 元/m^2，超出目标成本中的 690 元/m^2 的单方造价指标。造价人员李工与设计人员张工协同合作，拟通过设计优化将造价控制在目标成本范围内，具体过程如下：

李工首先对原方案图纸进行测算，并与目标成本进行对比，确定方案成本与目标成本的差异，并提出具体优化措施建议张工进行调整。本阶段前后共进行了 3 轮优化工作。

（1）硬质铺装区域设计优化

①素土夯实系数优化：原景观方案硬质铺装区域素土夯实系数要求达 0.97，远超常规做法，通过与类似工程的比较，建议素土夯实系数调整为 0.94。

②硬质铺装基础做法优化：原方案中，硬质铺装基础做法为：人行道采用 250 mm 厚塘渣垫层+100 mm 厚碎石垫层+150 mm 厚 C20 钢筋混凝土；车行道采用 500 mm 厚塘渣+100 mm 厚碎石垫层+150 mm 厚 C20 钢筋混凝土。通过经验判断，人行道基础无须使用钢筋混凝土，常规素混凝土已可满足承载需求，并且设计原土夯实系数较高，采用塘渣作为垫层有些多余，故建议取消塘渣垫层，并将钢筋混凝土垫层改为素混凝土垫层。

其中硬质铺装面积为 8 211.25 m^2。

（2）地库顶板覆土做法优化

原设计方案地库顶覆土较厚，地库顶板相对标高为 3.6 m，广场硬质铺装设计最低相对标高为 5.27 m,软景部分相对标高达到 6.45 m,高差达到 3 m。水景基础底标高 4.72 m,较顶板高出 1.12 m。因现场回填土高度问题不满足顶板结构荷载设计要求,需全部使用轻质混凝土代替,额外增加了上百万元的成本。

针对覆土厚度问题,造价人员通过对类似项目横向对比发现,大部分项目景观区域覆土厚度不超过规定值 1 m。因此,建议设计降低景观完成面相对标高,地库顶板承载力即可以满足荷载要求,减少换填工程量且可以节省工期。

优化后:减少碎石层 473.49 m^3;减少素土回填 1 620.38 m^3;减少轻质土回填 2 153.05 m^3;减少泡沫混凝土 3 773.44 m^3,减少陶粒回填 2 153.05 m^3;减少土工布 4 306.10 m^2;增加土方开挖、换填 103.55 m^3。

2)任务布置

在造价人员李工与设计人员张工的协同合作下,设计人员按优化方案进行了深化设计,使项目造价大幅度降低,为表彰李工与张工作出的贡献,公司拟按成本节约额的 2% 对李工与张工予以奖励,请计算李工与张工共同得到的奖励金额。

4.4 总结拓展

1)价值工程与限额设计结合运用

(1)单独运用限额设计理论或价值工程理论的不足

在设计阶段,无论是单从使用限额设计理论,还是单从使用价值工程理论进行成本控制,都有可能对成本产生不利的影响,主要体现在以下几个方面:

①如果单独使用限额设计理论推进成本的控制,只能过分强调投资限额,忽略设计方案的潜在价值,仅从成本方面极限控制得到的设计方案极大可能并不是最优解。

②常规来说,一个项目的前期投资较大,后期的运营成本会相对较低;相反,前期投资较少,则后期运营成本可能会很高。因此,单独运用限额设计理论对成本进行控制,会因过分注重前期的限额投资而忽视后期运营的投入。由于对前期投资限额的控制,设计方案也会过分的关注如何达到限制要求,会给项目的后期运营埋下很多被忽略的成本支出,从项目的全生命周期来看,是不经济且不正确的。

③如果单纯对设计的价值进行重点关注,仅利用价值工程理论来控制成本,设计时就会偏向采用新材料或新技术,这样反而可能会导致成本增加,最终无法达到投资限额,给项目带来不利的成本控制结果。

(2)限额设计和价值工程两种理论相结合进行

将限额设计理论与价值工程理论相结合才是最合理的成本控制方法,弥补成本控制时使用单一理论的不严谨性,对设计方案的具体操作思考如下:

①在一般项目中,会有多个子项工程,而每个子项工程又由各分部分项工程组成。项目总投资限额按项目组成顺序逐层进行分解,分解标准可以参考过去项目的历史数据,或参考其他项目的数据,并根据项目的实际特点,调整分解后的数据,可以将最终分解的各部分投资限额

运用到实际设计工作中。

②根据各部分限额的分解进行分析,应预留 10% ~15% 的机动成本,以免发生未留成本的投资增加,导致不可控的限额突破。

③各部分设计方案在经过分解后,按投资限额的要求,在价值工程理论的前提下对设计方案的各个部分进行成本与功能分析。目的是提高项目价值,得出最终符合价值最大化的设计方案。也就是说,只有将投资极限设计理论与价值工程理论相结合考虑,才能发挥两者的优点,弥补各自的不足,在投资限额一定的前提下,得到的最优方案才是具有实际生产和项目运用价值的最优解。

通过结合限额设计理论和价值工程理论来控制成本的优势在于:这两个理论相互补充,发展优势,避免劣势,能克服只使用一个理论的不足。

(3)价值工程在限额设计中的应用

以新校区项目 B 艺术中心教学楼项目为例,对研究理论进行应用。教学楼总建筑面积 33 126.46 m²,其中地上面积 31 819.50 m²,地下面积 1 310.56 m²,建筑高度 22.2 m,中心区域、A、B 共 3 个区域分别为 3、4、5 层,框架结构,耐火等级二级,抗震设防烈度 7 级,总造价为 11 332.05 万元,效果图如图 4.4.1 所示。有两种建筑外墙保温装饰方案,见表 4.4.1。

图 4.4.1　艺术中心教学楼效果图

表 4.4.1　建筑外墙保温装饰方案对比

材料	方案一	方案二
贴面	大理石材	仿石材人工大理石
洞口	19 mm 厚玻璃幕墙	铝合金保温隔热窗
保温材料 1	40 mm 厚聚氨酯板	40 mm 厚 XPS 聚苯乙烯保温板
保温材料 2	30 mm 厚岩棉保温板	30 mm 厚 WFM 保温岩泥

根据价值理论来进行分析,从列表(表 4.4.2—表 4.4.5)的各项数据指标中可以看出,方案一中的保温装饰材料的 V_i 值普遍小于 1,说明方案一中外墙 4 个装饰材料成本都偏高,需考虑在保证其主要功能的前提下降低成本。因此负责此处的现场设计人员与施工人员以及成本管理人员商讨后将天然大理石改为人造大理石,既保留了校方要求的建筑外观风格,又节约了

成本;在满足最低采光需求的条件下减少洞口尺寸,并将一部分玻璃幕墙改为铝合金保温隔热窗,减少工程成本;在不低于最低抗冻裂要求的前提下,将 40 mm 厚聚氨酯板换成低性能的 40 mm 厚 XPS 聚苯乙烯保温板,以上 3 种装饰保温材料都是在功能微降、成本明显降低的情况下提高了价值。保温材料 2 的替换是由于考虑岩棉保温板会扩散出对人体呼吸道有害的细小纤维,因此选取功能明显提高但成本只是微微上升且对人体无害的 WFM 保温岩泥。

表 4.4.2　外墙贴面价值分析

外墙装饰部位	功能评分	功能系数 F_i	市场含税价(元/m²)	成本系数 C_i	价值系数 V_i
天然大理石材	57	0.57	270	0.666 7	0.86
人造大理石材	43	0.43	135	0.333	1.29
合计	100	1	405	1	

表 4.4.3　外墙洞口价值分析

外墙装饰部位	功能评分	功能系数 F_i	市场含税价(元/m²)	成本系数 C_i	价值系数 V_i
19 mm 厚玻璃幕墙	51	0.51	765	0.568 8	0.890
铝合金保温隔	49	0.49	580	0.431 2	1.14
合计	100	1.00	1345	1.00	

表 4.4.4　保温材料 1 价值分析

外墙装饰部位	功能评分	功能系数 F_i	市场含税价(元/m³)	成本系数 C_i	价值系数 V_i
40 mm 厚聚氨酯板	61	0.61	502	0.670 2	0.91
40 mm 厚 XPS 聚苯	39	0.39	247	0.329 8	1.18
合计	100	1.00	749	1.00	

表 4.4.5　保温材料 2 价值分析

外墙装饰部位	功能评分	功能系数 F_i	市场含税价(元/m³)	成本系数 C_i	价值系数 V_i
30 mm 厚岩棉保温板	34	0.34	339	0.391	0.87
30 mm 厚 WFM 保温泥岩	66	0.66	528	0.609	1.08
合计	100	1	749	1	

2)限额设计在 EPC 项目的应用价值

EPC 工程总承包项目的招标移到设计之前,确定合同价格后,在满足业主对项目功能性、艺术性指标的基础上,总承包商如何规划设计与施工来获得最大收益是关注的重点。限额设计适用于 EPC 工程总承包项目,它能使项目满足设计最低要求,降低总承包商的建造成本,将事后控制转变为事前控制。

（1）范围

EPC 工程总承包模式是将项目的招标提于设计之前，通常在只有项目建议书与可行性研究报告两种资料的情况下进行招标，即得出具体工程量之前，合同总价已经明确。总承包商中标后根据以上文件资料进行合理的限额设计，而实施限额设计是对建设工程造价目标的动态反馈和管理过程，即以成本主导设计，这种思想与 EPC 模式非常契合。EPC 模式下的限额设计是总承包商在确定的合同总价基础上，满足项目功能、质量等需求的前提下能动地给出低于合同总价的设计方案。

"不以规矩不能成方圆"，进行设计管理需要制订相应的组织结构体系，可将设计分专业进行分解，每个专业的设计配备一名专业设计负责人，该专业负责人领导相应的设计人员、成本管理人员、施工人员。每个员工都具有自己本职工作的相应限额指标，各个参与者在限定的指标内完成本职工作。如设计人员需要准备两种或以上的设计方案，以便成本管理人员与施工人员进行方案比选，确定最优方案；施工人员可提前介入为设计人员提供技术参考；成本管理人员则是在施工人员与设计人员工作基础上给出合理的成本优化建议，实现技术与经济"双赢"的目标。

使用限额设计需要分阶段设计，将前一阶段设计审定的工程价款与工程量分解到各专业，在保证项目使用功能的前提下限制该阶段的工程价款，使用设计结果指导下一阶段的设计与施工。

（2）内涵

在 EPC 项目中，对于建设单位而言，要求总承包商交付的项目满足预期的所有功能，达到项目最初的概念设想；对于总承包商而言，如何在合同总价固定、满足建设单位最低需求的条件下，使工程成本降到最低从而获得最大的收益。因此，既要追求有效的功能，又要获得最高的收益，必须充分考虑功能与成本的关系，才能获得最大的价值。

3）推广标准化设计

标准化设计又称为定型设计、通用设计，是工程建设标准化的组成部分。标准化设计源于工程建设实际经验和科技成果，是将大量成熟的、行之有效的实际经验和科技成果，按照统一简化、协调优选的原则，提炼上升为设计规范和设计标准。所以设计质量比一般工程设计质量高。另外，由于标准化设计采用的都是标准构配件，建筑构配件和工具式模板的制作可以从工地转移到专门的工厂中批量生产，使施工现场变成"装配车间"和机械化浇筑场所，把现场的工程量压缩到最小程度。由于标准构配件的生产是在工厂内批量生产的，可以发挥规模经济的作用，节约建筑材料。设计过程中，采用标准构件，可以节省设计力量，加快设计图纸的提供速度，压缩设计时间，从而使施工准备工作和定制构件等生产准备工作提前。

标准化设计可以提高劳动生产率，加快工程建设进度；可以节约建筑材料，降低工程造价，是提高设计质量、加快实现建筑工业化的客观要求。合理的设计能最大限度地保障生命财产安全。标准化设计是经过多次反复实践，加以检验和补充完善的，因此能较好地贯彻国家技术经济政策，密切结合自然条件和技术发展水平，合理利用能源资源，充分考虑施工生产、使用维修的要求，既经济又优质。

思考与练习

一、单选题

1. 工程地质勘察报告由( )构成。

　　A. 勘察规范标准部分、文字部分、地勘图部分

　　B. 文字部分、表格部分、地勘图部分

　　C. 表格部分、地勘图部分、勘察说明部分

　　D. 勘察规范标准部分、表格部分、地勘图部分

2. 关于限额设计,下列说法错误的是( )。

　　A. 限额设计中,工程使用功能不能减少,技术标准不能降低,工程规模也不能缩减

　　B. 限额设计是工程造价控制系统中的一个重要环节,是设计阶段进行技术经济分析、实施工程造价控制的一项重要措施

　　C. 制订合理的投资限额只需要考虑成本方面的因素,从而达到提高工程经济效益的目的

　　D. 限额设计的核心实施途径就是通过价与量的管理来满足对项目的目标控制

3. 设计方案评价与优化是设计过程的重要环节,它是指通过技术比较、经济分析和效益评价,正确处理( )与( )之间的关系,力求达到技术先进与经济合理的和谐统一。

　　A. 技术先进　经济合理　　　　　　B. 技术先进　效益较好

　　C. 经济合理　方案可行　　　　　　D. 经济合理　效益较好

4. 地质勘察是根据建设工程的要求对地块进行勘察并编制勘察报告文件,其勘察的主要内容不包括( )。

　　A. 建设场地的设计条件　　　　　　B. 建设场地的地质水文条件

　　C. 建设场地的环境特征　　　　　　D. 建设场地的岩土工程条件

5. 每平方米建筑造价、给排水工程造价、采暖工程造价等属于( )。

　　A. 主要材料消耗指标　　　　　　　B. 工程造价指标

　　C. 劳动消耗指标　　　　　　　　　D. 工期指标

6. 以下说法正确的是( )。

　　A. 综合费用法是一种静态价值指标评价方法,没有考虑资金的时间价值,只适用于建设周期较短的工程

　　B. 投资回收期反映初始投资的补偿速度,是衡量设计方案优劣的重要依据,投资回收期越长设计方案越好

　　C. 综合费用法是一种动态价值指标评价方法,考虑了资金的时间价值

　　D. 全寿命周期费用评价法没有考虑资金的时间价值,是一种静态的价值指标评价方法

7. 初步设计需要依据最终确定的( )和( ),对影响投资的因素按照专业进行分解,并按规定的投资限额下达给各专业设计人员。

　　A. 可行性研究方案　投资估算　　　B. 可行性研究方案　设计概算

C. 初步设计方案　设计概算　　　　　　　D. 施工图设计　施工图预算

8.（　　）的主要内容是根据批准的初步设计（或技术设计），绘制出正确、完整和尽可能详细的建筑、安装图纸，包括建设项目部分工程的详图、零部件。

　　A. 方案设计　　　　　B. 初步设计　　　　C. 施工图设计　　　　D. 技术设计

9. 限额设计中，工程使用功能不能减少，技术标准不能降低，工程规模也不能缩减，这体现了限额设计的（　　）。

　　A. 目标性　　　　　　B. 约束性　　　　　C. 动态性　　　　　　D. 优化性

10. 在设计阶段，按照可行性研究报告及投资估算进行多方案的技术经济分析比较，确定初步设计方案，并审查工程概算，这属于设计阶段造价管理工作内容中的（　　）。

　　A. 方案设计阶段的投资估算　　　　　　B. 初步设计阶段的设计概算

　　C. 技术设计阶段的修正概算　　　　　　D. 施工图设计阶段的施工图预算

11. 某项目在设计方案评价时，采用综合费用法中的投资回收期法进行评价。已知方案甲的投资额为 1 000 万元，年经营成本为 200 万元；方案乙的投资额为 1 200 万元，年经营成本为 150 万元。若基准投资回收期为 5 年，则（　　）。

　　A. 方案甲优　　　　　　　　　　　　　　B. 方案乙优

　　C. 两个方案一样优　　　　　　　　　　　D. 无法确定

12. 设计方案评价中，多指标综合评分法的优点是（　　）。

　　A. 指标全面、分析确切

　　B. 避免了指标间可能发生相互矛盾的现象，评价结果唯一

　　C. 考虑了资金的时间价值

　　D. 能直接判断出各方案的各项功能实际水平

13. 某建筑项目在设计阶段，通过优化设计方案，使建筑物的平面形状更加规则，周长与面积的比值降低。这主要是考虑了（　　）对工程造价的影响。

　　A. 总平面设计　　　　B. 工艺设计　　　　C. 建筑设计　　　　　D. 功能分区

14. 设计阶段实施价值工程的核心是（　　）。

　　A. 功能分析　　　　　B. 提高价值　　　　C. 降低成本　　　　　D. 方案优化

15. 某项目在设计阶段，通过对不同设计方案的技术经济分析，发现某方案在满足功能要求的前提下，成本较高。为提高该方案的价值，可采取的措施是（　　）。

　　A. 提高成本，同时提高功能水平　　　　　B. 降低功能水平，同时降低成本

　　C. 成本不变，降低功能水平　　　　　　　D. 功能水平不变，降低成本

二、简答题

1. 简述限额设计的基本概念。

2. 简述设计阶段工程造价控制的重要意义。

3. 简述设计方案评价与优化的概念。

4. 设计方案的评价方法有哪些？

5. 简述应用价值工程法对设计方案进行评价的步骤。

三、案例分析题

1. 某工程基础施工图中桩基编号 ZHJ1 的桩设计要求为：桩顶标高＝318.00 m、$D＝1 200$

mm、$H_r = 2\,000$ mm,持力层为中风化岩层,地质勘察报告中,与 ZHJ1 相邻的钻孔编号分别为 XK1 和 XK2,XK1 和 XK2 的地层分层及岩层风化分层情况详见对应点位的地勘报告柱状图,请计算桩基 ZHJ1 的桩身长度。(保留两位小数)

ZHJ1 与 XK1、XK2 的平面位置关系如下图所示。

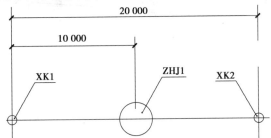

钻孔编号 XK1、XK2 对应点位的柱状图,如下图所示。

孔口高程	320.56 m	坐标	x=42 631.41 m	开工日期	2020.05.22
钻孔深度	19.10 m		y=54 562.98 m	竣工日期	2020.05.22

地层代号	层序	地层分层			岩层风化分层			回次岩芯		柱状图 1:200
		深度(m)	厚度(m)	高程(m)	深度(m)	厚度(m)	风化程度 高程(m)	采取率(%)	RQD(%)	
Q_4^{ml}							素填土	69.3		
								73.1		
								78.0		
	1	3.20	3.20	317.36				76.4		
Q_4^{el+dl}								96.3		
								94.0		
								96.9		
								98.2		
								98.7		
	2	7.30	4.10	313.26	7.30	7.30	313.26	94.6		
J_{2s-ss}					9.00	1.70	强风化 311.56	78.7		
								77.8		
	3	10.90	3.60	309.66				85.4		
							中风化 基岩	89.5		
								90.1		
J_{2s-Ms}								84.3		
								85.4		
	4	19.10	8.20	301.46	19.10	10.10	301.46	89.2		

XK1 柱状图

| 孔口高程 | 319.55 m | 坐 | x=42 630.87 m | 开工日期 | 2020.05.22 |
| 钻孔深度 | 17.65 m | 标 | y=54 587.59 m | 竣工日期 | 2020.05.22 |

地层代号	层序	地层分层			岩层风化分层			回次岩芯		柱状图1:200
		深度(m)	厚度(m)	高程(m)	深度(m)	厚度(m)	风化程度高程(m)	采取率(%)	RQD(%)	
Q_4^{ml}	1	2.10	2.10	317.45				68.5		
								65.3		
								93.2		
Q_4^{el+dl}	2	8.20	6.10	311.35	8.20	8.20	素填土 311.35	97.0		
								95.3		
								95.5		
								96.1		
								98.4		
								98.8		
								98.0		
								95.0		
J_{2a-Ms}	3	10.00	1.80	309.55	10.00	1.80	强风化 309.55	78.7		
								75.0		
J_{2a-Ss}	4	13.20	3.20	306.35				91.3		
								96.0		
J_{2a-Ms}	5	17.65	4.45	301.90	17.65	7.65	中风化基岩 301.90	88.4		
								91.9		
								87.0		

XK2 柱状图

2. 某房地产开发项目,在设计阶段,设计单位根据业主的要求,提出了两个设计方案。方案 A 的建筑造价为 1 500 元/m²,方案 B 的建筑造价为 1 800 元/m²。方案 A 的功能系数为 0.85,方案 B 的功能系数为 0.95。请运用价值工程法分析哪个方案更优。

3. 某企业新建厂房项目,在设计阶段进行限额设计。项目可行性研究报告中投资估算为 5 000 万元,其中建筑安装工程费 3 500 万元。初步设计阶段,设计单位根据限额要求进行设计,建筑安装工程费的限额为 3 200 万元。在施工图设计阶段,造价管理人员发现部分设计内容超出限额,如某车间的地面处理工程,原设计采用一种新型昂贵材料,导致该部分造价超出限额 20 万元。如果你是造价管理人员,你会采取哪些措施来解决这一问题?

第 **5** 章
招标投标阶段造价管理实务

5.1 招标投标阶段造价管理基础知识

5.1.1 招标投标阶段造价管理概述

建设项目招投标阶段的造价管理是对工程造价进行控制的重要阶段之一。在市场经济体制中,建设项目在招投标阶段开展造价控制已成为市场的一个重要标志,是建设项目取得经济、社会效益的重要前提。推行招投标制度,对规避项目风险、降低工程造价具有十分重要的作用。

1)建设项目招标投标的概念

建设项目招投标是由招标人和投标人经过要约、承诺、择优选定的,最终形成协议和工程项目合同关系的平等主体之间的一种交易行为,是法人之间达成有偿的、具有约束力的法律行为。建设项目招投标具有平等性、竞争性、开放性的特点。工程招投标活动应遵循公开、公平、公正和诚实信用的原则。

(1)建设项目招标

建设项目招标是指招标人在发包建设项目前,依据法定程序,以公开招标或邀请招标的方式,鼓励潜在的投标人依据招标文件参与竞争,通过评定以便从中择优选定中标人的一种经济活动。

(2)建设项目投标

建设项目投标是工程招标的对称概念,指具有合法资格和能力的投标人,根据招标条件,在指定期限内填写标书,提出报价,并等候开标,争取中标的经济活动。

2)建设项目招投标的性质

我国法学界一般认为,建设项目招标是要约邀请,而投标是要约,中标通知书是承诺。《中华人民共和国民法典》也明确规定,招标公告是要约邀请。也就是说,招标实际上是邀请投标人对招标人提出要约(即报价),属于要约邀请。投标则是一种要约,它符合要约的所有要件,如具有缔结合同的目的。一旦中标,投标人将受投标书的约束。投标书的内容具有足以使合同成立的主要条款等。招标人向中标的投标人发出中标通知书,则是招标人同意接受中标人的投标条件,即同意接受该投标人的要约的意思表示,应属于承诺。

推行工程招投标的目的,就是在建设工程市场中建立竞争机制。招标人通过招标活动来选择条件优越者,使其力争用最优的技术、最佳的质量、最低的报价、最短的工期完成工程项目任务;投标人也通过这种方式选择项目和招标人,以使自己获得丰厚的利润。

建设项目招投标是市场经济特殊性的表现,其以竞争性的方式,为招标方提供择优权,为投标方提供竞争平台。招标投标制度对于推进市场经济、规范市场交易行为、提高投资效益发挥了重要的作用。建设工程招标投标作为建筑市场中的重要工作内容,在建设工程交易中心应依法按程序进行。面对当前快速发展的建筑业,公平竞争、公正评判、高效管理是建筑市场健康发展的保证。工程招标投标管理知识是工程管理、工程造价人员必须掌握的专业知识,进行工程招标投标管理是工程管理、工程造价人员必备的能力。

3)建设项目招标分类

按工程项目承包的范围可将建设项目招标划分为建设项目总承包招标、工程勘察招标、工程设计招标、工程施工招标、工程监理招标、工程材料设备招标等。

(1)建设项目总承包招标

建设项目总承包招标又称为建设项目全过程招标,在国外称为"交钥匙"承包。它是指在项目决策阶段从项目建议书开始,包括可行性研究、勘察设计、设备材料询价与采购、工程施工、生产准备,直至竣工投产、交付使用全面实行招标。

(2)工程勘察招标

工程勘察招标是指招标人就拟建工程的勘察任务发布的通告,以法定方式吸引勘察单位参加竞争,经招标人审查获得投标资格的勘察单位按照招标文件的要求,在规定的时间内向招标人填报投标书,招标人从中选择优越者完成勘察任务。

(3)工程设计招标

工程设计招标是指招标人就拟建工程的设计任务发布的通告,以法定方式吸引设计单位参加竞争,经招标人审查获得投标资格的设计单位按照招标文件的要求,在规定的时间内向招标人填报标书,招标人择优选定中标单位来完成设计任务。设计招标一般是设计方案招标。

(4)工程施工招标

工程施工招标是指招标人就拟建的工程发布通告,以法定方式吸引建筑施工企业参加竞争,招标人从中选择优越者完成建筑施工任务。施工招标可分为全部工程招标、单项工程招标和专业工程招标。

(5)工程监理招标

工程监理招标是指招标人就拟建工程的监理任务发布的通告,以法定方式吸引工程监理单位参加竞争,招标人从中选择优越者完成监理任务。

(6)工程材料设备招标

工程材料设备招标是指招标人就拟购买的材料设备发布通告或邀请,以法定方式吸引材料设备供应商参加竞争,招标人择优选定中标单位来完成材料设备购置。

本章主要讲解工程施工招标的相关内容。

5.1.2　施工招标方式和程序

1)施工招标方式

根据《中华人民共和国招标投标法》,工程施工招标分公开招标和邀请招标两种。国有资金控股或者占主导地位的依法必须招标的项目,应当公开招标;但有下列情形之一的,可以邀请招标:

①技术复杂、有特殊要求或者受自然环境限制,只有少量潜在投标人可供选择。

②采用公开招标方式的费用占项目合同金额的比例过大。如符合条件,需要采用邀请招标方式,须经有关行政主管部门核准。

国际招标类型还包括其他一些招标方式,如议标、两阶段招标等。

(1)公开招标

公开招标又称为无限制竞争性招标,是指招标人按程序,通过报刊、广播、电视、网络等媒体发布招标公告,邀请具备条件的施工承包商投标竞争,然后从中确定中标者并与之签订施工合同的过程。

公开招标方式的优点:招标人可以在较广的范围内选择承包商,投标竞争激烈,择优率更高,有利于招标人将工程项目交予可靠的承包商实施,并获得有竞争性的商业报价,同时,也可在较大程度上避免招标过程中的贿标行为。因此,国际上政府采购通常采用这种方式。

公开招标方式的缺点:准备招标对投标申请者进行资格预审和评标的工作量大,招标时间长、费用高。同时,对于投标单位而言,参加竞争的投标者越多,中标的机会就越小;投标风险越大,损失的费用也就越多,而这种费用的损失必然会反映在标价中,最终会由招标人承担,故这种方式在一些国家较少采用。

(2)邀请招标

邀请招标也称有限竞争性招标,是指招标人以投标邀请书的形式邀请预先确定的若干家施工承包商投标竞争,然后从中确定中标者并与之签订施工合同的过程。

采用邀请招标方式时,邀请对象应以 5~10 家为宜,至少不应少于 3 家,否则就失去了竞争意义。与公开招标方式相比,邀请招标方式的优点是不发布招标公告,不进行资格预审,简化了招标程序,因而节约了招标费用、缩短了招标时间。由于招标人比较了解投标人以往的业绩和履约能力,从而减少合同履约过程中承包商违约的风险。对于采购标的较小的工程项目,采用邀请招标方式比较有利。此外,有些工程项目的专业性强,有资格承接的潜在投标人较少或者需要在短时间内完成投标任务等,不宜采用公开招标方式的,也应采用邀请招标方式。值得注意的是,尽管采用邀请招标方式时不进行资格预审,但为了体现公平竞争和便于招标人对各投标人的综合能力进行比较,仍要求投标人按招标文件的有关要求,在投标文件中提供有关资料,在评标时以资格后审的形式作为评审内容之一。

邀请招标方式的缺点:由于投标竞争的激烈程度较差,有可能会提高中标合同价;也有可能排除某些在技术上或报价上有竞争力的承包商参与投标。

2)施工招标程序

公开招标与邀请招标在程序上的主要差异有:一是施工承包商获得招标信息的方式不同;

二是对投标人资格审查的方式不同。但是,公开招标与邀请招标均要经过招标准备、资格审查与投标、开标评标与授标 3 个阶段。施工招标主要工作内容见表 5.1.1。

表 5.1.1　施工招标主要工作内容

阶段	主要工作步骤	主要工作内容	
		招标人	投标人
招标准备	申请审批、核准招标	将施工招标范围、招标方式、招标组织形式报核准部门审批、核准	进行市场调研; 组成投标小组; 收集招标信息; 准备投标资料
	组建招标组织	自行建立招标组织或委托招标代理机构	
	策划招标方案	划分施工标段、选择合同计价方式、合同类型	
	招标公告或投标邀请	发布招标公告或发出投标邀请函	
	编制标底或最高投标限价	编制标底或确定最高投标限价	
	准备招标文件	编制资格预审文件和招标文件	
招标过程	发售资格预审文件(如有)	发售资格预审文件	索购资格预审文件; 填报资格预审材料
	进行资格预审(如有)	分析资格预审材料; 确定合格投标单位名单; 发出资格预审结果通知	接收资格预审结果通知
	发售招标文件	发售招标文件	购买招标文件; 分析招标文件
	组织现场踏勘和标前会议	组织现场踏勘和标前会议,进行招标文件的澄清和补遗	参加现场踏勘和标前会议,对招标文件提出质疑
	递交和接收投标文件	接收投标文件(包括投标保函)	编制投标文件; 递交投标文件(包括投标保函)
决标成交	开标	组织开标会议	参加开标会议
	评标	初步评审投标文件; 详细评审投标文件; 必要时组织投标单位答辩; 编写评标报告	按要求进行答辩; 按要求提供证明材料
	授标	发出中标通知书 (退回未中标者的投标保函); 组织合同谈判; 签订施工合同	接收中标通知书; 参加合同谈判; 提交履约保函; 签订施工合同

5.1.3 施工招标策划

施工招标策划是指建设单位及其委托的招标代理机构在准备招标文件前,根据工程项目特点及潜在投标人情况等确定招标方案。招标策划的优劣,关系到招标的成败,直接影响投标人的投标报价乃至施工合同价。因此,招标策划对施工招投标过程中的工程造价管理起着关键作用。施工招标策划相关要求如下:

①施工招标策划的内容包括施工标段划分、合同计价方式及合同类型选择等。

②施工招标策划应考虑项目的类型、规模及复杂程度、进度要求、建设单位的参与程度、市场竞争状况、相关风险等因素。

③施工招标策划应在项目发承包阶段开始之前完成。对于投资规模大、建设周期长、对社会经济影响深远的项目,宜从项目决策阶段开始。

④施工招标策划应遵循有利于充分竞争、控制造价、满足项目建设进度要求以及招投标工作顺利有序的原则进行。

1)施工标段划分

工程项目施工是一个复杂的系统工程,影响标段划分的因素有很多。应根据工程项目的内容、规模和专业程度确定招标范围,合理划分标段。对于工程规模大、专业复杂的工程项目,建设单位的管理能力有限时,应考虑采用施工总承包的招标方式选择施工队伍。这样有利于减少各专业之间因配合不当造成的窝工、返工、索赔风险。但采用施工总承包方式有可能使工程报价相对较高。对于工艺成熟的一般性项目,涉及专业不多时,可考虑采用平行承包的招标方式,分别选择各专业承包单位并签订施工合同。采用这种承包方式,建设单位一般可得到较为满意的报价。

划分施工标段时,应考虑的因素包括工程特点、对工程造价的影响、承包单位专长的发挥、工地管理等。

(1)工程特点

如果工地场地集中、工程量不大、技术不太复杂,由一家承包单位总承包易于管理,则一般不分标段。但如果工地场面大、工程量大,有特殊技术要求的,则应考虑划分为若干标段。

(2)对工程造价的影响

通常情况下,一项工程由一家施工单位总承包易于管理,同时便于劳动力、材料、设备的调配,因而可得到较低造价。但对于大型、复杂的工程项目,对承包单位的施工能力、施工经验、施工设备等有较高要求。在这种情况下,如果不划分标段,就可能使有资格参加投标的承包单位大幅减少。竞争对手的减少,必然会导致工程报价的上涨,反而得不到较为合理的报价。

(3)承包单位专长的发挥

工程项目由单项工程、单位工程或专业工程组成,在考虑划分施工标段时,既要考虑不会产生各承包单位施工的交叉干扰,又要注意各承包单位之间在空间和时间上的衔接。

(4)工地管理

从工地管理角度看,分标段时应考虑两个方面的问题:一是工程进度的衔接,二是工地现场的布置和干扰。工程进度的衔接很重要,特别是工程网络计划中关键线路上的项目一定要选择施工水平高、能力强、信誉好的承包单位,以防止影响其他承包单位的进度。从现场布置的角度看,承包单位越少越好。分标段时要对几个承包单位在现场的施工现场进行细致且周密的安排。

（5）其他因素

除上述因素外,还有许多其他因素影响施工标段的划分。如建设资金、设计图纸供应等。资金不足、图纸分期供应时,可先进行部分招标。

总之,标段的划分是选择招标方式和编制招标文件前的一项非常重要的工作,需要考虑上述因素并综合分析后再确定。

2）合同计价方式

施工合同中,计价方式可分为3种:总价方式、单价方式和成本加酬金方式。相应的施工合同也称为总价合同、单价合同和成本加酬金合同。其中,成本加酬金的计价方式又可根据酬金的计取方式不同,分为百分比酬金、固定酬金、浮动酬金和目标成本加奖罚4种计价方式。不同计价方式合同的比较见表5.1.2。

表5.1.2　不同计价方式合同的比较

合同类型	总价合同	单价合同	成本加酬金合同			
			比例酬金	固定酬金	浮动酬金	目标成本加奖罚
应用范围	广泛	广泛	有局限性			酌情
建设单位造价控制	易	较易	最难	难	不易	有可能
施工承包单位风险	大	小	基本没有		不大	有

3）合同类型选择

施工合同有多种类型。合同类型不同,合同双方的义务和责任不同,各自承担的风险也不相同。建设单位应综合考虑以下因素来选择合适的合同类型:

①工程项目复杂程度。建设规模大且技术复杂的工程项目,承包风险较大,各项费用不易准确估算,因而不宜采用固定总价合同。最好是对有把握的部分采用固定总价合同,估算不准的部分采用单价合同或成本加酬金合同。有时,在同一施工合同中采用不同计价方式,是建设单位与施工承包单位合理分担施工风险的有效办法。

②工程项目设计深度。工程项目设计深度是选择合同类型的重要因素。如果已完成工程项目的施工图设计,施工图和工程量清单详细而明确,则可选择总价合同;如果实际工程量与预计工程量有较大出入,应优先选择单价合同;如果只完成工程项目的初步设计,工程量清单不够明确,则可选择单价合同或成本加酬金合同。

③施工技术先进程度。如果在工程施工中有较大部分采用新技术、新工艺,建设单位和施工承包单位对此既缺乏经验,又无国家标准时,为了避免投标单位盲目地提高承包价款,或由于对施工难度估计不足而导致承包亏损,不宜采用固定总价合同,而应选用成本加酬金合同。

④施工工期紧迫程度。对于紧急工程(如灾后恢复工程等),要求尽快开工且工期较紧,可能仅有实施方案,还没有施工图,施工承包单位无法报出合理的准确价格,选择成本加酬金合同较为合适。

总之,对于一个工程项目而言,究竟采用何种合同类型不是固定不变的,在同一个工程项目中不同的工程部分或不同阶段,可以采用不同类型的合同。在进行招标策划时,必须依据实际情况,权衡各种利弊,然后再作出最佳决策。

5.1.4　施工招标文件编制

1)招标文件的组成

招标文件是建设项目招标工作的纲领性文件,同时也是投标人编制投标书的依据,以及双方签订合同的主要依据。招标文件的编制要满足投资控制、进度控制、质量控制的总体目标,符合发包人的要求和项目特点。施工招标文件通常包括以下内容:

①招标公告(或投标邀请书)。

②投标人须知。

③评标办法。

④合同条款及格式。

⑤工程量清单。

⑥图纸。

⑦技术标准和要求。

⑧投标文件格式。

⑨规定的其他材料。

在招标文件编写过程中进行造价控制的主要工作是选定合理的工程计量方法和计价方法。按照我国目前的规定,对于全部使用国有资金投资或以国有资金投资为主的大中型建设工程必须使用工程量清单计价模式,其他项目可使用定额计价模式。

(1)工程量清单编制

招标文件内容包含招标工程量清单。工程量清单是按照国家或地方颁布的计算规则,根据设计图纸、设计说明、图纸会审记录、考虑招标人的要求、工程项目的特点计算工程量并予以统计、排列,从而得到的清单。它作为投标报价文件的重要组成部分提供给投标人,目的在于统一各投标单位投标报价的工程量。编制工程量清单应充分体现"量价分离"的风险分担原则。

(2)报价方法

报价方法要根据招标文件要求的计价模式进行选择,如按定额计价方式,则选用工料单价法和综合单价法。工料单价法针对单位工程,汇总所有分部分项工程各种工料机数量,乘以相应的工料机市场单价,所得总和,再考虑总的间接费、利润和税金后报出总价。它不但包括各种费用计算顺序,而且反映各种工料机市场单价。综合单价法针对分部分项工程,综合考虑其工料机成本和各类间接费及利润和税金后报出单价,再根据各分项量价积之和组成工程总价,一般不反映工料机单价。如采用工程量清单计价,则需综合考虑技术标准、施工工期、施工顺序、施工条件、地理气候等影响因素以及约定范围与幅度内的风险,完成单位数量工程量清单项目所需的费用。清单项目综合单价包括人工费、材料费、施工机具使用费、管理费、利润和一定范围内的风险费用,不包括增值税。

2)最高投标限价

(1)最高投标限价的编制

最高投标限价是招标人根据国家法律法规及相关标准、建设主管部门的有关规定,以及拟定的招标文件和招标工程量清单,并结合工程实际情况进行编制的,限定投标人投标报价的最高价格。

国有资金投资的工程进行招标,根据《中华人民共和国招标投标法》的规定,招标人可以设标底。当招标人不设标底时,为有利于客观、合理地评审投标报价和避免哄抬标价、造成国有资产流失,《建设工程工程量清单计价标准》(GB/T 50500—2024)规定国有资金工程招标时招标人必须编制最高投标限价。

最高投标限价不同于标底,无须保密。为体现招标的公平、公正,防止招标人有意抬高或压低工程造价,招标人应在招标文件中如实公布最高投标限价,不得对所编制的最高投标限价进行上浮或下调。招标人在招标文件公布最高投标限价时,应公布最高投标限价各组成部分的详细内容,不得只公布最高投标限价总价。同时,招标人应将最高投标限价报工程所在地的工程造价管理机构备案。

(2)最高投标限价的编制原则

最高投标限价是招标人控制投资、确定招标工程造价的重要手段,最高投标限价在计算时要力求科学合理、计算准确。在编制过程中,应遵循以下原则:

①国有资金投资的项目实行的是投资概算审批制度,国有资金投资的工程原则上不能超过批准的投资概算。

②招标人设有最高投标限价的,应在招标文件中明确最高投标限价或者最高投标限价的计算方法。招标人不得规定最低投标限价。

③国有资金投资的工程,招标人编制并公布的最高投标限价相当于招标人的采购预算,同时要求其不能超过批准的概算,因此,最高投标限价是招标人在工程招标时能接受投标人报价的最高限价。国有资金中的财政性资金投资的工程在招标时还应符合《中华人民共和国政府采购法》相关条款的规定。

(3)最高投标限价的编制依据

最高投标限价的编制依据是指在编制招标控制价时需要进行的工程量计算、价格确认、工程计价的有关参数、率值的确定等工作时所需的基础性资料,主要包括以下几个方面的内容:

①现行国家标准《建设工程工程量清单计价标准》(GB/T 50500—2024)和相关工程国家及行业工程量计算标准。

②国家及省级、行业建设主管部门颁发的工程计量与计价相关规定,以及根据工程需要补充的工程量计算规则。

③与招标工程相关的技术标准规范。

④招标文件(包括招标工程量清单、合同条款、招标图纸、技术标准规范等)及补遗、澄清或修改。

⑤工程特点及交付标准、地勘水文资料、现场情况。

⑥合理施工工期及常规施工工艺、顺序。

⑦工程价格信息及造价资讯、工程造价数据及指数。

⑧其他相关资料。

（4）最高投标限价的编制方法

依据《建设工程工程量清单计价标准》（GB/T 50500—2024）第 3.1.4 条规定，工程量清单应采用综合单价法编制。采用综合单价法计价时，最高投标限价的编制内容包括分部分项工程费、措施项目费、其他项目费和增值税。

①分部分项工程费应根据招标文件中的分部分项工程量清单项目的特征描述及有关要求，按照《建设工程工程量清单计价标准》（GB/T 50500—2024）有关规定确定综合单价进行计算。工程量依据招标文件中提供的分部分项工程量清单确定。招标文件提供了暂估单价的材料，按暂估单价计入综合单价。为使最高投标限价与投标报价所包含的内容一致，综合单价应包括招标文件中要求投标人所承担的风险范围产生的风险费用。

②措施项目费应按招标文件中提供的措施项目清单确定，措施项目分为以"量"和以"项"计算两种。对于可精确计量的措施项目，以"量"计算，即按与分部分项工程量清单计价相同的方式确定综合单价；对于不可精确计量的措施项目，则以"项"为单位，采用费率法时需确定某项费用的计费基数及费率。措施项目费中的安全生产措施费应按照国家或省级、行业建设主管部门的规定标准计价，该部分费用不得作为竞争性费用。

③其他项目费应按下列规定计价：

a. 暂列金额：可根据工程的复杂程度、设计深度、工程环境条件（包括地质、水文、气候条件等）进行估算，一般可按分部分项工程费的 10%～15% 作为参考。

b. 暂估价：包括材料暂估价和专业工程暂估价。暂估价中的材料单价应按照工程造价管理机构发布的工程造价信息中的材料单价计算，工程造价信息未发布的材料参考市场价格估算；暂估价中的专业工程暂估价应分不同专业，按有关计价规定估算。

c. 计日工：包括计日工人工、材料和施工机械。在编制最高投标限价时，计日工中的人工单价和施工机械台班单价应按省级行业建设主管部门或其授权的工程造价管理机构公布的单价计算；材料应按工程造价管理机构发布的工程造价信息中的材料单价计算，工程造价信息未发布材料单价的材料应按市场调查确定的单价计算。

d. 总承包服务费：招标人应根据招标文件中列出的内容和向总承包人提出的要求，参照下列标准计算。

招标人要求对分包的专业工程进行总承包管理和协调时，按分包的专业工程估算造价的 1.5% 计算。招标人要求对分包的专业工程进行总承包管理和协调，并同时要求提供配合服务时，根据招标文件中列出的配合服务内容和提出的要求，按分包的专业工程估算造价的 3%～5% 计算。招标人自行供应材料的，按招标人供应材料价值的 1% 计算。

最高投标限价的税金必须按国家或省级行业建设主管部门的规定计算。

单位工程最高投标限价/投标报价汇总表，见表 5.1.3。

表 5.1.3　单位工程最高投标限价/投标报价汇总表

序号	汇总内容	计算方法	金额（元）
1	分部分项工程	按计价规定计算/（自主报价）	
1.1	……	……	
1.2	……	……	
2	措施项目	按计价规定计算/（自主报价）	

续表

序号	汇总内容	计算方法	金额(元)
2.1	其中:安全生产措施项目	按规定标准估算/(按规定标准计算)	
3	其他项目		
3.1	其中:暂列金额	按计价规定估算/(按招标文件提供金额计列)	
3.2	其中:专业工程暂估价	按计价规定估算/(按招标文件提供金额计列)	
3.3	其中:计日工	按计价规定计算/(自主报价)	
3.4	其中:总承包服务费	按计价规定计算/(自主报价)	
3.5	其中:合同中约定的其他项目	按规定标准计算	
4	增值税		
最高投标限价/投标报价		合计=1+2+3+4	

最高投标限价超过批准的概算时,招标人应将其报原概算审批部门审核,投标人的投标报价高于最高投标限价的,其投标应予以拒绝。

(5)最高投标限价的审查

设置最高投标限价的目的是适应市场定价机制,规范建设市场秩序,进一步规范建设项目招投标管理,最大限度地满足降低工程造价、保证工程质量的需要。另外,设立最高投标限价可以防止招标人有意抬高或压低工程造价,避免投标人抬高价格,围标、联合串标等行为,提供一个公平、公正、公开的平台。

最高投标限价编制完成后,需要认真进行审查,最高投标限价审查对于提高编制的准确性、正确贯彻国家有关方针政策、降低工程造价具有重要的意义。最高投标限价审查的重点是工程量计算是否准确,定额套用、各项取费标准是否符合现行规定或单价计算是否合理等。

3)模拟工程量清单

理论上,工程量清单应根据施工图和统一的工程量计算规则进行编制。但有时因工期或资金快速回笼等要求,建设单位需要在设计图纸不完备的情况下启动招标工作,进行工程量清单编制,以期尽早开工,这种利用方案、初步设计图纸或不完备的施工图编制的工程量清单,称为模拟工程量清单。

模拟工程量清单是传统工程量清单的一种替代和衍生形式,其实质是相同的,但更市场化。随着工程总承包模式的推行,模拟工程量清单招标也逐步得到了相关政府部门的认可,如2018年3月,深圳市住房和城乡建设局制定《提升建设工程招标质量和效率工作指引》,建议优先采用模拟工程量清单方式招标以快速完成发包工作。

(1)模拟工程量清单编制基本条件

①有大量类似项目的工程内容与技术指标。

②施工图设计对于方案(扩初)设计不应有太大的变动,尤其在工艺做法方面,否则清单与工程实际会出现较大偏差。

但在现阶段的建筑市场中,模拟清单的准确性并非使用模拟清单计价方式的主要考量因素,尤其在化工、大型基建等领域,而是以工期进度、资金回收周期为主要考虑因素的。

（2）模拟工程量清单编制程序

①已有类似项目的工程量清单。

②明确招标范围。

③限定和删减清单项目。

④调整工程数量。

（3）模拟工程量清单项目的确定

①清单综合程度的把握。对于后期施工图设计变化不大，或者施工图会进行深化设计但总体指标水平相对稳定的项目、在编制清单项目时可进行综合列项。例如，土石方工程中的土石成分，可按地勘进行测算，将土石成分综合列项，减少后期成分争议；钢结构中的高强螺栓、剪力栓钉可综合在对应的钢结构构件中，从而减少钢结构的计算难度；绿化工程中的养护、支撑、坑底种植土换填可综合在苗木栽植清单中等。

②初设做法不确定，可能存在多种做法的清单项编制。这样的清单项建议结合建设项目当地常规做法，以及相似工程的做法，由设计和业主选择常用的一种或者几种做法，均列入清单项目中，且将做法进行详细划分，单独列项有针对性的保留可能使用的做法清单，确保后期设计做法有清单单价可依，减少新增单价。

例如，景观中的面层铺装项目可按照常规做法将基层单列，面层保留多种做法；绿化工程中的乔木灌木栽植可将栽植项目按植物干径区间进行分别列项；屋面工程中的防水可编制多种防水做法清单项；墙中铝板、玻璃可编制多种常用厚度清单项等。

③措施费清单编制。对于一些常用的措施内容，现在许多建设单位在招标文件中均按照包干费的模式，以建筑面积或装饰面积给定包干单价的方式进行结算，因此在编制模拟清单时，还需特别注意建设单位在招标文件中约定的包干费用的包含内容。例如，钢筋中的措施筋（马镫筋）、钢筋接头、挡墙中的对拉螺栓、钢筋植筋等项目，确保包干费中的内容与编制模拟清单项目内容不重复。

（4）模拟工程量清单工程量的确定

①按照初设图纸计算工程量。由于初设图并非施工图，因此能准确计算的工程量是有限的，比如钢结构，施工单位进场后必定会进行二次深化设计，在计算工程时，对初设图无法计算的部分应参考类似工程，按指标对计算工程量进行适量的扩大。

②初设图中无法计算的工程量。初设图纸中有很多设计深度达不到，无法计算工程量的内容，例如现浇混凝土中的钢筋长度、安装工程的管线长度，在初设图中常常并未明确表示，这类工程量的计算有两种方式：一种是参照类似项目指标根据现有规模或现有工程量进行指标匡算，例如，钢筋含量可通过类似工程对应部位的钢筋含量指标进行计算。另一种是按照类似工程常规布置情况进行计算，例如安装工程中的管线，可根据初设图结合类似工程通常走向，按照常规路径在平面图中进行匡算。

③初设图中有采用多种做法的工程量。由于初设深度无法达到施工图的要求，因此在初设图中还有采用多种做法的部位，这样的部位需要通过对地质或者现场情况进行判定之后才能明确做法，这样的部位可通过与建设单位、设计单位进行沟通，明确一种做法，按照暂估方式进行计算，或者建设单位、设计单位需要保留多种做法时，可以采用均分或者确定计算比例的方式进行工程量计算。

（5）模拟清单编制依据中类似工程的要求

①待建工程与类似工程所在地区相同。

②待建工程与类似工程的用途相同。

③待建工程与类似工程的规模相当。

④待建工程与类似工程的结构相同。

⑤待建工程与类似工程的建设时期相近。

（6）模拟工程量清单不足

①牺牲准确性换取进度。

②易发生清单与实际工程脱节的情况。造成纠纷频出、工期延长、预算严重超标等问题。

③对清单编制人员的素质提出了更高要求。

④掌握信息不完善,需参照同类型项目清单和技术指标,尽可能详细描述项目特征和工作内容等。

⑤不可避免的漏项、错项、工程量偏差。

5.1.5　施工投标报价策略与技巧

1）投标报价的编制

（1）投标报价的原则

①根据招标文件中设定的工程发承包模式和发承包双方责任划分,综合考虑投标报价的费用项目、费用计算方法和计算深度。

②投标报价计算前须经技术经济比较,确定拟投标工程的施工方案、技术措施等。

③应以反映企业技术和管理水平的企业定额来计算人工、材料和机械台班消耗量。

④充分利用现场考察、调研的成果及市场价格信息、行情资料编制基价,确定调价方法。

（2）投标报价的依据

①招标人发放的招标文件及提供的设计图、工程量清单及有关的技术说明书等。

②国家及地区颁发的现行建筑、安装工程预算定额及与之相配套执行的各种费用定额和企业内部制定的有关取费、价格等的规定、标准。

③拟投标工程当地现行材料预算价格、采购地点及供应方式,其他市场价格信息等。

④由招标单位答疑后书面回复的有关资料。

⑤其他与报价计算有关的各项政策、规定及调整系数等。

（3）投标报价的编制方法

我国工程项目投标报价的编制是投标单位对承建招标工程所要发生的各种费用的计算。投标报价的编制方法分为定额计价法和工程量清单计价法两种。

（4）投标报价的程序

投标报价的程序应与招标程序相配合、相适应,程序如下:

①研究招标文件。投标单位报名参加或接受邀请参加某一建设项目的投标,取得招标文件后,首要的工作就是认真仔细地研究招标文件,充分了解内容和要求,以便有针对性地安排投标工作。

②调查投标环境。投标环境是招标工程的自然、经济和社会条件,这些条件都可以成为工程的制约因素或有利因素,必然会影响工程成本,是投标人报价时必须考虑的。

③投标报价的计算。投标报价的计算是投标单位对将要投标的工程所发生的各种费用的计算。在进行投标计算时,必须先根据招标文件计算和复核工程量,作为投标价计算的必要条

件。另外在投标价的计算前,还应预先确定施工方案和施工进度,投标价的计算还必须与所采用的合同形式相协调。

④确定投标策略。正确的投标策略对提高中标率、获得较高的利润起重要作用。投标策略主要内容有以信取胜、以快取胜、以廉取胜、靠改进设计取胜、采用以退为进的策略、采用长远发展的策略等。

⑤编制正式的投标书。投标单位应按照招标单位的要求和确定的投标策略编制投标书,并且对招标文件提出的实质要求和条件进行响应。一般不能带有任何附加条件,否则可能导致被否定或废标处理。招标项目属于建设施工的,投标文件的内容应包括拟派出的项目负责人与主要技术人员的简历、业绩和拟用于完成招标项目的机械设备等。《建筑工程施工发包与承包计价管理办法》中规定,投标报价不得低于工程成本,不得高于最高投标限价。投标报价应根据工程量清单、工程计价有关规定、企业定额和市场价格信息等编制。投标人应在招标文件要求提交投标文件的截止时间前,将投标文件送达投标地点。投标文件要进行密封和标识,招标人收到投标文件后,应签收封存,不得开启。投标人少于3个的,招标人应当依照规定重新招标。在招标文件要求提交投标文件的截止时间后送达的投标文件,招标人应当拒收。

(5)投标报价的计算流程

①复核或计算工程量。建设项目招标文件中若提供工程量清单,投标报价之前,要对工程量进行复核。若招标文件中没有提供工程量清单,则必须根据图纸计算全部工程量。

②确定单价,计算合价。计算单价时,应将构成分部分项工程的所有费用项目都归入其中。人工、材料、机械费应该是根据分部分项工程的人工、材料、机械消耗量及其相应的市场价格计算而来的。一般来说,投标人应用企业定额对某一具体工程进行投标报价时,需要对选用的单价进行审核评价与调整,使之符合拟投标工程的实际情况,反映市场价格的变化。

③确定分包工程费。来自分包人的工程分包费用是投标价格的一个重要组成部分,在编制投标价格时需要熟悉分包工程的范围,对分包人的能力进行评估,从而确定一个合适的价格。

④确定利润和风险费。利润是指投标人的预期利润,确定其取值的目标是考虑既可以获得最大的可能利润,又要保证投标价格具有一定的竞争力。投标报价时投标人应根据市场竞争情况确定在该建设项目上的利润率。风险费对投标人来说是一个未知数,在投标时应根据该工程规模及所在地的实际情况,由专业技术人员对可能存在的风险因素进行逐项分析后确定一个比较合理的费用比率。

⑤确定投标价格。将全部费用汇总后计算出工程的总价,由于计算出来的价格可能重复也可能漏算,某些费用的预估可能出现偏差等,因此还必须对计算出来的工程总价进行调整。调整总价应用多种方法从多角度对工程进行盈亏分析及预测,找出计算可能存在的问题,分析可以通过采取哪些措施降低成本、增加盈利,并确定最后的投标报价。

2)投标报价策略

投标报价策略是指投标人在投标竞争中的系统工作部署及其参与投标竞争的方式和手段。投标策略对投标人有着非常重要的意义和作用。投标人的决策活动贯穿投标全过程,是工程竞标的关键。它是保证投标人在满足招标文件中各项要求的条件下,获得预期收益的关键。因此必须随时掌握竞争对手的情况和招标业主的意图,及时制定正确的策略,争取主动。投标策略主要有投标目标策略、技术方案策略、投标方式策略、经济效益策略等。投标目标策略是指导投标人应重点对哪些招标项目进行投标;技术方案和配套设备的档次(品牌、性能和质量)的高低决定了整个工程项目的基础价格,投标前应根据业主投资的大小和意图进行技术方案决策,并指导报价;投标方式策略指导投标人是否联合合作伙伴投标。中小型企业依靠大型企业的技术、产品和声誉的支持进行联合投标是提高其竞争力的一种良策;经济效益策略直接指导投标报价。

制定报价策略必须考虑投标者的数量、主要竞争对手的优势、竞争实力的强弱和支付条件等因素,根据不同情况可计算出高、中、低三套报价方案,具体如下:

(1)常规价格策略

常规价格即中等水平的价格,根据系统设计方案,核定施工工作量,确定工程成本,经过风险分析,确定应得的预期利润后进行汇总。然后再结合竞争对手的情况及招标方的心理底价,对不合理的费用和设备配套方案进行适当调整,确定最终投标价。

(2)保本微利策略

如果夺标的目的是在该地区打开局面,树立信誉、占领市场和建立样板工程,则可采取微利保本策略。甚至不排除承担风险,宁愿先亏后盈。此策略适用于以下情况:

①投标对手多、竞争激烈、支付条件好、项目风险小。

②技术难度小、工作量大、配套数量多、都乐意承揽的项目。

③为开拓市场,急于寻找客户或解决企业目前的生产困境。

(3)高价策略

符合下列情况的投标项目可采用高价策略:

①专业技术要求高、技术密集型的项目。

②支付条件不理想、风险大的项目。

③竞争对手少,各方面自己都占绝对优势的项目。

④交工期甚短,设备和劳力超常规的项目。

⑤特殊约定(如要求保密等)需具备特殊条件的项目。

3)投标报价技巧

报价技巧是指在投标报价中采用一定的方法或技巧使业主可以接受,而中标后可能获得更多的利润,常采用的报价技巧如下。

(1)不平衡报价法

不平衡报价法又称前重后轻法,是指在一个建设项目总报价基本确定的前提下,通过调整内部各个子项的报价,以期既不提高总报价、不影响中标,又能在结算时得到更理想的经济效益。相对常规的平衡报价而言,其目的是"早收钱,多收钱"。一般可以考虑在以下几方面采用不平衡报价:

①对能够早日结账收款的土方、基础等前期工程项目,可适当提高其单价;对水电安装、装饰装修等后期工程项目,可适当降低其单价。

②对预计今后工程量可能增加的项目,单价可适当提高;对工程量可能减少的项目,单价可适当降低。

③对设计图纸不明确,估计修改后工程量要增加的,可以适当提高单价;而工程内容解说不清楚的,则可适当降低一些单价,待澄清后可再要求调整价格。

④对没有工程量只填报单价的项目,或招标人要求采用包干报价的项目,单价可适当调

高;对其余的项目,单价可适当调低。

⑤暂定项目,对这类项目要具体分析。实施可能性大的单价可报高些,预计不一定实施的项目,单价可适当调低。不平衡报价法的优点是有助于对工程量表进行仔细校核和统筹分析,总价相对稳定,不会过高。其缺点是单价报高报低的合理幅度难以掌握,单价报得过低会因执行中工程量增多而造成承包人损失,报得过高会因招标人要求压价而使承包商得不偿失。因此,在采用不平衡报价时,要特别注意工程量的准确性,避免盲目报价。

(2)多方案报价法

对于一些招标文件,如果发现工程范围不是很明确,条款不清楚或不太公正,或技术规范要求过于苛刻时,则要在充分估计投标风险的基础上,按多方案报价法处理。即按原招标文件报一个价,然后再提出,如果某条款做某些变动,报价可降低多少,由此可报出一个较低的报价。这样,可以降低总价,增加中标的概率。

(3)增加建议方案法

有时招标文件中规定,可以提一个建议方案,即可修改原设计方案,提出投标者的方案。投标者这时应抓住机会,组织一批有经验的技术工程师,对原招标文件的设计和技术方案仔细研究,提出更为合理的方案以吸引业主,促成自己的方案中标。建议方案不要写得太具体,要保留方案的关键技术,防止业主将此方案交给其他投标人。同时要强调的是,建议方案要比较成熟,有很好的可操作性。

(4)分包商报价的采用

总承包商在投标前找 2~3 家分包商分别报价,而后从中选择其中一家信誉较好、实力较强和报价合理的分包商签订协议,同意该分包商作为本分包工程的唯一合作者,并将分包商的名称列入投标文件中,但要求该分包商相应地提交投标保函。如果该分包商认为这家总承包商确实有可能中标,他也许愿意接受这一条件。这种把分包商的利益同投标人捆在一起的做法,不但可以防止分包商事后反悔和涨价,还可能促使分包时报出较合理的价格,以便共同争取中标。

(5)突然降价法

突然降价法是先按一般情况报价或表现出自己对该工程兴趣不大,到快投标截止时再突然降价,为最后中标打下基础。采用这种方法时,一定要在准备投标报价的过程中考虑好降价的幅度,在临近投标截止日期前,根据情报信息与分析判断,再做最后决策。如果中标,因为采用突然降价法降的是总价,在签订合同后可采用不平衡报价的思想调整工程量表内的各项单价或价格,以获得更高效益。

(6)招标的不同特点采用不同的报价

投标报价时既要考虑自身的优势和劣势,也要分析招标项目的特点和要求。按照工程项目的不同特点、类别和施工条件等来选择报价策略。

①报价可适当调高一些的情况有:施工条件差的项目;专业要求高的技术密集型工程,而本公司在这些方面又有专长,声望也较高;总价低的小工程,以及自己不愿做、又不方便不投标的工程;特殊的工程,如港口码头、地下开挖工程等;工期要求急的工程;投标竞争少的工程;支付条件不理想的工程等。

②报价可适当降低一些的情况有:施工条件好的工程;工作简单、工程量大而一般公司都可以做的工程;本公司目前急于打入某一市场、某一地区或在该地区面临工程结束,机械设备

等无工地转移时；本公司在附近有工程，而本项目又可以用该工程的设备、劳务，或有条件短期内突击完成的工程；投标对手多，竞争激烈的工程；非急需工程；支付条件好的工程等。

（7）计日工单价的报价

如果只是报计日工单价，而不计入总价中，则可以适当报高一些，以便在业主额外用工或使用施工机械时可多盈利。但如果计日工单价要计入总报价时，则需具体分析是否报高价，以免抬高总报价。总之，要分析业主在开工后可能使用的计日工数量，再确定报价方针。

（8）可供选择方案的项目的报价

有些工程项目的分项工程，业主可能要求按某一方案报价，然后再提供几种可供选择方案的比较报价，投标人可适当调高项目报价。但是，所谓"可供选择方案的项目"并非由投标人任意选择，而是业主才有权选择。因此，虽然提高了可供选择项目的报价，并不意味着肯定取得较好的利润，只是提供了一种可能性，一旦业主今后选用，承包商即可得到额外加价的利益。

（9）暂定工程量的报价

暂定工程量有3种：第一种是业主规定了暂定工程量的分项内容和暂定总价款，并规定所有投标人都必须在总报价中加入这笔固定金额，但由于分项工程量不太准确，允许将来按投标人所报单价和实际完成的工程量付款。第二种是业主列出了暂定工程量的项目和数量，但并没有限制这些工程量的估价总价款，要求投标人既列出单价，也应按暂定项目的数量计算总价，将来结算付款时可按实际完成的工程量和所报单价支付。第三种是只有暂定工程的一笔固定总金额，将来这笔金额做什么用，由业主确定。第一种情况由于暂定总价款是固定的，对各投标人的总报价水平、竞争力没有任何影响，因此，投标时应对暂定工程量的单价适当提高。这样做，既不会因今后工程量变更而减少收益，也不会削弱投标报价的竞争力。第二种情况，投标人必须慎重考虑。如果单价定得高，将会增大总报价，影响投标报价的竞争力；如果单价定得低，将来这类工程量会增大，会影响收益。一般来说，这类工程量可以采用正常价格，如果承包商估计今后实际工程量肯定会增大，则可适当提高单价，使将来可增加额外收益。第三种情况对投标竞争没有实际意义，按招标文件要求将规定的总报价款列入总报价即可。

（10）无利润投标

缺乏竞争优势的投标人，在不得已的情况下，只好在报价时不考虑利润，以期中标。这种办法一般是在以下情况时采用：

①有可能在中标后，将部分工程分包给索价较低的一些分包商。

②对于分期建设的项目，先以低价获得首期工程，而后创造机会赢得第二期工程中的竞争优势，并在以后的工程实施中取得利润。

③较长时期内，投标人没有在建的工程项目，如果再不中标就难以维持生存。因此，虽然本工程没有利润，但能维持公司的正常运转，度过暂时的困难，以求将来的发展。

5.1.6 施工开标评标与授标

招标人组织并主持开标、唱标；并依照法律法规和规章的规定，组建评标委员会进行评标。招标人编写招标投标书面情况报告，确定中标人后及时向建设行政主管部门备案。投标人对评标委员会的澄清内容进行书面澄清答复或答辩，建设行政主管部门接受招标投标书面情况报告备案。

1）开标

开标就是投标人提交投标文件截止时间后,招标人依据招标文件规定的时间和地点,开启投标人提交的投标文件,公开宣布投标人的名称、投标价格及投标文件中的其他主要内容。

《中华人民共和国招标投标法》规定:开标应当在招标文件确定的提交投标文件截止的同一时间公开进行,按招标文件规定的时间、地点,在投标单位法定代表人或授权代理人在场的情况下举行开标会议。开标应当在招标文件确定的提交投标文件截止时间的同一时间公开进行,这是为了防止出现投标截止时间之后,如果与开标时间有一段时间间隔,投标文件内容被泄露的情况。

开标由招标人主持,邀请所有投标人参加。开标时,由投标人或者推选的代表检查投标文件的密封情况,也可以由招标人委托的公证机构检查并公证;经确认无误后,由工作人员当众拆封,宣读投标人名称、投标价格和投标文件的其他主要内容。招标人对于投标文件的截止时间前收到的所有投标文件,开标时都应该当众予以拆封、宣读。开标过程应当记录,并存档备查。

2）评标

评标由招标人依法组建的评标委员会负责,招标人应当采取必要的措施,保证评标在严格保密的情况下进行。任何单位和个人不得非法干预、影响评标的过程和结果。评标委员会应当按照招标文件确定的评标标准和方法,对投标文件进行评审和比较;招标项目设有标底的,应当参考标底,并在开标时公布,但不得以投标报价是否接近标底作为中标条件,也不得以投标报价超过标底上下浮动范围作为否决投标的条件。评标委员会完成评标后,应当向招标人提出书面评标报告,并推荐合格的中标候选人。评标是审查确定中标人的必经程序,是保证招标成功的重要环节。因此,为了确保评标的公正性,评标不能由招标人或其代理机构独自承担,应依法成立一个评标组织,这个依法成立的评标组织就是评标委员会。

3）授标

（1）中标单位的确定

对使用国有资金投资或者国家融资的项目,招标单位应确定排名第一的中标候选人为中标单位。排名第一的中标候选人放弃中标、因不可抗力提出不能履行合同,或者中标文件规定应当提交履约保证金而在规定的期限内未能提交的,招标单位可确定排名第二的中标候选人为中标单位。排名第二的中标候选人因上述同样原因不能签订合同的,招标单位可以确定排名第三的中标候选人为中标单位。

招标单位也可授权评标委员会直接确定中标单位。

（2）中标通知

招标人根据评标委员会提出的书面评标报告和推荐的中标候选人确定中标人。招标人也可以授权评标委员会直接确定中标人。中标单位选定后,由招标管理机构核准,获准后招标单位向中标单位发出中标通知书。

（3）签订施工合同

招标人与中标人自中标通知书发出之日起 30 天内,按招标文件和中标人的投标文件的有关内容签订书面合同,合同的标的、价款、质量、履行期限等主要条款应当与之内容一致。

5.1.7　清标

清标是指在施工项目投标过程中,对投标人的计价工程量清单进行复核清算的过程。其目的在于核查报价中的算术性错误、缺失的项,分析不平衡报价,并综合考虑单价、取费标准以及报价的合理性和全面性等因素,以确保投标报价的准确性和公平性。技术标、经济标和商务标都有进行清标的必要,但一般清标主要是针对经济标(投标报价)部分。

清标工作是招投标及成本控制工作中必不可少的环节,也是整个评标、定标工作的初始部分,它的主要目的是保证投标文件能响应招标文件所要求的基本点以及行业相关规定,起初步审核的作用,将有利于控制工程造价、提高招投标工作质量、压缩招投标周期、减少合同纠纷、降低结算风险和诉讼风险。

1)清标的概念

所谓清标,从广义上讲,就是依照法律、法规、规章和招标文件的规定,在不改变投标文件实质性内容的前提下,采用核对、比较、筛选等方法,对投标文件的技术标、商务标、信誉标等内容进行基础性数据分析、整理和复核,从而发现并提出其中可能存在的异议或者显著异常的数据,为招标人的质疑工作提供基础性支撑。从狭义上讲,清标则仅对投标文件的工程量清单及价格进行分析、整理和复核。

2)清标的目的和作用

清标的主要目的是清标人员按照法律、法规、规章和招标文件的规定对投标文件进行客观、专业、负责的核查和分析,找出存在的问题并分析原因给出专业意见,供招标人参考,以提高评标质量和效率,为后续工程项目管理提供指导意见。其作用主要有以下几个方面:

①清标可以提高公平竞争程度,减少围标、串标等暗箱操作行为。

②清标是在工程量清单计价的基础上进行的工作,采用统一的工程量清单为投标人的投标竞争提供了一个统一口径,各投标单位有针对性地进行报价,确定合同价款,提高合同履行效率。

③清标可以更合理明确合同规则,化解分歧,减少因设计缺陷、计算口径不统一等因素导致的隐性成本增加及履约风险,实现双方共赢。

④清标过程中招标人可以很容易发现某些分部分项工程的综合单价是否存在不合理的现象。

3)清标工作的原则

清标应在招标工程开标后、定标前进行,可由招标人或受其委托的工程造价咨询人进行。针对项目的需要,造价咨询单位或最高投标限价编制单位在开标后、评标前对投标报价进行分析,编制清标报告成果文件。

清标工作是评标工作的基础性工作。清标工作是仅对各投标文件的商务标投标状况作出客观性比较,不能改变各投标文件的实质性内容。清标工作应当客观、准确、力求全面,不得营私舞弊、歪曲事实。清标小组的任何人员均不得行使依法应当由评标委员会成员行使的评审、评判等权力。

清标工作组同样应当遵守法律、法规、规章等关于评标工作原则、评标保密和回避等国家相关的关于评标委员会的评标的法律规定。

4）清标工作的主要内容

①算术性错误的复核与整理。对投标报价中的算术性错误进行修正,如数字与文字表示的投标总价不一致时,应以文字表示的投标总价为准进行修正。

检查投标报价中是否存在缺失的项,如未按要求填报总价合同中分部分项工程项目清单综合单价及合价的,其费用应视为已包含在其他清单项目综合单价、合价及投标总价中。

②不平衡报价的分析与整理。分析投标报价中是否存在不平衡报价,即某些项目的单价明显高于或低于市场平均水平。

对于存在不平衡报价的项目,要求投标人提供证明其所报单价合理性的支持资料,并要求投标人在不变更投标总价的前提下,提供用于超出已标价工程量清单所列清单项目数量的工程数量计价及工程变更计价的合理修正单价。

③错项、漏项、多项的核查与整理。

④综合单价、取费标准合理性分析与整理:

a. 审查投标报价中的单价是否符合市场行情和定额标准。

b. 审查投标报价中的取费标准是否合理,是否符合国家和地方的相关规定。

c. 综合考虑投标报价的合理性,包括是否存在严重不平衡报价等问题。

⑤投标报价的合理性和全面性分析与整理。

⑥形成书面的清标情况报告。

5）清标的重点

清标的重点包括以下几项内容:

①对照招标文件,查看投标人的投标文件是否完全响应招标文件。

②对工程量大的单价和单价过高或过低清标均价的项目要重点检查。

③对措施费用合价包干的项目单价,要对照施工方案的可行性进行审查。

④对工程总价、各项目单价及要素价格的合理性进行分析、测算。

⑤对投标人所采用的报价技巧,要辩证地分析判断其合理性。

⑥在清标过程中要发现清单不严谨的表现所在,妥善处理。

6）清标报告

清标报告是评标委员会进行评审的主要依据,它的准确与否将可能直接影响评标委员会的评审结果和最终的中标结果,因此至关重要。清标报告一般应包括如下内容:

①招标工程项目的范围、内容、规模等情况。

②对投标价格进行换算的依据和换算结果。

③投标文件中算术计算错误的修正方法、修正标准和建议的修正结果。

④在列出的所有偏差中,建议作为重大偏差的情形和相关依据。

⑤在列出的所有偏差中,建议作为细微偏差的情形和进行相应补正所依据的方法、标准。

⑥列出投标价格过高或者过低的清单项目序号、项目编码、项目名称、项目特征、工程内容、与招标文件规定的标准之间存在的偏差幅度和产生偏差的技术、经济等方面原因的摘录。

⑦投标文件中存在的含义不明确、对同类问题表述不一致或者有明显文字错误的情形。

⑧其他在清标过程中发现的,要提请评标委员会讨论、决定的投标文件中的问题。

⑨清标报告既不得就投标人是否实质性响应招标文件进行评价,也不得就投标报价的合理性(包括是否存在严重不平衡报价)进行评述。

针对清标过程中发现的可能存在疑义或者显著异常的数据,评标委员会及招标人可提出质疑,若拟中标单位存在以上问题,则应要求其澄清、承诺或在投标总价不变的情况下进行合理调整,并在合同条款中予以明确,以降低业主风险,减少工程争议。

7)存在问题的处理意见

针对清标过程的主要内容,在清标过程中如发现问题,都应在答辩或澄清会上提出,以便建设单位对投标报价进行修正、对投标人提出质疑或根据招标文件规定决定是否废标。对于不明确的地方由投标人做出解释,对于算数错误按招标文件进行修订报价。例如,投标人未按招标人给出的材料暂估价报价,在保证投标报价不变的情况下,由投标人对其不合理单价进行调整。废标与否,要根据招标文件规定是否为废标条件,若招标文件规定为废标条件,是不能进行修订的。例如,工程量清单招标,工程量与招标文件不一致,必须废标。

5.2 招标投标阶段造价管理案例分析

5.2.1 招标投标阶段造价管理问题综合分析案例

[案例5.1] 项目A招标管理问题及改进措施

1)项目A招标管理问题分析

在第2章2.1.2部分,案例项目A中的一期造价管理问题,常得不出相对符合真实情况的工程造价数据。而这仅仅是小李招标工作中的第一道关卡。前文中提到,负责项目A招标工作的小李在编制最高投标限价过程中,由于缺少内外部对标项目,使得编制完成后无法判断工程造价数据的准确性。

第二道关卡出现在开标当天,在每个有意向的投标单位公开自己的价格后,有可能出现建设方定义的异常报价情况。本次招标文件明确:报价异常,就是投标报价低于最高投标限价的15%。其中,投标报价的最低价低于最高投标限价15%的情况叫作单低;同时,投标报价的平均价也低于最高投标限价15%的情况叫作双低。出现异常报价时,小李就需要大量对标、取证来证明自己做的控制价没有任何问题,还要证明最低价中标的单位报价低的原因可能是施工单位主动让利,又或者施工单位有其他盈利手段。

小李很无奈也很自责,身为一名造价管理人员,却无法给出专业的意见。小李认为,致使招标异常的原因,主要是对标项目覆盖面不够全面,得到相关资料比较困难。工程造价随着时间的变化更是排除了一部分陈年项目,能满足要求的对标项目资料更是很少。小李曾经跟自己的部门领导寻求过帮助,让领导出面要一些对标资料,然而收获甚微;也曾提出一些建议,如建立对标数据库,然而并未引起关注。

最高投标限价中的材料费是比较复杂且重要的一项。在经过几次异常的招标工作后,小李进行分析后发现,材料费有异常。材料费的影响因素诸多,例如品牌、地区、品质等,想要控制材料费比较困难。小李的材料询价方式也只是在网上搜索供应商或者参考发布的信息价。在网上搜索范围广、效率低,而发布的信息价格低,材料种类型号有限,都不能达到预期的效果。

在招投标阶段,如果小李能准确了解市场价格,其做出的最高投标限价的效果将会更能贴合市场实际。当下最理想的方式就是与知名施工单位和设备材料供应商进行合作,及时准确地了解市场行情,汇总不同施工单位的行情并进行分析,得出较为合理的市场价格。并结合市场与国家定额标准,重新组价,担负起咨询方的责任,为建设方提供符合市场规律的最高投标限价,减少招标过程中的问题,也为建设方减轻工作量。

2)招标管理改进措施

(1)建立对标数据库

编制最高投标限价是小李重要的工作内容之一。在编制最高投标限价的过程中,小李需要提供合理的最高投标限价,以避免施工单位在投标时不合理报价。消除施工单位不合理报价,一方面避免了结算时由于不平衡报价带来的造价风险,一方面也为项目投资做出了合理的控制。如何实现工程中每个子项目的综合单价均符合市场普适性的价格是值得关注的。根据实际工作经验与建设方的需求,应该对相似或同样的项目进行对标,鉴于B集团对对标工作不够重视及对标文件的碎片化管理的情况,建立数据库是当下贴近施工市场以及节省工作的时间成本的首选办法。

在当前市场经济良性竞争的大背景下,房地产项目为节约项目成本通常要多家比价,比价的内容不仅仅有不同施工单位对本项目报出的工程投标价,还有同一个类型的项目不同开发商最终签约的合同价,甚至还有同一个施工单位对不同开发商、不同项目的签约合同价。如何使如此繁杂琐碎的工作条理清晰、规范化,提升造价部门整体的工作效率,是B集团当下面临的成本管控问题之一。

事实上,只要将公司的资源整合,建立对标数据库,那么这种无效工作就完全是可以简化的。常规的地产项目通常是不会有特别先进和突出的技术革新,这就意味着不同的开发商的不同工程都会具有相同或相似的项目子目。如果以一个对标工作为基础,持续增加不同建设方的对标清单,直至形成一个涵盖所有不同的合同价钱的一个数据库,那么再有一个新项目时,造价管理人员就可以在该数据库中输入关键字,调取合适的对标结果,复制到自己的对标工作中即可。这就比每个人都同时打开好几个项目逐行对标要高效很多,同时也降低了一些人为输入的风险。将所有项目汇总在一起的数据加以分析,也可以更加准确地预估现有项目的浮动情况,可以有更多的时间整合数据,提出更合理、更专业的造价建议,而不是只做基础数据输入工作。

在招标、评标、清标时有足够的数据做支持,会更容易分析出施工单位的投标策略和不平衡报价。即使投标异常时,也可以快速找到异常原因,在向建设方汇报时化被动为主动。此外,专业的行为会赢得建设单位的信任和更好的评价。

通过这样的不断优化和丰富对标数据库,不仅能让造价管理人员工作更轻松、更高效,思路更清晰,还能增进不同部门之前同事的感情,大家互相帮助,共同进步,同时也将公司地产项目进行对比和总结,最终辅助实现高效的造价管理。对标数据库见表5.2.1。

表5.2.1　对标数据库

序号	项目名称	项目特征	施工内容	单位	对标项目 A					对标项目 B	综合单价分析			
					综合单价 $a=b+c+d+e+f$	人工费 b	机械费 c	材料费 d	其他 e	……	平均值	截尾平均值	中位数	走向分析图
1	项目1	…	…	…										
2	项目2	…	…	…										
3	项目3	…	…	…										
…	…	…	…	…										

（2）健全询价渠道

除了建立对标数据库，B 集团还应健全询价渠道。专业的事情可以交给专业的人去做，像材料价格的事情可以交给更专业的人去做，比如一些专门的询价网站，如慧讯网等。造价人员只要将需求录入便可在网页中找到想要找的材料和厂家，针对自己的需求进行比价，大大提高了工作效率。数据收集网站介绍见表5.2.2。

表5.2.2　数据收集网站介绍

序号	数据来源	网站特点	基础信息	造价信息
1	广联达指标网	提供全国多个省市、上百个工程类型、上千个工程项目的造价指标，各个专业分包工程指标数据，并且能够掌握造价趋势，对数据进行预测	结构类型、地上层数、地下层数、地区、造价类别、工程类别、基础类型、设防烈度、装修标准等	（1）建安造价分析表 ①建安造价汇总表； ②建筑工程造价分析表； ③装饰工程造价分析表； ④电气造价分析表； ⑤管道造价分析表 （2）建安费用分析表 ①清单费用分析表； ②定额费用分析表 （3）人材机价格分析表 ①建筑主要人材机价格表； ②装饰主要人材机价格表； ③电气主要人材机价格表； ④管道主要人材机价格表
2	重庆市工程造价信息网	用户可以通过多种途径和关键词搜寻到所需的项目信息，并可以下载使用	项目名称及编号、项目规模、价格区间、地理位置、结构形式等	费用组成分析： 分部分项工程费指标、措施项目费指标、工料分析表
3	造价168指标库	不仅掌握了全国各地各类型建筑物的建造信息，还提供了全国各地各类型项目的建造成本对比信息	工程阶段、工程类型、工程地点、结构类型、基础类型、地下层数、地上层数、行车道数等	工程造价组成分析： 工程造价组成费用、分部分项指标工程量指标、主要工料消耗指标

续表

序号	数据来源	网站特点	基础信息	造价信息
4	中国建设工程造价信息网	①提供了 30 多个省会城市、3 种类型(多层、小高层、高层)的住宅建安工程造价指标数据;②可看到全国及各地住宅的建筑安装费用成本趋势图	建筑地区、建设时间、建筑物层数等	各地住宅建安工程造价指标
5	大匠通指标云	可根据导入的预算成果文件,进行智能化归集,快速得到以单方造价、单位含量、单位耗量及造价占比为代表的工程经济指标、主要工程量指标、工料机指标、扩大性指标和占比指标等各项技术经济指标	—	工程造价构成指标、主要实物工程量指标、主要材料消耗量指标

5.2.2　施工招标策划案例分析

[案例 5.2]　项目 A 施工招标策划

1) 项目 A 施工标段及界面划分

项目 A 工程规模大、工程量大、专业多,为控制工程造价,采用的是"施工总承包+专业发包"的招标方式。在符合政策法规的前提下,将专业性强或行业垄断工程进行专业发包,如幕墙工程、电梯采购安装工程、暖通工程、智能化工程、景观工程、亮化工程;将图纸深度不够、专业性强与总包关系密切的项目进行专业分包,如门窗工程、钢结构工程;将品牌、规格、材质等决定价格的材料、设备采购项目约定好参考品牌及采购标准,如钢材、混凝土、防水保温材料、铝型材、玻璃、装饰主材、机电设备及主材等。

因涉及的专业承包单位多,如果各专业之间配合不当,难免会造成窝工、返工、索赔等风险。为有利于各专业之间密切配合,规避在管理过程中遇到施工界面纠纷现象,在招标文件中应对施工总承包单位及各专业承包单位清晰地划分施工界面。

界面划分的作用包括:

①明确各标段承包人各自的工作范围及工作界面。

②明确各承包人之间需要配合及协调的事项。

③指导设计管理,使设计部门清晰了解各标段所需的设计内容,以防招标图纸中对于工作范围的错漏碰缺。

④指导施工管理,使工程部门管理时明确各项工作的实施方,使管理者一目了然,心中有数,从而提高效率。

2) 项目 A 招标文件施工总承包范围及内容

项目 A 招标文件施工总承包范围及内容如下:

①土石方工程:包括清表、平整场地、土石方开挖、回填、外运等。

②基坑支护及降水工程:护坡、基坑围护、基坑降水等。

③桩基工程:地基处理及桩基施工等。

④基础工程:含基础土石方的挖填运、砖基础、钢筋混凝土基础等。

⑤土建工程:散水(含)以内各楼栋、车库、设备用房、物管用房等所有土建工程(包括所有设备基础、电缆沟和防水等),户外附属工程,挡墙边的滤水盲沟及挡墙外的土方回填工作内容。

⑥安装工程:给排水工程,电气工程,防雷接地工程,弱电智能化、消防工程、人防设备工程的预留预埋(以工程施工图及图说、设计变更、技术核定及洽商、图纸会审纪要和发包人书面通知为准)。

⑦采暖工程:建筑单体内的采暖工程。

⑧防水工程:含地下室部分的基础、筏板、挡墙;室内的卫生间、厨房、阳台,屋面工程涉及的防水等。

⑨保温工程:外墙及屋面的保温、隔热等。

⑩外墙漆工程:含弹性涂料、质感涂料、彩色砂浆、零星真石漆等(外墙面以真石漆为主的外墙漆工程则由发包人单独发包)。

⑪GRC\EPS装饰线条。

⑫车库地坪漆工程。

⑬成品烟道、成品落水管的供货及安装工程。

⑭栏杆工程:护窗栏杆、靠墙扶手、楼梯栏杆等。

⑮装饰工程:高层消防楼梯间、设备机房等。

⑯钢结构工程:造价不大于300万元,超过300万元的则由发包人单独发包,最终以发包人实际发包为准。

⑰挡墙、生化池的池体建筑结构、游泳池结构、(临时)道路、异地样板房结构、围墙、廊亭结构等(其中挡墙、围墙造价不超过100万元),工艺分隔和配套的透气管道施工、土石方开挖、回填。

⑱发包人确认的工程施工图及图说、设计变更、技术核定(洽商)、图纸会审纪要、中标通知书、招标书及其附件、工程投标文件及附件、工程预算书等所确定的内容均属本工程承包范围及内容(另有约定除外)。

⑲主协议约定的承包人的配合工作及责任。

⑳除上述约定工程承包范围及内容外,发包人另行书面委托的其他工作内容,包含但不限于样板房(含清水样板房和施工程序、工艺流程展示样板房)、竣工前后零星工程的整改、修缮、其他零星工程等(包含但不限于本工程)。

3)项目A严控施工界面划分

(1)施工界面表

施工界面表是界面管理的升级文件,对于有些专业工程(如园林、精装修、消防及幕墙等),在上述承包范围及内容无法表述清晰的情况下,需要界面表作为强化工具,以便清晰地表示界面划分。施工界面表是合同中重要的管理性文件。例如,项目A的专业承包园林及消防单位与施工总承包 3 个单位之间存在多个需交叉配合事宜,为清晰地表示 3 个单位之间的配合关系,制订了施工总承包与园林、消防专业承包施工界面表,见表 5.2.3。

表 5.2.3　园林景观工程施工界面表

序号	分部分项	园林	施工总承包	消防
1	滤水系统		√	
2	种植土以下土方回填		√	
3	建筑周边雨水暗沟、盲沟、散水		√	
4	主体出来的雨水、污水支管及以后的雨水、污水管网施工,及接入市政主干管网段;包括管沟开挖、回填、管道安装、雨污水井开挖砌筑;雨污水井砌筑标高至底土回填高度		√	
5	装配式雨污水检查井		√	
6	生化池		√	
7	雨水收集池		√	
8	隔油池		√	
9	消防道路结构		√	
10	消防扑救面结构		√	
11	3 m 以下挡墙结构及饰面(若有)	√		
12	3 m 以上挡墙结构(若有)		√	
13	3 m 以上挡墙涂料饰面、同建筑外立面材料饰面(若有)		√	
14	周界围墙的砌筑、抹灰、涂料面层以及周界安防系统的预留预埋,管道安装后的收边、收口(若有)		√	
15	周界围墙石材饰面(若有)	√		
16	塔楼、车库部分(含单元入户大堂、楼梯间、电梯前室等)的所有应急照明箱、普通照明箱、应急照明、疏散指示、安全出口、普通照明安装调试。从专用配电房至所有应急照明箱、普通照明箱的电缆进线敷设			√
17	从配电房出线至商业用房、物管用房、幼儿园、学校、光彩照明、社区用房、垃圾站、门岗等配套用房电源配电箱及电缆电线敷设(含配电箱及表箱,商业含总表箱,包括别墅非消防电梯电源)的电气安装调试;社区用房、垃圾站、门岗、商业及物管用房室内普通及应急照明、安全出口、疏散指示安装调试			√
18	中央空调工程:空调主机吊装孔、洞预留、修复;对墙、板与套管、套管与给水管间缝隙进行灌实防水处理		√	
19	中央空调工程:电系统施工从专用配电室出线至空调配电箱(含箱体安装及电缆敷设)			√
20	防排烟工程:从风机配电箱到屋顶风机处的基础、孔洞预留、线管预埋、接地端子预留		√	

续表

序号	分部分项	园林	施工总承包	消防
21	发电机配电屏至专用配电屏间电缆、桥架、应急电源低压屏安装;开闭所、公用变配电所、专用变配电所、柴发机房、电梯机房、消防控制室、弱电机房、消防水泵房、生活水泵房内桥架、照明、开关插座、明配管(暗敷除外)安装			√
22	从专用配电室电梯电源出线开始至各楼栋电梯电源箱进线端段电缆施放接线(含电梯控制柜及电梯配电箱安装及电缆敷设)			√
23	开闭所、配电房、电梯机房、柴发机房、消防控制室、物管用房、社区活动中心、幼儿园、学校、岗亭等功能房间空调套管预埋、排水管道安装		√	
24	压力排水:水泵、配电箱及电缆敷设、安装调试		√	
25	除以上约定额外增加部分			

注:"√"表示对应单位施工。

(2)项目 A 精装修工程界面划分实例

项目 A 精装修工程属于专业承包,精装修施工图是单独委托设计单位设计的。造价管理人员对比精装修工程和建筑工程图纸的建筑做法后,发现其施工工序与施工总承包的建筑做法有很多不一致之处,甚至有重复施工现象。在精装工程招标时,总承包单位已经完成了基层、找平层(表 5.2.4 中第 4、5 项)的施工,精装工程的招标图纸包括全部工序的做法,但其对基层和找平层的设计和原建筑设计做法不一致。例如,楼面 3 石材地面,其总包施工的建筑做法和精装修的营造做法内楼面都是石材,虽然面层都一样,但是基层和找平层的做法却完全不一样,见表 5.2.4。

表 5.2.4　更改前楼面 3 建筑做法对比表

项目名称	序号	建筑做法	精装做法
楼面 3 石材地面	1	20 mm 厚大理石板铺贴	铺 20 mm 厚大理石板,DTG 擦缝
	2	30 mm 厚 1∶4 干硬性水泥砂浆	10 mm 厚 DTA 砂浆黏结层
	3	20 mm 厚 1∶2 水泥砂浆找平层	20 mm 厚 DS15 干排砂浆找平层
	4	58 mm 厚细石混凝土找坡	60 mm 厚 CL7.5 轻集料混凝土垫层
	5	钢筋混凝土楼板	钢筋混凝土楼板

为防止精装修施工单位进场后对土建已完成的基层和找平层的做法不认可,以建筑做法的找平层不能满足精装图纸为借口,要求改换找平层,从而导致造价增加,造价管理人员要求精装设计单位和建筑设计单位统一设计做法。统一设计做法后,在编制精装修工程量清单时,在做法表上按工序划分了土建和精装的施工界面,这样既简单明了,又做到了无缝隙衔接。其成果见表 5.2.5。

表 5.2.5　更改后楼面 3 营造做法

项目名称	石材地面	所属标段
楼面 3 石材地面	20 mm 厚石材地面(六面满涂防污剂),专用填缝剂擦缝	精装修施工
	30 mm 厚 1∶3 干硬性水泥砂浆黏结层	
	20 mm 厚 1∶2 水泥砂浆找平	土建施工
	60 mm 厚 C15 细石混凝土找坡不小于 0.5%,最薄处不小于 30 mm 厚	
	现浇钢筋混凝土楼板	

4)项目 B 合同条款修订

建设市场可能存在这样的误区,认为越是严格的合同越是成功,甚至出现了大量的惩罚条款以替代管理。其实不然,合同条款是对合同双方权利和义务的合理分配,其"可操作性"极为重要。若对合同一方过于严厉和苛刻,一方面可能导致投标价格趋高,另一方面可能导致条款无法落实,反而增加现场管理的难度,影响工程进度。以罚代管更是管理水平倒退的产物,在实际现场管理中,容易引起施工方的对立情绪,最终结果要么是建设方为了工程妥协放弃罚款条款,要么是双方对立僵持导致进度拖延,使成本增加。因此,全过程造价咨询管理人员对项目 B 招标文件的一些合同条款,有针对性地提出一些修改意见,见表 5.2.6。

表 5.2.6　部分合同重点条款修改建议表

序号	关注点	原拟稿	修改建议
1	不可抗力	台风、暴雨等未量化	不可抗力予以量化。例如,24 h 内连续降雨量 100 mm 以上的暴雨等
2	价格要素的调整	人工、材料无论涨跌都不调价	近年来,人工、材料价格涨跌较大。鉴于此前项目的实际情况,若由承包人全部承担人工材料上涨的风险,难以实现,不利于合同履行及项目推进。 建议: ①人工采用政策性动态调整方法; ②材料价格采用承包人和发包人共同合理分担的方法,确定主材(钢筋、混凝土、水泥)风险幅度 5%,超过 5% 的风险由业主承担,5% 以内由承包人承担
3	创奖夺杯	获奖无奖励,未获奖处罚	合同双方遵循对等的原则,有奖有罚才显示公平,只罚不奖,不利于调动承包人的积极性。获奖后,承包人要加大投入,理应获得奖励,且项目获奖,业主既获得了荣誉,也是受益一方 建议:奖罚对等

5)项目 B 产品适配降成本

项目 B 智能化工程,因专业性强,采用专业发包,招标前做足功课,按设计提供的图纸和智能化设备清单,在满足功能和参数的前提下,对设备品牌和选型按两个方案进行询价比价:

方案一的市场价为 1 123 万元,方案二的市场价为 859 万元,两个方案相差 264 万元。

决定智能化工程价格水平主要是设备品牌和选型,例如机房工程中占比较大的是 UPS 和精密空调。方案一选用某进口品牌的 UPS,方案二选用某合资品牌的 UPS,二者价差在 30% 左右。精密空调的选用:方案一选用某进口品牌,方案二选用某合资品牌,二者价差在 40% 左右。因本工程以民营投资为主,招标时按性价比高的方案二进行招标,同时发挥投标人专项特长,允许投标人在满足要求的前提下可优化,带方案投标。第一轮回标后,对投标方案及报价进行综合评审,在满足功能和使用要求的前提下,本着质量可靠、经济实用的原则,对品牌及设备选型方案再次优化,并按优化后的方案进行第二轮报价比选,让投标人在同一基准上报价,最终投标报价比目标成本低 10%。

6)项目 B 电梯采购整合资源优势降成本

建设项目中材料、设备采购是决定项目成本控制的重要因素之一,造价咨询公司对项目 B 招标采购进行全程策划,选取性价比高的供应商,电梯采购是其中的一个典型例子。

项目 B 原本电梯采购的定位是:教学楼、图书馆、实验楼等采用一线品牌,宿舍及公寓楼等采用二线品牌。按此要求,造价咨询公司首先编制了一套关于电梯市场的专题报告,给建设单位的决策提供了重要的参考依据。该报告主要内容摘录如下:按照电梯企业的经营状况,综合电梯行业的发展、格局变化来划分品牌(通常年营业额 40 亿元以上可定义为一线),整个国际市场主要分为欧美系和日韩系,欧美系与日系电梯的主要区别见表 5.2.7,电梯主要品牌及分类见表 5.2.8。

表 5.2.7 欧美系与日系电梯的主要区别

分类	欧美系	日系
载重	1 100 kg 或 1 000 kg	1 050 kg
优势	大的主要部件,机械部分用料扎实,外观大气敦实	中日建交时期,日本对中国的机电技术援助为我国机电技术打下了很好的基础,目前中国国内很多电气和机电都是源自日本,同时日系电梯机械设计合理,故障率低
劣势	电子系统部分不适用中国,安全功能复杂、故障率较高,比如通力电梯经常出现爆变频器控制卡故障,迅达控制柜平均两年换一次	核心部件和用料都比较轻薄,类似于德系车和日系车的区别

表 5.2.8 电梯主要品牌及分类

档次	主要品牌
一线	奥的斯、三菱、通力、迅达、日立、东芝、富士达、蒂森、现代
二线	永大、博林特、西尼、巨人通力、西奥、西继迅达、康力、蒂森·克虏伯曼隆、上海三菱
三线	江南嘉捷、申龙、帝奥、怡达、东南、菱王、百斯特等

日系 4 家:三菱、富士达、日立、东芝。欧美系 4 家:奥的斯、迅达、蒂森、通力。这 8 家占有

世界范围内80%、中国国内70%以上的电梯市场。依据上述电梯的专项报告,建设单位最终选择了通力、上海三菱、现代、永大、西奥电梯、怡达电梯等各个不同档次的电梯入围进行比选(此时建设单位对电梯选用的定位尚不清晰)。造价咨询公司建议一线知名品牌可不予考察,对尚不了解的品牌可安排一次考察。根据建议,建设单位决定对永大电梯、现代电梯、西奥电梯、怡达电梯4家电梯厂家进行实地考察。根据考察情况,造价咨询公司从各个品牌企业的概况、电梯产能、运维服务、优缺点等方面进行对比汇报,见表5.2.9。

表5.2.9中所列4家电梯厂商,前3家企业的核心部件均为自行研发与生产,最后1家以外采购组装为主,除此之外,各厂家也有各自的特点。依据考察结果,建议给予4家厂商二次报价的机会。后期评标时,注意各品牌电梯需求参数、功能及服务的一致性,并结合后期运维费用综合评价投标报价。考察过后,现代电梯表现出了很强的响应力,为提高现代电梯在中国市场的占有率,同时考虑项目在某地区的影响力,现代电梯给出了最高的诚意。最终建设单位基建小组决定全部采用一线品牌现代电梯,采购总价低于二线品牌。

表5.2.9　电梯厂家考察汇报表

品牌	企业概况	电梯产能	运维服务	优缺点
永大电梯	台商独资企业,台湾母公司早先有日立公司的参股经历,上海公司成立于1993年,上海总厂占地124 667.29 m²,分别在四川、天津等地建厂作为辅助生产基地	年产量3万台,最大载重5 t,最大速度6 m/s,核心部件均自行研发与生产,生产线部分自动化,产品的原材料对规格参数有较高要求	每台电梯均有远程监控系统(若非本厂运维团队,则此系统不可使用),主要配件自行生产,对产品维修成本及质量控制有利	核心部件均自行研发与生产,产品质量稳定,有一些特色的专利技术(如防坠落功能),提倡一次性采购加后期维修保养费用作为电梯采购及服务项目的总成本。运维网络成熟可靠。缺点:最大运行速度为6 m/s,对于一些超高层建筑无法满足要求,但我们的项目是完全能够满足需求的
现代电梯	韩国现代集团全资子公司,1993年成立,建厂后产品主要是外销。直到2012年才在中国市场建立销售网络拓展中国市场、目前厂区占地53 333.60 m²,新厂区正在建设中,占地约120 000.60 m²	年产量1万台(新厂区建成后年产可达3万台),最大速度10 m/s(韩国总部生产可达18 m/s)。核心部件均自行研发与生产,生产线部分自动化,高端电梯部件由韩国总部生产,品质有保障,在韩国市场占有主导地位	每台电梯均有远程监控系统,若非本厂运维团队,此系统可以与第三方运维对接(口头表示,实际上可能双方需要协商),售后服务主要是由南京、扬州、苏南分公司负责实施	现代电梯源于韩国老牌制造企业,产品成熟稳定,拥有一些特色的专利技术(如轿门防撞脱落技术),产品质量可靠。缺点:在中国市场建网销售较晚,后期运维网点的运行能力存在不确定性

续表

品牌	企业概况	电梯产能	运维服务	优缺点
西奥电梯	浙江省民营企业,成立于2004年,目前厂区产地113 333.9 m²新厂区在建,占地176 667.55 m²,曾经与奥的斯合资成立西子奥的斯公司,目前该合资公司已注销	年产量3万台,最大速度10 m/s,最大载重10 t,核心部件均为其集团相关子公司生产,生产线基本实现自动化。自动扶梯及人行电梯的相关制造参数均处行业领先	每台电梯均有远程监控系统,承诺本项目19台电梯,若中标将安排固定数量的人员驻场服务	核心部件均为自行研发生产。企业建立了安装及维保的专业技术人员培训机制,培训工作系统科学,具备理论与实践相结合的特点,企业的后备技术力量充足,生产线自动化程度较高
怡达电梯	浙江省民营企业,成立于1996年,厂区占地85 333.76 m²,坐落在电梯产业小镇浙江省湖州市南浔区	年产量1万台,最大速度10 m/s,主要部件均为外协生产,无核心部件的研发能力,生产线基本实现自动化	电梯无远程监控系统(正在建立中),属于传统运维模式	因无核心部件、核心技术的研发能力,产品属于定制加工模式

5.2.3 工程量清单编制案例分析

[案例5.3] 项目C模拟工程量清单编制

下面以项目C为例,分析EPC总承包工程模拟清单编制难点及应对措施。

1)编制难点

EPC工程一般情况下为初步设计图招标,在该情况下,不管是对建设单位投标还是对专业项目分包,均需要完整定义建筑产品,完善技术要求,以便于后期的成本控制。因此,模拟清单编制需要:

①加强技术经济融合,解析技术标准。项目的设计方案及技术标准是编制模拟工程量清单的重要基础资料,与设计人员进行充分的沟通,全面深刻地了解设计意图、掌握项目的技术标准,是准确全面地进行清单列项的必要前提。

②创新列项思路、合理清单设置。在设置工程量清单时需要创新列项思路,合理设置模拟清单,尽可能地确保在项目深化设计后的所有工作内容均在所设置的清单项目中找到适用的清单项目。

③准确项目定位,科学控价设定。合理的清单控制价是确保项目招标以及项目顺利实施的重要保障,也是确保项目质量的重要前提。在设定控制价时,应基于招标技术要求、品牌要求、项目定位以及将可能影响清单项目综合单价的其他因素综合考虑后进行综合单价的设定,避免因单价不合理影响最终的实施效果及工程质量。

项目C横一路为实现尽早开工,采用初步设计图模拟清单招标,经分析,有以下编制难点:

①土石方平衡问题。本项目路线全长8.48 km,节点较多,受施工红线内土地移交、设计

方案变更、管线迁改及跨锦江、下穿天府大道等影响，常规土方平衡不能满足工程需要。造价咨询公司提出要求设计、建设单位分段分桩号编制土石方调配方案，供模拟清单（含预算控制价）编制时使用；在审定版施工图出来后，要求施工单位分段分桩号编制土石方调配方案，经监理、建设单位审批同意后，在编制施工图预算控制价时使用。

②模拟清单中关于清单综合单价报价的约定问题。本项目为初步设计图模拟清单招标，很多项目的清单工程量与实际工程量都会出现偏差，为防止过去项目中出现的严重不平衡报价导致的低价中标，高价结算，确保中标价不突破，本项目要求综合单价采用统一下浮比例下浮。为达到这一要求，在清单说明中约定"本次招标工程采用工程量清单综合单价法报价。投标人的综合单价（含总价包干项目）为投标人根据招标人给出的控制价，按统一下浮比例下浮后的综合单价。除合同另有规定外，在合同履行过程中，无论任何原因引起的工程量的减少或增加，投标人的中标综合单价均不调整。投标文件按照招标人给定的格式要求进行打印并按相应格式要求盖章"。并在分部分项工程量清单计价表和单价措施项目清单计价表中，给出综合单价最高限价。

2）应对措施—清单编制说明中的特殊说明

由于该项目采用初步设计图编制模拟清单招标，正式施工时采用施工图，施工图与初步设计图之间可能存在差异，为了减少建设单位和施工单位在实施期间对措施项目产生较大争议，在编制模拟招标清单时，专门在模拟招标清单说明中做了专门约定：招标人给出的除安全文明施工外，其他总价措施项目由投标人自主考虑计入投标报价中，结算时不予调整。除本说明中条款"投标人在进行措施项目清单计价表的报价时应特别注意以下几点"约定外的均按本条执行。若招标人给出但投标人未报价的项目，招标人视为该项措施费用已包含在投标总价中，中标后不予调整。投标人在进行措施项目清单计价表的报价时应特别注意以下几点：

①施工用水、用电接入：本工程施工用水、用电接入均由投标人自行解决，招标人可协助投标人协调相关行政主管部门。投标人根据项目建设需求和现场条件编制相应的接入、使用方案，报监理人、招标人和供应单位审批并办理相关手续后实施，其相关费用按实结算。

②施工排水、降水（含井点降水）：由投标人在投标报价时综合考虑，此项目中标后包干使用。

③大型机械设备进出场及安拆费：由投标人在投标报价时综合考虑（所有专业的大型机械设备进出场及安拆费均在道路工程中综合考虑，其余不单独列项），此项目中标后包干使用。

④已完工程及设备保护：已完工程成品保护的特殊要求及费用，由投标人投标报价时综合考虑到其他单价或费用中，不单独支付。

⑤便道、便桥：指兼顾社会交通和进场需要修建的便道、便桥，投标人根据项目建设需求和现场条件编制相应的接入、使用方案，报监理人、招标人和行政主管部门审批并办理相关手续后实施，其相关费用按实结算。

⑥临时交通组织：由交通主管部门审批的临时交通组织方案中，对场外临时交通疏解费用，如固定式交安设施、临时标线、场外道路义务交通管理员等由招标人签证支付；其余现场交通组织费，包括封闭主道后施工现场交通组织、维护现场施工交通秩序人员、可移动式标志等相关费用，由投标人在投标报价中综合考虑，不另计取。

⑦管探、物探:招标人提供的管探资料仅供参考,投标人需对现场进行查勘、核实,相关费用不单独计取,由投标人在投标报价中综合考虑。

⑧工程检测:投标人应按国家及行业有关规范、标准进行工程质量检测(包括但不限于对所有桩基逐桩进行无损超声检测、对钢箱梁按规范进行检测、桥梁预压、密实度检测、弯沉测试等相关工序质量检测以及所用构件、制品及有关材料的质量检测),上述超出定额规定的检测费用由投标人在投标报价中综合考虑,招标人不额外支付其他费用。

⑨施工围挡:包括施工围挡搭设、周转(含多次)、运输、拆除,围挡标准提升,围挡广告布置等超出定额规定的费用,由投标人在投标报价中综合考虑,不另计取。

⑩本工程半成品、成品材料、设备、取土、弃渣等运输距离均由投标人自行调查,在投标报价中综合考虑,不得调整。

⑪投标人必须充分考虑工期、交通、场地、气候、民风民俗等各种因素组织施工,超出定额规定的夜间施工、二次搬运、冬雨季施工费用以及行车行人干扰费用,由投标人在投标报价中综合考虑,招标人不额外支付其他费用。

5.2.4 施工投标报价策略与技巧案例分析

[案例5.4] 项目A施工总承包单位投标阶段成本控制

1)施工总承包投标阶段成本控制内容

投标阶段成本控制是施工总承包工程成本控制的基础阶段,是以各项基础数据和各项初始成本收集、整理、汇总为前提,经过分析测算得出项目的各项成本指标,并建立目标成本体系的阶段,具体主要分为以下几个方面:

①施工总承包工程考察。施工总承包工程投标阶段的现场踏勘及环境考察是投标报价前的基础准备工作。通过现场踏勘了解施工总承包项目的建设规模、建筑类型、施工现场场地环境、"三通一平"情况、自然地理环境、社会经济环境以及当地政府对建筑施工要求等,结合对建设方(即招标方)的经济水平、资金运转情况及履约能力评估,进而对拟投标项目进行投标定位,确定投标方向。

②施工总承包工程下游人工、材料、机械设备、专业分包询价。施工总承包工程费用是由直接费、间接费、规费及税金组成的,而直接费由人工、材料、机械设备费用组成,是其他费用的计算依据,充分做好下游各项发包成本的询价,是保证投标报价成本测算的基础,是施工总承包工程投标阶段的成本控制的关键工作。因此,在投标阶段应做好各类下游分包成本询价的确认,尤其是项目管理团队应充分参与下游分包询价工作,并对询价结果进行确认。

③施工总承包工程投标组价测算。根据各项下游分包成本询价结果及企业现有定额水平,并结合对拟投标的施工总承包工程定位,按照招标文件要求对投标报价进行组价测算。通常情况下,施工总承包工程招标主要分为:费率招标模式、模拟清单固定综合单价招标模式、固定总价招标模式和成本加酬金模式。投标报价测算需严格按照招标文件要求进行,并充分考虑市场波动造成的人工、材料、机械设备费涨价风险,保证投标测算成本准确,理论数据精准。

④施工总承包工程目标责任成本测算及签署。目标责任成本是指在投标阶段根据施工总承包工程的项目概况,按照人工、材料、机械设备等各项下游发包承包的市场询价,结合项目所在地的自然环境条件、社会环境条件、市场价格波动风险情况,对施工总包项目进行成本测算

及预估,由项目主要管理人员对项目各项成本进行确认,形成项目的目标责任成本,作为施工总承包工程成本控制的指导性文件。同时根据目标责任成本及施工总承包企业的成本控制制度和要求,建立施工总承包工程的目标责任成本考核机制,形成有效的正负激励考核指标,以提升项目管理团队的主观能动性和项目成本管控的积极性,进而保证或提升施工总承包工程的整体利润水平。

2) 案例分析

(1) 某施工总承包工程概况

项目名称:项目 A 一期一标段施工总承包工程。

总建筑面积:约 95 723.06 m^2。

工程内容:6 栋高层洋房(YJ115 户型 5 栋 1+25 层,1 栋 1+23 层)及首层架空车库功能房(配电室)、幼儿园,交楼标准为精装修。高层结构为剪力墙结构,单体楼栋地上建筑面积约 12 130.1 m^2,地下建筑面积约 520 m^2,幼儿园占地 1 500 m^2,建筑面积 3 200 m^2,3 层框架结构。

合同价款暂定含税金额为(小写)￥170 625 338.61(大写)人民币壹亿柒仟零陆拾贰万伍仟叁佰叁拾捌元陆角壹分。(其中安全文明组织措施项目费为￥9 871 100.06);其中:不含增值税金额为￥155 113 944.19,增值税税率为 10.00%。不含增值税金额=含税金额/(1+增值税税率)(其中税率按当地政府规定)。

工程款支付:采用按进度月付。

工程计价原则:本工程采用工程量清单综合单价方式。

承包人对本工程的招标图纸、质量标准、工期要求、装修标准、技术要求、招标文件、合同条款已全部清楚;已充分详细了解并综合考虑了施工现场及周边的环境、地质(包括地下管网)、回填状况、交通等情况对现场施工的影响。

本合同价款已充分考虑了本工程涉及的人工费、材料费、机械费、管理费、措施项目费、系统调试费、水电费、调试费、其他项目费、总承包管理配合服务费、成品保护费、利润、行政事业收费、规费、税金、保险以及市场价格变动引起的风险。工程质量检验检测费、材料检验试验费、外墙节能检测费、主体结构检测费。除政府规定由发包人缴纳的天然基础的地基检测费、桩试验检测费、消防系统检测费、防雷检测费、室内环境检测费外的一切费用已考虑并全部计算。

(2) 施工概况

①临水、临电、临时道路、临设:承包人要确保临水、临电、临时道路、临设安全和质量,须有相应的预防措施,否则发生安全(包括但不限于防火、防盗)、质量事故,承包人承担全部责任。如遇特殊天气或地下水情况,应及时组织好排水、降水,确保施工现场没有积水及施工安全。

②质量要求:达到国家相关行业、工程所在地的技术规范、质量验收评定标准及专用条款的约定。工程质量需保证一次达到工程所在地政府质监部门验收合格等级,并按规定时限备案完毕,保证在各个工程节点验收合格。

③安全文明施工:承包人应按国家及工程所在地区地方政府颁发的安全文明施工等规范及条例组织施工,并达到工程所在地区安全文明施工要求。

④材料设备:本工程涉及的所有材料及设备必须符合设计要求、国家相关质量标准、政府

有关规定。

（3）施工总承包单位投标阶段成本控制目标

项目 A 一期一标段施工总承包工程投标阶段,经项目拟派管理团队及公司招投标相关主要管理人员结合该工程基本概况及招标文件相关要求,对项目进行初步评估定位,明确本项目为重点项目,并立刻对投标工作进行安排,组织由投标相关人员组成的临时投标小组开展投标工作,力争在有限的时间内完成现场踏勘,详细了解项目所在地的自然环境、社会环境、人工价格水平、材料价格、设备及周转材价格、政府费用等,进而结合招标文件要求编制切实可行的施工方案,结合企业技术和管理优势,充分掌握施工总承包工程的直接成本和间接成本,寻求合理降低各项成本的途径,同时积极收集投标竞争信息,在保证项目各项成本及合理利润的前提下编制有竞争力的投标书,进而实现在提高施工总承包工程中标概率的同时,为施工总承包工程中标后的成本控制和成本优化创造有利的条件。

（4）施工总承包单位投标阶段成本控制目标的实施

从收到建设单位招标文件开始,由拟派项目管理团队及公司招投标相关人员临时组建的投标小组负责。具体工作主要包括按招标文件要求组织管理人员进行现场踏勘,了解项目的建设规模、建筑类型、施工现场场地环境、三通一平情况、自然地理环境、社会经济环境以及当地政府对建筑施工的要求等项目基本情况。安排专人了解项目所在地的下游人工、材料、机械设备、专业分包价格水平,对当地的各项基础建筑资源进行考察核实,充分了解市场价格水平及行业动态。在现场踏勘完成,已基本了解行业动态,下游各项发包成本已充分考察完毕后,由投标小组按照收集到的各项基础资料,按照招标文件要求组织投标报价编制。由于本工程采用模拟工程量清单固定综合单价模式,且未提供完整施工图纸,故不涉及工程量计算,投标人的工作重点在于准确确定分项成本并确保投价准确。

为保证投标报价数据精准,在投标阶段,投标小组按公司规定对所有考察资料、分项成本及目标责任成本均进行了反复校核,并落实相关责任人完成签字确认工作,详见表 5.2.10 投标报价劳务人工成本询价单、表 5.2.11 投标报价材料成本询价单、表 5.2.12 投标报价设备周转材料成本询价单、表 5.2.13 投标报价专业分包成本询价单。

表 5.2.10　投标报价劳务人工成本询价单

序号	项目名称	单位	综合单价（元）			
			地下车库	公建	洋房基础	洋房（24 层）
1	1 钢筋工程（含二次结构、按实物量）	t	900.00	1 000.00	950.00	1 000.00
2	2 模板工程（胶木模板、按实物量）	m²	40.00	55.00	40.00	40.00
3	3 模板工程（铝合金模板、按实物量）	m²	35.00	40.00	40.00	40.00
4	4 混凝土工程（按实物量）	m³	35.00	50.00	35.00	43.00
5	5.1 砌筑工程（所有传统砌筑工程）	m³	100.00	100.00	380.00	100.00
6	5.2 砌筑工程（高精砌块）	m³	550.00	550.00	500.00	550.00
7	6 PC 楼梯制作安装（现场制作）	m³	600.00	600.00	600.00	100.0o
8	7.1 外墙抹灰（含挂网）	m²	20.00	24.00	20.00	10.00
9	7.2 内墙普通抹灰（含挂网）	m²	25.00	25.00	20.00	15.00

续表

序号	项目名称	单位	综合单价(元)			
			地下车库	公建	洋房基础	洋房(24层)
10	7.3 内墙薄抹灰(薄抹灰)	m²	5.00	15	20	25.00
11	7.4 屋面、楼地面找平、保护	m²	15.00	18.00	11	15.00
12	7.5 高精度楼地面	m²	25.00	25.00	12.00	25.00
13	7.6 楼梯踏步段抹灰	m²	30.00	30.00	30.00	30.00
14	7.7 天棚抹灰工程	m²	12.00	15.00	15.00	12.00
15	8.1 CL 保温板	m²	25.00	25.00	25.00	25.00
16	8.2 FS 保温板	m²		25.00	25.00	25.00
17	8.3 EPS 保温板	m²		20	20.00	20.00
18	9 基础砖工程	m³		300	300.0	260.00
19	10 砖地沟尺寸综合考虑	m	300.00	300.0	300.00	300.00
20	11 房心回填(含土方清槽)	m³	33.00	33.00	33.00	33.00
21	12 截桩头(混凝土灌注桩)	根	100.00	100	100.00	100.00
22	13 凿桩头(混凝土灌注桩)	m³	163.00	163	163.00	163.00
23	14 外墙纸皮砖铺贴	m²	50.00	50	50.00	50.00
24	15 外墙劈开砖铺贴	m²	50.00	50	50.00	50.00
25	16 外墙仿石喷釉砖	m²	50.00	50	50.00	50.00
26	17.2 屋面瓦铺贴(干挂)工程	m²	60.00	60	50.00	60.00
27	18.1 全钢爬架工程(按建筑面积)	m²	20.00	20	15.00	25.00
28	18.2 传统钢管脚手架(按建筑面积)	m²	15.00	20	17.00	20.00
29	19 扬尘治理	m²	8.00	8	8.00	8.00
30	20 测量放线工程	m²	7	7.00	8.00	5.00
31	21 沟盖板、井盖板、井圈安装工程	m²	35	35.00	35.00	35.00
32	22 垃圾道、通风道、烟道	套·层	45.00	45	45.00	45.00
33	23 钢篦子	套	20	20	20	20
34	24 安全文明施工(临时设施、人工、机械、材料及设备)	m²	15	18	18	20
35	25 临建工程(按建筑面积)	m²	5	6	6	6
36	现场管理费	m²	20	28	28	30
37	人工费单方合计	m²	364.29	406.85	27.26	398.38

表 5.2.11 投标报价材料成本询价单

序号	材料类别	材料名称	单位	单价(元)	税率(%)
1	钢筋	现浇混凝土钢筋(ϕ20 以外)	t	4 883.50	13
2		现浇混凝土钢筋(ϕ20 以内)	t	4 832.50	13
3		现浇混凝土钢筋(ϕ10 以内)	t	5 113.00	13
4	商品混凝土	C10 混凝土	m³	459.00	3
5		LC5.0 陶粒混凝土	m³	525.10	3
6		C15 混凝土	m³	469.20	3
7		C15 细石混凝土	m³	493.88	3
8		C20 混凝土	m³	479.40	3
9		C20 细石混凝土	m³	509.39	3
10		C25 混凝土	m³	489.60	3
11		C30 混凝土	m³	499.80	3
12		C30 P6 混凝土	m³	525.10	3
13		C30 微膨胀细石混凝土	m³	540.40	3
14		C35 混凝土	m³	515.10	3
15		C35 P6 混凝土	m³	533.46	3
16		C40 混凝土	m³	530.4	3
17		膨胀剂	m³	15.00	3
18	保温一体板	CL 保温板	m³	172.59	13
19		FS 保温板	m²	144.83	13
20		RPS 保温板	m²	181.21	13
21	砂浆	成品砂浆	m³	750.01	13
22		粉刷石膏	m³	1 000.00	13
23	砌体	机制砖(粉煤灰砖)	m³	578.58	3
24		加气块	m³	440.94	3
25		连锁砌块	m³	564.8	3
26	外墙砖	纸皮砖(含胶泥)	m²	46.02	13
27		仿石喷釉砖(含胶泥)	m²	61.23	13
28		劈开砖(含胶泥)	m²	91.55	13

序号	材料类别	材料名称	单位	单价(元)	税率(%)
29	其他	PC 楼梯	m²	3427	13
30		地板漆	m²	52.82	13
31		钢板止水带	m	35.5	13
32		止水条	m	14.56	13
33		屋面瓦	m²	48.46	13
34		烟道	m	54.2	13

表 5.2.12　投标报价设备周转材料询价单

序号	项目名称	单位	综合单价(元)			
			地下车库	公建	洋房基础	洋房(24 层)
1	1.1 木模板(传统胶木模板、按实物量)	m²	5.00	7.00	7.00	6.00
2	1.2 模板支撑(传统胶木模板、按实物量)	m²	6.00	5.83	5.83	4.38
3	2 铝模板(铝合金模板安拆、按实物量)	m²	26.00	26.00	26.00	30.00
4	3.1 全钢爬架体系租赁费(按建筑面积)	m²	50.00	50.00	50.00	50.00
5	3.2 架管、卡扣等租赁费(按建筑面积)	m²	20.00	20.00	20.00	20.00
6	4 地下车库止水螺栓(按建筑面积)	m²	2.00	2.00	2.00	2.00
7	5 结构拉缝板(按实物量)	m	45.00	45.00	45.00	40.00
8	6 设备间地板漆(按实物量)	m²	33.00	33.00	33.00	33.00
9	7 零星材料费(小五金,按建筑面积)	m²	12.00	15.00	12.00	15.00
10	8.1 水平运输(按建筑面积)	m²	5.00	2.00	2.00	2.00
11	8.2 垂直运输(按建筑面积)	m²	15.00	28.00	12.00	30.00
	设备周转材料费单方合计	m²	83.15	93.20	3.50	211.45

表 5.2.13　投标报价专业分包成本询价单

序号	项目名称	计量单位	分包含税综合单价(元)	税率(%)
1	挖基础土方	m³	35.00	3.0
2	基础土方回填	m³	33.00	3.0
3	0.5 mm 厚聚氯乙烯隔离层	m²	5.00	9.0
4	地下室顶板疏水层	m²	20.00	9.0
5	地下室底板 4.0 mm 厚聚酯型防水卷材	m²	52.62	9.0
6	地下室顶板 4.0 mm 厚聚酯胎改性沥青耐穿刺防水卷材	m²	57.73	9.0

续表

序号	项目名称	计量单位	分包含税综合单价(元)	税率(%)
7	地下室侧壁卷材防水 3.0 mm 厚湿铺聚酯胎基防水卷材	m²	47.92	9.0
8	地下室顶板 2.0 mm 厚非固化橡胶沥青防水涂料	m²	40.91	9.0
9	桩头面水泥基渗透结晶型涂料防水层	m²	40.91	9.0
10	地下室挡墙 30 mm 厚 XPS 挤塑板保护层	m²	22.07	9.0
11	顶棚变形缝	m	120.00	9.0
12	内墙变形缝	m	70.00	9.0
13	地下车库刮腻子	m²	12.00	9.0
14	地下车库刷内墙防霉涂料一底两面	m²	14.00	9.0
15	40 mm 厚挤塑聚苯板保温层(干铺)	m²	27.36	9.0
16	100 mm 挤塑聚苯板保温层	m²	32	9.0
17	30 mm 挤塑聚苯板保温层	m²	41.49	9.0
18	聚苯保温板 90 mm 厚	m²	66.44	9.0
19	30 mm 厚无机保温砂浆	m²	57.49	9.0
20	5～8 mm 厚 1:2.5 聚合物抗裂砂浆压入耐碱玻纤网一层	m²	18.18	9.0
21	保温隔热楼地面 30 mm 厚挤塑聚苯板保温层,B1 级燃烧性能(干铺)	m²	18.49	9.0
22	真空镀铝聚酯膜 0.2 mm 厚	m²	2.00	9.0
23	金属扶手带栏杆(公共楼梯靠墙扶手)	m	209.09	9.0
24	无障碍坡道栏杆	m	77.27	9.0
25	外墙涂料(平涂)	m²	36.00	9.0
26	外墙涂料(喷涂)	m²	40.91	9.0
27	外墙涂料(刮砂)	m²	40.91	9.0
28	外墙涂料(真石漆)	m²	59.09	9.0
29	外墙涂料(多彩漆)(凹凸面)	m²	70.91	9.0
30	外落水管面刷外墙涂料	m²	36.00	9.0

项目 A 一期一标段施工总承包工程经过项目管理团队和投标相关人员对现场情况进行踏勘、了解,并对所有投标相关下游成本进行详细询价后,项目管理团队和投标相关人员对现场踏勘情况及各项下游成本进行签字确认,同时拟派项目管理团队签署了经营承诺书,经投标小组所有成员共同努力,最终顺利完成本次投标报价工作,并签署了经营责任书。

[案例5.5] 项目C某施工单位投标报价策略案例

1)市政项目C纵一路主要工程量清单及合同金额

市政项目C纵一路道路工程按分解计划安排启动招标工作,主要工程量见表5.2.14。中铁某局某公司成功中标,合同金额见表5.2.15。

表5.2.14 项目C纵一路合同段主要工程量

项目	细目名称	单位	工程量
路基工程	路基挖方	万 m³	261.7
	路基填方	万 m³	173.8
	普通防护工程	m³	138 695
	高边坡锚杆、锚索	m	100 545
	中小桥、涵洞、通道	座(道)	22
桥梁工程（大桥）	1.下坑大桥		
	基础	个(根)	30.0
		万元	82.0
	墩、台身	个	30.0
	梁板预制及其他	片(块)	80.0
	2.茶风店大桥		
	基础	个(根)	22.0
	墩、台身	个	22.0
	梁板悬浇	片(块)	60.0
	3.涌溪大桥		
	基础	个(根)	32.0
	墩、台身	个	27.0
	梁板悬浇	片(块)	70.0
隧道工程	掘进	m	190.00
	二衬	m	190.00
	隧道路面	m²	4 830

表5.2.15 项目C纵一路合同段合同金额汇总表

序号	章次	科目名称	合同金额(元)
1	100	总则	4 681 403
2	200	路基工程	42 486 870
3	300	路面工程	39 839

续表

序号	章次	科目名称	合同金额(元)
4	400	桥梁工程	33 734 261
5	500	隧道工程	14 299 130
6	600	排水工程	18 628 103
7	700	防护工程	30 629 384
8	800	公路设施及预埋管线	1 183 139
9	900	绿化及环境保护	787 239
10		第100~900章清单合计	146 469 368

2)施工单位在该项目投标过程中运用的策略技巧

在市政项目 C 纵一路道路工程投标过程中主要运用了先亏后赢报价法、突然降价法、不平衡报价法等策略,取得了比较好的回报。

（1）先亏后赢报价法

中铁某局某公司在投标前,由于当时全公司的任务量非常少,很多项目已经接近完工,而且是公司第一次进军项目所在地建设市场,因此该工程的投标策略为低价投标,确保顺利进军福建高速公路建设市场,中标后再进行高价变更索赔。整个项目经过经济评估,亏损约 1 131 万元,见表 5.2.16。事实证明当时的策略是正确的,在合同段完工后,公司又在当地市场先后中标后续 3 个合同段道路工程等项目,为公司长期发展打下了良好的基础,取得非常好的经济效益。

表 5.2.16　项目 C 纵一路项目盈利能力评估表

章次	科目名称	合同金额(元)	测算成本(元)	预计盈利(元)
100	总则	4 681 403	5 177 776	−496 373
200	路基工程	42 486 870	42 622 024	−135 154
300	路面工程	39 839	48 160	−8 321
400	桥梁工程	33 734 261	30 995 756	2 738 505
500	隧道工程	14 299 130	14 121 401	177 729
600	排水工程	18 628 103	20 719 013	−2 090 910
700	防护工程	30 629 384	41 812 791	−11 183 407
800	公路设施及预埋管线	1 183 139	1 218 574	−35 435
900	绿化及环境保护	787 239	1 062 772	−275 533
	第100~900章总计	146 469 368	157 778 267	−11 308 899

（2）突然降价法

该方法采用降价函的方法,只是在清单汇总表的基础上,对各个章节统一进行价格下调,如报价由原来的 2 万元降到 1.8 万元,降价系数为 10%。这种方法简便快速,但是会对未来施工阶段的变更造成不好的影响,因为按此报价法在项目实施阶段进行新增项目单价分析时也要按上述系数进行单价下调,致使新增项目同样亏损。而中铁某局某公司在该合同段报价的调价不采用调价系数,只是报出新价格,连同单价分析表等报价资料一同上报,这就保证了在施工阶段的变更项目的盈利。

(3)不平衡报价法

该方法运用不平衡报价法,例如对挂网喷锚混凝土防护边坡中锚杆项目,投标报价为 36 元/m(表 5.2.17),而这一项为明亏项目,其当时成本价格为 150 元/m,合同数量 100 545 m,本项亏损约 1 146 万元。但是在项目施工阶段,喷锚混凝土防护边坡全面变更为锚索框架防护,变更后挂网喷锚混凝土防护锚杆数量仅剩余 4 050 m,仅这一项就扭亏 1 000 余万元。对于路基土石方、桥梁工程的桩基础等前期施工项目也同样运用了不平衡报价进行了高报价,以利于项目资金的早期回收,解决项目施工前期资金短缺的问题。

表 5.2.17　项目 C 纵一路 700 章清单

项目号	细目名称	单位	数量	单价	合同金额
705	喷射混凝土和喷浆边坡防护				
705-1	挂网土工隔栅喷浆防护边坡、厚…mm				
-a	厚…mm 喷浆防护边坡	m²			
-b	铁丝网	kg			
705-2	挂网喷锚混凝土防护边坡(全坡面)				
-a	厚 100 mm 喷浆防护边坡	m³	1 534.4	720.00	1 104 768
-b	钢筋网	kg	756 309.3	3.46	2 616 830
-c	铁丝网	kg			
-d	土工隔栅	m²			
-e	锚杆	m	100 545	36.00	3 619 620
-f	M7.5 砂浆砌片石	m²	1 619.2	120.34	194 855
-g	铺设三维土工植物网	m²	18 801	11.20	210 571

[案例5.6]　不平衡报价在某项目投标中的应用

承包商 A 参与某学校土建工程的投标(安装工程由业主另行招标)。为了既不影响中标,又能在中标后取得较好的收益,决定采用不平衡报价法对原估价作适当调整,具体报价数据见表 5.2.18。

表 5.2.18　报价调整前后对比表

阶段	桩基础(万元)	主体结构(万元)	装饰装修(万元)	总价(万元)
调整前(投标股价)	1 480	6 600	7 200	15 280
调整后(投标股价)	1 600	7 200	6 480	15 280

现假设桩基围护工程、主体结构工程、装饰工程的工期分别为 4 个月、12 个月、8 个月,贷款月利率为 1% ,并假设各分部工程每月完成的工作量相同且能按月度及时收到工程款(不考虑工程款结算所需的时间),见表 5.2.19。

表 5.2.19　现值系数表

n(月数)	4	8	12	16
$(P/A,1\%,n)$	3.902 0	7.651 7	11.255 1	14.717 9
$(P/F,1\%,n)$	0.961 0	0.923 5	0.887 4	0.852 8

5.2.5　清标案例分析

[案例 5.7]　清标在某项目招投标中的应用

1)案例背景及清标过程

(1)项目概况

××科技产业园项目——办公区精装工程。总建筑面积为 36 188.1 m^2;精装面积为 3 359.28 m^2;结构类型为钢结构;招标范围为招标图纸范围内包含的地面、地胶、墙面涂料、天棚涂料和吊顶等。

(2)招标方案

招标方式:邀请招标,固定总价。

中标原则:技术标合格、商务标以最低价中标。

投标单位要求:凡申请入围企业须为我司招标采购网注册并通过审核入库的企业,在报名截止前需完成注册并提交符合初审要求的资料。

(3)入围单位

共有 5 家单位参与报名,经过筛选后有 3 家单位符合入围标准,见表 5.2.20。

表 5.2.20　入围单位名单

序号	单位名称	注册资金(万元)	地址	投标联系人
1	单位 A	2 000		李×
2	单位 B	1 800		刘×
3	单位 C	3 000		杨×

(4)各投标单位报价对比分析

各投标单位报价对比分析,见表 5.2.21。

表 5.2.21　各投标单位投标总价对比分析

序号	单位名称	金额(元)	与参考价偏差额(元)	与参考价偏差率(%)	投标报价排名	备注
1	招标参考价	1 677 014.24				
2	单位 A	1 895 473.49	218 459.25	13.03	1	

序号	单位名称	金额(元)	与参考价偏差额(元)	与参考价偏差率(%)	投标报价排名	备注
3	单位 B	1 899 834.59	222 820.35	13.29	2	
4	单位 C	1 903 843.06	226 828.82	13.52	3	

①投标报价在参考价±15% 以内,均为有效报价。

②参考价合理性分析:参考价为公司已定标工程的历史工程单价。

③按照清单划分,各投标单位报价对比分析,见表5.2.22。

④各投标单位对算术性错误、错项、漏项、多项的核查与整理。

表 5.2.22　各投标单位报价清单价对比分析

序号	名称	费率	参考价(元)	各投标单位报价(元)			备注
				单位 A	单位 A	单位 C	
1	含税工程造价		1 677 014.24	1 677 014.24	1 677 014.24	1 677 014.24	
1.1	土建工程		1 051 043.55	1 051 043.55	1 051 043.55	1 051 043.55	
1.2	安装工程		625 970.69	625 970.69	625 970.69	625 970.69	
1.2.1	电气、给排水工程		574 137.04	574 137.04	574 137.04	574 137.04	
1.2.2	弱电工程		51 833.65	51 833.65	51 833.65	51 833.65	
2	税前工程造价 = (1)/(1+费率)	9%	1 538 545.17	1 538 545.17	1 538 545.17	1 538 545.17	
3	暂列金额		138 469.07	138 469.07	138 469.07	138 469.07	
4	税金 = (2+3)× 费率	9%	1 677 014.24	1 677 014.24	1 677 014.24	1 677 014.24	
5	含税总造价 =(1+ 3+4)		1 833 902.14	1 833 902.14	1 833 902.14	1 833 902.14	
各投标单位报价排名				1	2	3	

投标单位 A 存在的问题有:

a.暂列金报价有误,本项目不采用商票付款,暂列金不需要报价。

b.土建工程中取餐台—饰面板—金属饰面未按招标清单工程量上报,修改了招标清单工程量。

c.其他公式链接未发现问题。

投标单位 B 存在的问题有:

a.各分项报价均符合招标文件要求,未发现问题。

b.各分项工程量与招标清单工程量相符,未发现问题。

c.其他公式链接未发现问题。

投标单位 C 存在的问题有:

a.暂列金报价有误,本项目不采用商票付款,暂列金不需要报价。

b. 各分项工程量与招标清单工程量相符,未发现问题。

c. 其土建工程—取餐台项目:综合单价、管理费等计算公式有误。

各投标单位修正后报价对比分析,见表5.2.23。

表 5.2.23　投标单位修正后报价对比分析

序号	名称	费率(%)	参考价(元)	各投标单位报价(元)			备注
				单位 A	单位 B	单位 C	
1	含税工程造价		1 677 014.24	1 833 902.14	1 899 834.59	1 848 391.32	
1.1	土建工程		1 051 043.55	1 085 257.10	1 104 886.61	1 106 965.85	
1.2	安装工程		625 970.69	748 645.04	795 752.98	760 050.61	
1.2.1	电气、给排水工程		574 137.04	675 627.79	743 086.14	673 585.56	
1.2.2	弱电工程		51 833.65	73 017.25	52 666.84	86 465.05	
2	税前工程造价 = (1)/(1+费率)	9	1 538 545.17	1682 479.03	1 742 967.51	1 695 771.85	
3	暂列金额						
4	税金 = (2 + 3)×费率	9	138 469.07	151 423.11	156 867.08	152 619.47	
5	含税总造价 = (1+ 3+4)		1 677 014.24	1 833 902.14	1 899 834.59	1 848 391.32	
修正金额				−61 571.35	0.00	55 451.74	
各投标单位报价排名				1	3	2	

投标单位 A 与参考价清单对比分析,见表5.2.24。

表 5.2.24　投标单位 A 与参考价清单对比分析

序号	名称	费率(%)	参考价(元)	单位 A(元)	与参考价差异			备注
					金额(元)	偏差率(%)	占比(%)	
1	含税工程造价		1 677 014.24	1 833 902.14	156 887.90	9.36		
1.1	土建工程		1 051 043.55	1 085 257.10	34 213.56	3.26	21.81	
1.2	安装工程		625 970.69	748 645.04	122 674.35	19.60	78.19	
1.2.1	电气、给排水工程		574 137.04	675 627.79	101 490.75	17.68	64.69	
1.2.2	弱电工程		51 833.65	73 017.25	21 183.60	40.87	13.50	
2	税前工程造价 = (1)/(1+费率)	9	1 538 545.17	1 682 479.03	143 933.86	9.36	91.74	
3	暂列金额							

续表

序号	名称	费率（%）	参考价（元）	单位 A（元）	与参考价差异			备注
					金额(元)	偏差率(%)	占比(%)	
4	税金 = (2+3) × 费率	9	138 469.07	151 423.11	12 954.05	9.36	8.26	
5	含税总造价=(1+3+4)		1 677 014.24	1 833 902.14	156 887.90	9.36		

（5）各偏差分析与整理

首先对清单单项合价偏差额在±3%以外项进行查找，找出差异较大项，分析差异原因；其次对清单单项合价偏差额在±3%以内但综合单价偏差额在±30%以外项进行查找，分析是否存在不平衡报价。

电气、给排水及采暖工程偏差占比64.69%。

①偏高项分析：

a.差额最大项为：散热器，总价差额约4.5万元，差额占比44.69%，主要差额原因为人工费偏差过高，该项作为询标时重点问题，需要施工单位提出解释。

b.其次为电气配线，总价差额约2.23万元，差额占比22%，主要差额原因为人工及辅材偏差，该项作为询标时重点问题，需要施工单位提出解释。

c.最后为配电室，总价差额约0.98万元，差额占比9.7%，主要差额原因为主材偏差，该项作为询标时重点问题，需要施工单位提出解释。

②偏低项分析：差额最大项为镀锌钢管，总价差额约-0.9万元，额差占比-9.63%，主要差额原因为辅材报价偏低。

③剩余项的不平衡报价分析：

a.经分析，荧光灯、热水器、地漏等主材价格偏低。

b.配电器、阀门等主材价格偏低，需进行平衡报价。

（6）形成书面清标报告

最后整理所有的数据，形成投标报价分析报告、询标记录表。

2）清标应用的反思

（1）评标后的清标，确定投标文件的公平性

由于国家《招标投标法》《建设工程工程量清单计价标准》等相关文件对于清标环节并未做出明确规定，故清标基本上分为两种情况：一是因无政策、法规支持，便选择"不可为之"即不清标，明知存在不平衡报价却认为其为正常市场行为，后期实施中极易与总承包单位产生不利于现场管理的分歧和矛盾。二是"清标不调标"，即清标发现不平衡报价，但未要求预中标单位调整经济标。

依据既往工程实例及经验，建议对工程评标后的清标工作从以下两个方面开展：

一是在不违反国家、地方、行业政策规定的基础上，制定对于工程清标的政策、制度，让清标有政策、制度可依，彻底改变"该为不敢为""为之不彻底"的局面。制度中应明确什么样的

工程需要清标、在什么环节清标、清标后如何调标等一系列详细具体规定。这样,按制度、程序进行清标工作,效果将事半功倍。

二是具体的清标工作,应从计算性失误、理解性偏差、缺漏项、主观不平衡报价等方面入手进行梳理,并分别形成工程清标报告。报告中所提及的预中标方商务标中的问题一定要属于招标文件中约定的量化的需要进行调整的问题汇总,切勿将所有问题不加区分地罗列。工程招标文件中可明确描述"当投标方的商务标中清单子项报价偏离市场价一定范围、较大的计算性失误、较大的理解性偏差、缺漏项等,招标人有权利要求预中标方将偏离市场价的子项价格进行调整"。

(2)清标后对预中标方经济标的调整

俗话说"编筐挃篓,全在收口",关于成本管控的所有前期工作都是为了建设与施工方在合同签订前能有一份相对合理、严谨,与图纸、现场实际情况、建设方建设意图相吻合的经济标作为后续施工过程中建设单位与施工方对工程现场进行管理的依据。因此,如何与预中标方进行谈判,达成共识将建设方清标报告中形成的统一意见在商务标中予以落实,成为重中之重。

根据工程实例经验,谈判过程中应该注意以下细节:

首先,整个谈判过程中,建设方与预中标方应保持充分沟通,切忌信息不对称。哪些项目需要调整、调整过程需时刻信息共享,这样调整的过程和调整的结果才会得到双方认可,从而作为整个工程实施过程中的依据。

其次,建设方与预中标方谈判时,要以尊重彼此、实事求是为基础,建设方应将制度、政策、招标文件中关于清标及调标的约束一一阐述,征得预中标方的充分理解,告知调整后相对合理、严谨的经济标将是双方友好协商、互利共赢的先决条件。

最后,调标的原则为"投标总价不变,修正不合理价格组成部分",将原则、制度、政策、清标报告内容予以阐述后,调标的工作一定要以预中标方为主责人进行调整、修正,切忌建设方过多干涉,以免为后期施工管理埋下隐患。同时,应与预中标方商议由其出具承诺书,主要内容为经过谈判、协商后,为了更好地施工、合作,自愿对投标商务标进行修正,并在施工过程中严格按照修正后的商务标进行管理实施。

5.3 仿真演练

[仿真演练5.1] 项目 A 三期商业项目施工招标策划

1)任务背景

(1)项目建设背景

项目 A 三期为商业地块,工程总投资约4.8亿元。项目效果图如图5.3.1所示。

(2)项目投资估算

项目投资估算总额为47 950.07万元,其中:土地成本15 403.3万元;前期工程成本5 032.1万元;建安工程成本22 813.3万元;基础设施成本3 503.14万元;配套设施成本827.33万元;开发间接费(含资本化利息)303.85万元;预备费67.05万元。

图 5.3.1 拟建项目效果图

（3）项目工程概况

拟建工程主要包括 3 栋商业楼及 -4F 地下车库，主要建筑为框架剪力墙结构。项目总用地面积为 50 589 m²，总建筑面积为 297 229.16 m²。主要拟建建筑物特征详见表 5.3.1。

表 5.3.1　拟建建筑物特征概况一览表

名称	±0.00 设计标高（m）	层数	结构 类型	对沉降 敏感性	基础 形式	拟建物荷载 （kN/单柱）	重要性 等级
28-1#	292.50	44/-4F	框架剪力墙	敏感	桩基础	30 000	一级
28-2#	291.80	5/-4F	框架剪力墙	敏感	桩基础	15 000	二级
28-3#	291.40	7/-4F	框架剪力墙	敏感	桩基础	15 000	二级
地下室	278.00	-4F	框架剪力墙	敏感	桩基础	5 000	二级

（4）拟建项目关键节点计划（表 5.3.2）

表 5.3.2　拟建项目关键节点计划表

项目 A 商业地块关键节点计划表				
序号	关键节点内容	项目 A 三期工程			
		1#楼 （44F）SOHO	2#楼 （5F）LOFT	3#楼 （5F）LOFT	车库
1	方案评审会	2019-3-14			
2	提交报建方案正式文本	2019-10-8			
3	取得方案预审意见	已取消			
4	基础施工图	2019-2-15			
5	全套施工图	2019-11-24			

续表

序号	关键节点内容	项目 A 三期工程			
		1#楼(44F)SOHO	2#楼(5F)LOFT	3#楼(5F)LOFT	车库
6	取得施工图审查意见	2019-12-9			
7	取得建设工程规划许可证	2019-11-26			
8	初平图	2020-1-5			
9	土石方招标完成	2020-1-20			
10	确定总包单位	2020-2-20			
11	施工许可证	2020-1-20			
12	土石方开工	2020-1-20			
13	土石方完成	2020-2-20			
14	边坡治理	2020-2-20			
15	基础开工	2020-3-20	2020-2-25	2020-2-25	2020-2-25
16	预售许可证	2021-1-17	2020-8-21	2020-7-24	现房销售
17	开盘/展示	2021-1-18	2020-8-22	2020-7-25	
18	结构封顶	2021-5-14	2020-8-21	2020-7-24	
19	取得法定交房手续	2022-4-2			
20	交付业主	2023-6-16			

2)任务情景设定

某高校主教学楼项目(建设规模与 5.3.1 案例项目完全一致),即将开工建设,学院组建了主教学楼建设项目筹备小组,包含组长及负责设计、成本、采购、工程等板块的人员。项目建设目标及阶段性成果如下:

建设目标:教学楼项目计划 2025 年 8 月 15 日前竣工,2025 年 9 月 1 日前投入使用。

阶段性成果:项目已立项;资金已到位(具体金额参考 3.2.1 案例项目投资估算,但需考虑学校项目与地产项目差异);基础、主体、初装饰装修、安装工程、人防结构等施工图已完善,门窗、栏杆、精装修、幕墙、园林等尚未启动二次深化设计。

3)任务下达

为顺利启动城科建筑管理学院主教学楼项目,圆满完成建设目标,建设项目筹备小组拟召开招标启动会。

(1)模拟会议时间及地点

现 3 个小组分别模拟项目筹备小组召开招标启动会,会议时长 40 min(每组时长均为 40 min,最终形成会议纪要和即将下达造价咨询方的任务条款。

（2）模拟会议需部署或议定事项

①编制主教学楼项目合约规划及目标成本。

②确定主教学楼项目二次深化设计出图计划。

③确定主教学楼项目招标需求计划。

④针对不同的承包商选择适当的合同类型,确定合理的评标办法等。

4）任务注意事项

①目标导向,以终为始。

②团队协作,横向沟通,成本主导。

③选择适当的合同类型。起草招标文件合同条款时,应对采用的计量和计价方法进行认真推敲和研究,一些涉及计量与支付方面的条款,应严密、完整,与计量和计价的模式、方法相一致,以免引起歧义。同时,还要根据工程性质、图纸设计深度等合理选择适当的合同类型。

④确定合理的评标办法。单纯从造价控制来说,招标单位希望合理最低价的投标人中标,但由于评标过程中,投标单位的成本较难确定,有些投标人往往会采用恶性竞争策略,如采用低于成本价的报价中标,而施工过程中再想方设法采取偷工减料,或者通过变更、签证等办法补回损失,给工程质量和造价控制都带来很大难度。

为减少上述行为的发生,招标人在评标时除了对一些简单的工程可采用最低价中标的单因素评标法,对一些较复杂的工程应尽可能地采用综合因素评标法,即除了评审投标人的投标报价,还要对其质量、工期、文明施工、安全施工、施工方案、拟投入的人员和机械设备等进行综合评审。

[仿真演练5.2]　项目 B 造价咨询人员工作困惑的思考

1）任务背景

新校区项目 B 二期正式启动后,全过程造价咨询单位 X 业务二部组建了项目小组。项目小组由一名合同签订时规定的现场驻场人员(此项目为一名土建专业造价人员驻场跟踪,处理现场大小事务)、一名水暖专业造价人员、一名电气专业造价人员构成。人员组建工作是由部门副经理来完成的,他需要对每一名员工有足够且充分的了解,比如员工手中的项目情况(总项目、已完成项目、未完成项目等)、员工的个人能力、员工的责任心等,这些都决定了新校区项目 B 二期的每个子任务能否按时并且保质保量的完成。

由于造价咨询公司业务量大而且会随时加入新的工作特点,每名员工的业务量都是在不断变化的,而且这些变化是没有规律可循的,因此副经理的工作分配对新校区项目 B 二期甚至是部门全部项目的时效性和准确性都至关重要。但是在工作分配过程中,副经理往往会根据部门员工的综合素质,将重要而艰巨的任务分配给能力较强的员工,任务分配的不均衡,导致出现了项目挤压的情况。这种任务分配模式会导致项目的成果文件出现不同程度的推迟。

小张是新校区项目 B 二期工程的小组成员之一,只要是新校区项目 B 二期工程发布的关于自己专业的任务,就必然是小张负责。半个月前,小张收到新校区项目 B 基建处邱工程师(以下简称"邱工")直接发布给自己的一个新任务,要求 15 天后必须将新项目的最高投标限价编制完成。小张按部就班地进行计算,开始几天还算顺利,在规定时间内可以完成任务。然而在任务进行到第四天时,部门副经理突然给小张安排了其他工作,有协助别的项目,也有政府财政类的项目,其中一个项目的截止时间跟正在进行的项目 B 的时间完全一样。同样紧急的工作,小张只能加班去完成,但即便是每天都加班到半夜,小张也无法完成。

2)任务下达

又一个不眠之夜后,小张准备找部门副经理和项目 B 邱工聊聊自己的想法,请 3 名同学为一组,分别模拟小张、部门副经理、邱工进行 3 次一对一对话:小张与部门副经理,小张与邱工,以及小张和两位聊过后,部门副经理和邱工的对话。听完部门副经理和邱工的对话后,模拟小张角色的同学谈谈你现在的感受。

[仿真演练5.3] 某项目评标定标问题分析

1)任务背景

评标委员会应根据招标文件规定的评标标准和方法,对投标文件进行系统的评审和比较。招标文件没有规定的标准和方法不得作为评标的依据。因此,了解招标文件规定的评标标准和方法,也是评标委员会应完成的重要准备工作。

A 市重点工程项目计划投资 4 000 万元,采用工程量清单方式公开招标。经资格预审后,有甲、乙、丙共 3 家合格投标人。该 3 家投标人分别于 10 月 13—14 日领取了招标文件,同时按要求递交投标保证金 50 万元、购买招标文件费 500 元。

招标文件规定:投标截止时间为 10 月 31 日,投标有效截止时间为 12 月 30 日,投标保证金有效期截止时间为次年 1 月 30 日。招标人对开标前的主要工作安排为 10 月 16—17 日,由招标人分别安排各投标人踏勘现场;10 月 20 日,举行投标预备会,会上主要对招标文件和招标人能提供的施工条件等内容进行答疑,考虑到各投标人所拟定的施工方案和技术措施不同,将不对施工图做任何解释。各投标人按时递交了投标文件,所有投标文件均有效。

评标办法规定,商务标权重 60 分(包括总报价 20 分、分部分项工程综合单价 10 分、其他内容 30 分)、技术标权重 40 分。

①总报价的评标方法是评标基准价等于各有效投标总报价的算术平均值下浮 2 个百分点。当投标人的投标总价等于评标基准价时得满分,投标总价每高于评标基准价 1 个百分点时扣 2 分,每低于评标基准价 1 个百分点时扣 1 分。

②分部分项工程综合单价的评标方法是在清单报价中按合价大小抽取 5 项(每项权重 2 分),分别计算平均综合单价,投标人所报单价在平均综合单价的 95% ~102% 范围内得满分,超出该范围的,每超出 1 个百分点扣 0.2 分。

各投标人总报价和抽取的异形梁 C30 混凝土综合单价,见表 5.3.3。

表 5.3.3　投标数据表

指标	投标人		
	甲	乙	丙
总报价(万元)	3 179.00	2 998.00	3 213.00
异形梁 C30 混凝土综合单价(元/m³)	456.20	451.50	485.80

除总报价外的其他商务标和技术标指标评标得分,见表 5.3.4。

表 5.3.4　投标人部分指标得分表

指标	投标人		
	甲	乙	丙
商务标(除总报价外)得分	32	29	28
技术标得分	30	35	37

2)任务下达

①在该工程开标前所进行的工作有哪些不妥之处？请说明理由。

②列式计算总报价和异形梁 C30 混凝土综合单价的报价平均值,并计算各投标人得分。(计算结果保留两位小数)

③列式计算各投标人的总得分,根据总得分的高低确定第一中标候选人。

④评标工作于 11 月 1 日结束并于当天确定中标人。11 月 2 日招标人向当地主管部门提交了评标报告;11 月 10 日招标人向中标人发出中标通知书;12 月 1 日双方签订了施工合同;12 月 3 日招标人将未中标结果通知给另外两家投标人,并于 12 月 9 日将投标保证金退还给未中标人。请指出评标结束后招标人的工作不妥之处,并说明理由。

5.4　总结拓展

5.4.1　招标投标阶段重点环节造价管理总结

招投标是现下工程施工最常用的交易模式,根据相关法律法规规定,招投标形式包含邀请招标和公开招标,其中公开招标形式使用较为广泛。招投标过程经过招标文件编制、各施工单位投标报价、根据规定评标方法计算确定中标人、签订合同等程序。招投标制是建筑市场化的一个重要体现之一,若干投标人为了承揽业务,会发生激烈的竞争,往往是价格上的竞争。招投标过程中,投标人会想方设法降低自己的劳动消耗水平,优化管理组织、优化施工过程,从而使建筑市场的资源消耗减少,工程价格更为合理。作为最高投标限价编制主体的业主既要确定一个合理的合同清单价格,确保招投标过程的顺利开展,更需要通过招标文件中的工程量清单描述规避施工合同履行中的施工变更、索赔等可能导致大大超出预算的问题,要把握好工程量清单描述的完整性、清单工程量的准确性。投标人需要在投标时准确计算工程量,根据自己企业的管理和施工水平,确定自己可以接受且合理的投标价格。不管是招标人还是投标人,都需要依据施工设计资料准确和全面的计算清单工程量。

根据我国《建设工程工程量清单计价标准》(GB/T 50500—2024),分部分项工程费需要先根据设计图纸计算各构件工程量,再将完成这一功能单元的所必需的人工、材料、机械、管理费、施工企业利润等综合考虑为清单综合单价,两者相乘得出分部分项工程费。单价措施项目费计算方法同分部分项工程费,总价措施费一般按相关规定以人工费为基数,乘以给定费率计算。其他项目费是招标人签订合同前考虑的一个除分部分项、措施项目外的预留金、应急金或承包商之间协调的费用。规费和税金一般是指施工企业需缴纳的五险一金与增值税。最高投标限价和投标价需要招投标双方根据自己的角度和立场,根据清单计价标准、当地定额的规定计算统计工程的价格,这个阶段计算的工程造价一般是指建筑工程费和安装工程费,也是造价咨询工作的重要业务来源。利用工程量清单编制工程造价过程,如图5.4.1所示。

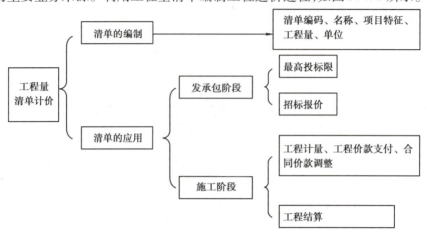

图5.4.1 利用工程量清单编制工程造价过程

建设工程招投标阶段工程造价管理应关注的重点环节总结如下:

①发包人选择合理的招标方式,《中华人民共和国招标投标法》中规定的招标方式有公开招标和邀请招标两种。公开招标方式是能够体现公开、公正、公平原则的最佳招标方式;邀请招标一般只适用于国家投资的特殊项目和非国有资金的项目。选择合适的招标方式是合理确定工程合同价款的基础。

②发包人选择合理的承包模式,常见的承包模式包括总分包模式、平行承包模式、联合体承包模式和合作承包模式,不同的承包模式适用于不同类型的工程建设项目,对工程造价的控制也体现出不同的作用。总分包模式的总包合同价可以较早确定,业主可以承担较少的风险,对于总承包商而言,责任重,风险大,获得高额利润的潜力也比较大。平行承包模式的总合同价短期不易确定,从而影响工程造价控制的实施。工程招标任务量大,需控制多项合同价格,从而增加了工程造价控制的难度。但对于大型复杂工程,如果分别招标,可参与竞争的投标人增多,业主就能够获得具有竞争性的商业报价。联合体承包对于业主而言,合同结构简单,有利于工程造价的控制,对联合体而言,可以集中各成员单位在资金、技术和管理等方面的优势,增强了抗风险能力。合作承包模式与联合体承包模式相比,业主的风险较大,合作各方之间信任度不够。

③发包人编制招标文件,确定合理的工程计量方法和投标报价方法,确定招标工程标底或最高投标限价。建设项目的发包数量、合同类型和招标方式一经批准确定后,即应编制为招标服务的有关文件。工程计量方法和报价方法的不同,会产生不同的合同价格,因而在招标前,应选择有利于降低工程造价和便于合同管理的工程计量方法和报价方法。编制标底或最高投标限价是建设项目招标前的另一项重要工作,而且是较复杂和细致的工作。标底或最高投标限价的编制应当实事求是,综合考虑和体现发包人和承包人的利益。没有合理的标底或最高投标限价可能会导致工程招标的失误,达不到降低建设投资、缩短建设工期、保证工程质量、择优选用项目承包人的目的。

④承包人编制投标文件,合理确定投标报价。拟投标招标工程的承包人在通过资格审查后,根据获取的招标文件,编制投标文件并对其做出实质性响应。在核实工程量的基础上依据企业定额进行工程报价,然后在广泛了解潜在竞争者及工程情况的基础上,运用投标技巧,选用正确的策略来确定最终报价。

⑤发包人选择合理的评标方式进行评标,在正式确定中标单位前,对潜在中标单位进行询标。评标过程中使用的方法有很多,不同的计价方式对应不同的评标方法,正确的评标方法选择有助于科学选择承包人。在正式确定中标单位前,一般都对得分最高的一二家潜在中标单位的投标函进行质询,意在对投标函中有意或无意的不明和笔误之处做进一步明确或纠正。尤其是当投标人对施工图计量的遗漏、对定额套用的错项、对工料机市场价格不熟悉而引起的失误,以及对其他规避招标文件有关要求的投机取巧行为进行剖析,以确保发包人和潜在中标人等各方的利益都不受损害。

⑥发包人通过评标定标,选择中标单位,签订承包合同。评标委员会依据评标规则,对投标人进行评分并排名,向业主推荐中标人,并以中标人的报价作为承包价。合同的形式应在招标文件中确定,并在投标函中做出响应。目前建筑工程合同格式一般有 3 种:参考 FIDIC 合同格式订立的合同;按照国家工商部门、住房和城乡建设部推荐的《建设工程合同示范文本》格式订立的合同;由建设单位和施工单位协商订立的合同。不同的合同格式适用于不同类型的工程,正确选用合适的合同类型是保证合同顺利执行的基础。

5.4.2　工程量清单编制问题分析及解决措施

通过多个项目竣工结算数据分析,招标工程量清单的编制问题可分为常规性问题和特殊性问题,其中常规性问题是指一般项目均容易产生的问题,主要包括清单漏项、工程量偏差和项目清单描述不准确或不完整;特殊性问题是指某些项目产生的特殊问题,表现得较为复杂,在实践中需要丰富的工程经验来解决。工程量清单编制质量不高,极容易产生重大结算争议,以下对招标工程量清单的常见编制问题进行分析,并提出解决措施建议。

1)常规性问题

(1)清单漏项

编制招标工程量清单的首个要点是保证招标工程量清单的完整性。所谓完整性是指招标工程量清单完全覆盖招标范围,不存在清单漏项。从竣工结算来看,清单漏项问题一方面会导致结算价格相对已标价工程量清单的增加;另一方面,因清单漏项的单价在已标价清单中没有可参考单价,增加了竣工结算难度。因此,清单漏项不利于项目投资控制。造成清单漏项的主要原因有:

①对招标文件的承包范围理解不够,特别是存在总承包、专业工程分包及独立承包合同的项目,对各总分包之间的承包界面划分理解不到位。

②编制人员查看图纸不仔细的工作失误。

③投标人不了解施工现场情况和完成项目所需的措施项目,对图纸外的工作也不清楚。

(2)工程量偏差

编制招标工程量清单的第二个要点是保证招标工程量清单的准确性。所谓准确性,是指招标工程量清单的工程量、项目特征描述等内容与招标范围内的工程图纸等技术条件一致,准确无误地表达招标范围内的工程量。工程量准确无误是招标工程量清单的准确性的要素之一。工程量偏差部分在项目竣工结算前不能及时体现,从而导致项目动态投资失真,不利于项目投资控制。一般来说,工程量偏差主要有以下原因:

①编制人员不熟悉工程量计算规则。

②编制人员工作失误。

（3）项目清单对项目特征描述不准确或不完整

招标工程量清单准确性的要素之一是项目特征描述的准确性。根据清单规范规定,项目特征是构成分部分项工程项目、措施项目自身价值的本质特征。项目特征的描述决定了分部分项工程项目或措施项目的工作内容及价值,是投标人报价的依据,是合同履约的依据,也是工程结算的依据。项目清单描述不准确或不完整往往会导致投标人报价偏差,从而导致结算争议。因此准确无误地描述项目特征是保证工程量清单编制质量的关键环节之一,亦是避免结算争议的关键点。项目特征描述的不准确性主要有以下原因:

①施工图设计深度不够。

②编制人员描述不合理。

2) 特殊性问题

以下列举了两个在结算实践中发现的容易产生重大结算争议的招标工程量清单编制问题,此类问题如解决不当,有可能会造成竣工结算价偏离合理工程造价,造成项目投资控制不当,甚至造成国有资金流失等问题。

（1）扩大化清单列项导致结算争议

扩大化清单列项是指未按现行清单标准编制清单项目,而是扩大单项清单所包含的内容,以"项"为单位列项。例如,将气体灭火系统列为一项清单,而不是按气体灭火系统的组成部分将气瓶、管道等分别按明细列清单项。扩大化清单列项对应的投标报价往往明细不全,也容易出现不平衡报价。根据清单规范,以"项"为单位的项目,实际上是固定总价的意思。施工过程中局部发生变更常无法依据合同合理结算,极易造成结算争议。出现上述问题的主要原因是因为施工图中有些项目工作设计深度不够,常标注"详见厂家深化设计",而所谓的"厂家深化设计"在招标阶段往往缺失。对于此类项目,有些编制人员以"项"为单位列项,即扩大了清单列项。

（2）项目清单歧义导致结算争议

项目清单歧义是指不同计价人员对项目清单的计量规则或计价内容及范围理解不同,从而导致项目的竣工结算争议。发生此类问题的主要原因有以下几点:

①项目特征描述对计量计价的表述不清。例如,"挖一般土方"的清单项目特征描述时没有描述弃土运距,则在结算时就此项清单单价是否包含土方外运费用产生争议。

②清单标准与地方额定标准不一致。清单标准计量规则与地方定额约定容易产生不一致的有楼梯间踢脚线、塔吊的进出场费、混凝土模板、土方工程等项目。

3)常规性问题的解决措施建议

(1)解决清单漏项的措施建议

应当重点关注承包范围中关于施工总承包合同与专业分包合同及独立承包合同之间施工界面的划分是否存在漏项或重复。

①确保工程量计量范围与招标文件的承包范围一致。详细研读作为编制依据的有关资料是保证招标工程量清单编制质量的首要一步。作为编制工程量清单重要依据的施工图纸与招标文件应反复比对,特别是招标文件中关于承包范围的章节应与根据施工图计量的工程量清单反复比对,确保承包范围一致。应当重点关注承包范围中关于施工总承包合同与专业分包合同及独立承包合同之间施工界面的划分是否存在漏项或重复。

②仔细查看图纸的每个细节,特别是图纸说明,并增加校对、审核等环节。有些工作内容,设计仅在设计说明中表述,而这些工作又是完成项目不可缺少的工作。编制人员在编制工程量清单时如果仅看平面图、系统图,不重视设计说明则可能会造成此类工作内容的清单漏项。常见的项目有电伴热、门窗的特殊五金件、抗震支架等。编制工程量清单是一项严谨的工作,需要编制人员非常细致、严谨且耐心,认真对待图纸中的每个细节。另外增加校对、审核环节是减少此类漏项失误的有效手段。

③了解施工现场情况、必要的施工方案及需要完成的图纸以外的工作,保证措施项目编制全面。工程造价主要由构成实体的费用、措施项目费用、规费和税金组成。实体项目的费用根据施工图纸可计量计价,而措施项目费用不仅与施工图纸有关,还与项目施工现场情况及施工方案有关。而对于后者,建筑工程项目之间既有共性,也有差异。对于共性问题计价标准都有明确的列项,但对于项目的特殊性把握,则需要编制人员深入了解施工现场情况,并结合设计内容编制与施工方案相关的措施项目,以保证措施项目的全面性。特殊的施工措施费包括以下几个方面:

a. 施工场地相关的:如场地是否狭小、是否具备排水、临时施工用电、临时施工用水等条件、施工周边交通、居民情况等;

b. 基坑深度相关的:如是否为深基坑、场地是否具备放坡条件、是否需要降水排水等;

c. 是否存在重大危险项目:如大型钢结构的吊装、外幕墙、深基坑作业等;

d. 发包人对项目质量的特殊要求。

(2)解决工程量偏差的主要措施建议

①应用专业计量软件计量,提高编制质量。目前市场上有不少专业的计量软件,无论是哪家的产品,都实现了三维建模计量,因此熟练应用专业计量软件计量,不仅可以降低工程量偏差,提高编制质量,也可以提高编制效率。

②组织专业技术培训,提高编制内人员专业素质。一般而言,项目建设单位都是委托造价咨询公司编制招标工程量清单。造价咨询公司的业务人员中不少是刚走出校门、缺乏实操经验的年轻同志,虽然在大学里都接受过专业知识的学习,但因工作经验缺乏,专业知识在实践应用中难免有误。年轻同志有学习能力强的特点,因此定期组织专业技术培训,或以老带青的指导途径是提高年轻编制人员业务能力的有效可靠办法。

(3)解决项目特征描述不准确或不完整的措施建议

①发现图纸节点不清楚等问题,及时与设计部门核实。国内项目常因项目建设周期压缩

等因素导致一些项目存在边设计边招标等情况出现,或设计周期过短导致有些施工图设计深度不够,部分节点图不清楚、存在说明与节点图不统一、专业口径不一致等问题。工程造价人员在编制招标工程量清单时应当就上述问题及时与设计沟通落实,并在招标工程量清单编制说明中注明,这个环节不仅是对施工图纸的又一次校对,借此减少后期施工过程中不必要的变更,也可以减少招标工程量清单与实际施工工程量的差异,缩小合同价与结算价的差异。常见的图纸问题需要编制人员在工作中不断总结分析,例如:

a.节点不清楚:缺少关键部位节点图、节点图缺少做法或构件的材质、规格尺寸等标注、节点图标注与设计说明不一致等。

b.专业口径不一致:建筑图与结构图中墙柱等尺寸或定位不一致、机电专业的管道的预留洞口在建筑图或结构图上缺少或定位不一致、设备的动力电缆或控制柜等电气专业图纸与设备专业图纸不一致等。

②规范项目特征描述,避免因编制方法不当造成失误。项目特征描述编制方法不当造成的失误包括:项目特征与图纸不符;影响综合单价的材料规格描述不完整;项目特征描述简单地指向图集代码,对于图集中需要明确的材料品种、材料规格、细致尺寸等却没有进一步描述。

为避免上述失误,需编制人员根据经验并结合项目自身的特性,规范项目特征描述。现行工程量清单标准对分部分项工程项目及措施项目的项目特征描述内容给出了指引,其中涉及正确计量、所用材料或设备的材质、规格参数及施工安装方式的内容必须描述清晰。

4)特殊性问题的解决措施建议

(1)解决因扩大化清单列项导致结算争议的措施建议

若以"项"为单位列项,导致投标报价出现不平衡报价后,施工过程局部变更将无法依据合同合理结算,因此,必须重视和解决因扩大化清单列项导致的结算争议问题。要解决扩大化清单列项的问题,首先是在设计阶段解决施工图深度的问题。如果在设计阶段没能解决施工图深度问题,当招标时图纸中某些项目深度不能达到施工图标准,需经过厂家深化设计时,编制招标工程量清单也不要以"项"为单位扩大化列项,而应按计量标准列项,建立模拟清单。工程量可以依据现有图纸并参考类似项目指标估算,或在编制招标工程量清单的过程中找到满足要求的厂家进行深化设计并报价,并参考厂家深化设计结果按清单标准编制招标工程量清单。

(2)解决项目清单中因歧义导致结算争议的措施建议

①尽可能严格按清单标准列项,规范项目特征描述,如果确实必须补充清单项目,应补充计算规则。图纸中大部分实体工程和措施项目均可以也应当按计量标准列项并计量。如有计量标准中没有的项目需补充清单,应当考虑以下3个要素:工程量计量原则、影响价格的因素及施工过程可能发生的变更。在招标工程量编制说明及招标文件的工程量清单章节写明计量方式和工作内容,并注意项目特征的描述。

②规避因清单标准与地方定额不一致引起的工程量清单争议问题。根据目前国家及地方有关规定,最高投标限价是依据地方定额编制的,且大部分施工企业的投标报价也是依据地方定额编制的,因此当地方定额与清单计量规则约定不一致时,如果没有明确的说明或编制措施,则有可能会因理解偏差等原因导致报价失误或结算争议。为了规避因理解偏差等原因导致报价失误或结算争议,编制招标工程量清单时,应参考地方定额有关规定列项计量,并在编

制说明中注明计量规则。下面以某项目中的脚手架为例加以说明。

以脚手架为例,清单标准规定"脚手架"为总价措施项目,以"项"计算。而北京定额则规定"综合脚手架包括结构(含砌体)和外装修施工期的脚手架,不包括设备安装和安全文明施工费中的防护架和防护网。"室内装修脚手架费用另行计算。

某项目招标清单中仅列了"脚手架",中标单位在进行投标报价时仅按北京定额计取了综合脚手架费用,未报室内装修脚手架费用。该项目在结算时,双方就清单措施项目"脚手架"是否应包含室内装修脚手架费用发生了争议。

为了规避类似上述报价失误造成的结算争议,建议在编制招标工程量清单时,除了列"脚手架",并说明"综合脚手架仅包括结构(含砌体)和外装修施工期的脚手架,里脚架为室内装修脚手架"。

清单标准计量规则与地方定额约定不一致的还有楼梯间踢脚线、塔吊的进出场费、混凝土模板、土方工程等项目,在此不一一赘述。

因此,当编制招标工程量清单时,清单列项、项目特征描述均应严谨规避歧义,并与图纸描述保持一致;严格控制编制招标工程量清单的质量,等同于控制了竣工结算价的 85% ~ 90%。

思考与练习

一、单选题

1. 根据《招标投标法》的规定,下列各类项目中,不是必须进行公开招标的是(　　)。

　　A. 涉及国家安全的保密工程项目

　　B. 大型基础设施建设项目

　　C. 国家融资的工程项目

　　D. 世界银行贷款项目

2. 根据《工程建设项目招标范围和规模标准规定》中最新规定,重要设备、材料等货物的采购,单项合同估算价在(　　)万元人民币以上的,必须进行招标。

　　A. 50　　　　　　　　B. 100　　　　　　　　C. 200　　　　　　　　D. 400

3. 当建设单位在设计图纸不完备的情况下启动招标工作,进行工程量清单编制,这种利用方案、初步设计图纸或不完备的施工图纸编制的工程量清单被称为(　　)。

　　A. 传统工程量清单　　　　　　　　B. 模拟工程量清单

　　C. 估算工程量清单　　　　　　　　D. 临时工程量清单

4. 根据《工程建设项目施工招标办法》,不属于建设工程施工招标文件内容的是(　　)。

　　A. 施工组织设计　　　　　　　　B. 合同主要条款

　　C. 技术条款　　　　　　　　D. 投标人须知

5. 根据《招标投标法》,招标人应当在招标文件中明确投标有效期,投标有效期从(　　)开始计算。

　　A. 招标公告发布之日　　　　　　　　B. 投标文件提交截止之日

　　C. 开标之日　　　　　　　　D. 中标通知书发出之日

6. 建设项目招标中,招标人在发包建设项目之前,依据法定程序,以公开招标或邀请招的方式鼓励潜在投标人参与竞争,该行为属于( )。

    A. 要约   B. 要约邀请   C. 承诺   D. 反要约

7. 关于"邀请招标",以下说法正确的是( )。

    A. 必须公开发布招标信息

    B. 仅限于国有企业使用

    C. 应向至少3家特定法人或组织发出投标邀请书

    D. 不适用于政府投资项目

8. 施工招标中,标段划分的主要目的是( )。

    A. 降低招标成本   B. 加快施工进度

    C. 匹配承包商的专长和能力   D. 回避法律责任

9. 在固定单价合同中,承包人承担的主要风险是( )。

    A. 工程量变化   B. 材料价格波动

    C. 设计变更   D. 施工技术难度

10. 最高投标限价的编制依据不包括( )。

    A. 与招标工程相关的技术标准规范

    B. 市场价格波动预测

    C. 招标文件中的工程量清单

    D. 企业定额

11. 投标人采用"不平衡报价法"时,对可能减少的工程量项目通常采取的措施是( )。

    A. 提高单价   B. 降低单价   C. 保持原价   D. 忽略不计

12. 清标工作主要是针对( )部分进行。

    A. 技术标   B. 经济标(投标报价)

    C. 商务标   D. 信誉标

13. 某工程采用工程量清单计价,在编制招标控制价时,暂列金额一般可按分部分项工程费的( )作为参考。

    A. 5% ~10%   B. 10% ~15%

    C. 15% ~20%   D. 20% ~25%

14. 施工招标时,对于工艺成熟的一般性项目,涉及专业不多时,可考虑采用( )的招标方式。

    A. 施工总承包   B. 平行承包

    C. 项目总承包   D. 工程监理招标

15. 对于一些招标文件,如果发现工程范围不明确,条款不清楚或不太公正,或技术规范要求过于苛刻时,可采用的报价策略是( )。

    A. 高价策略   B. 保本微利策略

    C. 常规价格策略   D. 多方案报价法

16. 下列合同类型中要求发包方承担工程量变化风险的是( )。

    A. 可调总价合同   B. 单价合同

    C. 成本加酬金合同   D. 固定总价合同

17. 工程量清单的"项目特征描述"主要用于( )。

A. 确定综合单价　　　　　　　B. 计算措施费用

C. 划分工程标段　　　　　　　D. 控制施工进度

二、多选题

1.《招标投标法》规定,凡在我国境内进行的下列工程建设项目,必须进行招标的有( )。

A. 大型基础设施、公用事业等关系社会公共利益、公共安全的项目

B. 技术复杂、专业性强或其他特殊要求的项目

C. 使用国有资金投资或国家融资的项目

D. 使用国际组织或者外国政府贷款、扶助资金的项目

E. 采用特定专利或专有技术的项目

2. 工程投标文件一般内容的组成包括( )。

A. 已标价的工程量清单　　　　B. 法定代表人身份证明或授权委托书

C. 投标保证金　　　　　　　　D. 投标函及投标函附录

E. 技术性能参数的详细描述

3. 下列属于招标投标活动基本原则的有( )。

A. 公开原则　　　　　　　　　B. 公平原则

C. 公正原则　　　　　　　　　D. 诚实信用原则

E. 保密原则

4. 投标报价策略主要有( )。

A. 常规价格策略　　　　　　　B. 保本微利策略

C. 投标方式策略　　　　　　　D. 高价策略

E. 风险规避策略

5. 影响施工标段划分的因素有( )。

A. 工程特点　　　　　　　　　B. 对工程造价的影响

C. 承包单位专长的发挥　　　　D. 工地管理

E. 建设资金和设计图纸供应情况

6. 关于工程量清单,下列说法正确的有( )。

A. 单价合同清单漏项由招标人承担责任

B. 投标人不得修改清单内容

C. 固定单价合同清单工程量与实际不符在结算时可调整

D. 清单项目特征描述优先于图纸

E. 清单是投标报价的共同基础

三、简答题

1. 不平衡报价法可能带来的风险有哪些? 投标人应如何规避这些风险?

2. 简述施工招标策划的重要性及主要内容。

3. 工程量清单中的漏项对工程实施阶段的影响是什么? 如何处理此类问题?

4. 简述清标的目的和作用。

四、案例分析题

某高校计划建设新校区图书馆,采用公开招标方式确定施工单位。在招标过程中,招标文件规定采用工程量清单计价模式,招标控制价为 8 000 万元。A 施工单位参与投标,其投标报

价策略及实施过程如下:

（1）投标报价策略制定:A 单位分析认为,该项目竞争激烈,为提高中标概率并获取一定利润,决定采用不平衡报价法。他们对招标文件中的工程量清单进行了详细分析,结合自身经验和市场情况,发现部分项目的工程量估算可能存在误差,且施工过程中变更的可能性较大。例如,基础工程部分,根据地质勘察报告和类似项目经验,预计实际土方开挖量会比清单工程量增加;而装饰工程部分,由于设计风格较为常见,施工工艺成熟,预计工程量可能会减少。基于此,A 单位对基础工程的单价适当提高,对装饰工程的单价适当降低,同时保证总报价在合理范围内,不影响中标。

（2）报价计算与调整:A 单位的造价团队根据企业定额和市场价格信息,对各分部分项工程进行详细的成本测算。在计算过程中,充分考虑了人工、材料、机械等费用的市场波动情况,以及施工过程中的风险因素。例如,对于钢材价格,由于近期市场波动较大,他们通过与供应商沟通,了解到未来几个月内价格可能会上涨,因此在报价中适当提高了钢材的单价,并增加了一定的风险系数。在完成初步报价后,根据不平衡报价策略,对基础工程和装饰工程的单价进行了调整。调整后的报价中,基础工程的综合单价提高了 15% ,装饰工程的综合单价降低了 10% ,总报价为 7 950 万元,略低于招标控制价。

（3）中标后的实施情况:A 单位成功中标该项目。在施工过程中,正如他们所预期的,基础工程的实际土方开挖量比清单工程量增加了 20% ,由于前期提高了基础工程的单价,这部分工程的结算收入大幅增加;而装饰工程部分,由于设计变更,工程量减少了 15% ,但由于前期降低了单价,这部分工程的成本支出也相应减少。最终,该项目顺利完工,A 单位通过采取合理的投标报价策略,在保证工程质量和进度的前提下,实现了较好的经济效益。

问题:

（1）A 单位采用不平衡报价法的依据是什么? 这种策略可能会面临哪些风险?

（2）从本案例中,其他施工单位可以得到哪些关于投标报价策略的启示?

五、计算题

不平衡报价法是一种在投标中广泛应用的策略,其主要目的是通过对不同项目或清单项的报价进行不平衡调整,以提高项目整体的盈利能力。在某总包工程的投标中,投标人 A 决定采用不平衡报价法对原报价进行优化调整,研究发现其中部分工程量存在偏差,具体见下表。

序号	工程名称	招标清单工程量（m³）	合理报价（元/m³）	投标人复核工程量后预计实际工程量（m³）	最终投标报价（元/m³）
1	基坑土方	5 000	25	3 000	20
2	现浇混凝土	10 000	650	12 000	700

请计算:

（1）这两项清单的合理投标价是多少?

（2）通过不平衡报价调整后的投标报价是多少?

（3）最终结算价是多少? 不平衡报价带来的额外收益是多少?

第**6**章
施工阶段造价管理实务

6.1 施工阶段造价管理基础知识

　　施工阶段是实现建设工程价值的主要阶段,也是资金投入量最大的阶段。在施工阶段,由于施工组织设计、工程变更、索赔、工程计量方式的差别以及工程实施中各种不可预见因素的存在,使得施工阶段造价管理难度加大。

　　在施工阶段,建设单位应通过动态成本监控、编制资金使用计划、及时进行工程计量及工程款支付、预防并处理好工程变更与索赔,有效控制工程造价。施工单位也应做好成本计划及动态监控等工作,综合考虑建造成本、工期成本、质量成本、安全成本、环保成本等全要素,有效控制施工成本。

6.1.1 资金使用计划的编制与投资偏差分析

1)资金使用计划的编制

　　①施工阶段资金使用计划的编制与控制在整个工程造价管理中处于重要而独特的地位,它对工程造价管理的重要影响表现在以下几个方面:

　　a.通过编制资金使用计划,合理确定工程造价施工阶段的目标值,使工程造价的控制有所依据,并为资金的筹集与协调打下基础。

　　b.通过资金使用计划的科学编制,可以对未来工程项目的资金使用和进度控制有所预测,避免不必要的资金浪费和进度失控;也能够避免在今后工程项目中由于缺乏依据而进行轻率判断所造成的损失,减少盲目性,增加自觉性,使现有资金充分发挥作用。

　　c.通过资金使用计划的严格执行,可以有效地控制工程造价上升,最大限度地节约投资,提高投资效益。

　　②对脱离实际的工程造价目标值和资金使用计划,应在科学评估的前提下,允许修订和修改,使工程造价更加趋于合理水平,从而保障建设单位和承包商各自的合法利益。施工阶段资金使用计划的编制方法,主要有以下几种方式:

　　a.按不同子项目编制资金使用计划。按不同子项目划分资金的使用范围,进而做到合理分配,必须对工程项目进行合理划分,划分的粗细程度根据实际需要而定。在实际工作中,总投资目标按项目分解只能分到单项工程或单位工程。

b.按时间进度编制的资金使用计划。按时间进度编制的资金使用计划,通常可利用项目进度网络图进行进一步细化扩充后得到。利用网络图控制投资,要求在拟定工程项目执行计划时,既要确定完成某项施工活动所需的时间,又要确定相应的支出预算。

③按时间进度编制的资金使用计划。可运用横道图形式和时标网络图形式。资金使用计划也可采用S曲线与香蕉图的形式,其对应数据的产生依据是施工计划网络图中时间参数(工序最早开工时间,工序最早完工时间,工序最迟开工时间,工序最迟完工时间,关键工序,关键路线,计划总工期)的计算结果与对应阶段资金使用要求。

利用确定的网络计划便可计算各项活动的最早及最迟开工时间,获得项目进度计划的甘特图。在甘特图的基础上便可编制按时间进度划分的投资支出预算,进而绘制时间投资累计曲线(S曲线)。

2)投资偏差分析

(1)偏差计算

施工阶段投资偏差的形成是由于施工过程中的随机因素与风险因素的影响形成了实际投资与计划投资,实际工程进度与计划工程进度之间的差异,这些差异称为投资偏差与进度偏差,这些偏差是施工阶段工程造价计算与控制的对象。

在计算投资偏差时,一般要计算3个参数:拟完工程计划投资、已完工程计划投资、已完工程实际投资。投资偏差是指投资计划值与实际值之间存在的差异:

$$投资偏差=已完工程实际投资-已完工程计划投资$$

进度偏差可以用时间表示,也可以用投资表示:

$$进度偏差=已完工程实际时间-已完工程计划时间$$

为了与投资偏差联系起来,进度偏差也可表示为:

$$进度偏差=拟完工程计划投资-已完工程计划投资$$

拟完工程计划投资是指根据进度计划安排在某一确定时间内所应完成的工程内容的计划投资。在投资偏差分析时,具体又分为以下两种方式:

①局部偏差和累计偏差。

②绝对偏差和相对偏差。

常用的偏差分析方法有横道图法、时标网络图法、表格法和曲线法。在实际应用中,时标网络图能综合反映总工期、各工作间的逻辑关系、关键线路、实际进度(结合实际进度前锋线),清晰明了。而表格法则能通过计算准确地反映工程投资完成情况、资金节约或浪费情况、进度提前或拖延情况,这两种方法是较为有效的偏差分析方法。

(2)偏差形成原因的分类及纠正方法

一般来讲,引起投资偏差的原因主要有客观原因、业主原因、设计原因和施工原因4个方面。偏差的类型分为以下4种:

①投资增加且工期拖延。

②投资增加但工期提前。

③工期拖延但投资节约。

④工期提前且投资节约。

（3）纠偏措施

纠偏的主要对象是业主原因和设计原因造成的投资偏差。纠偏措施可采用组织措施、经济措施、技术措施、合同措施等。

①组织措施。主要是指从投资控制的组织管理方面采取的措施，包括以下几个方面：落实投资控制的组织机构和人员；明确各级投资控制人员的任务、职能分工、权利和责任；改善投资控制工作流程等。组织措施是最基本的措施，是其他纠偏措施的前提和保障，一般无须增加什么费用，如果运用得当可以收到很好的效果。

②经济措施。主要指审核工程量和签发支付证书，最易为人们接受。但是，在应用中不能把经济措施简单地理解为就是审核工程量和签发支付证书，应从全局出发来考虑问题，如检查投资目标分解是否合理；资金使用计划有无保障，会不会与施工进度计划发生冲突；工程变更有无必要，是否招标等。解决这些问题往往能标本兼治、事半功倍。另外，通过偏差分析和未完工程的预测还可以发现潜在的问题，及时采取预防措施，从而取得工程造价控制的主动权。

③技术措施。主要指对工程施工方案进行技术经济比较。从造价控制的要求来看，技术措施并不都是因为有了技术问题才加以考虑的，也可以因为出现了较大的投资偏差而加以运用。不同的技术措施往往会有不同的经济效果，因此运用技术措施纠偏时，要对不同的技术方案进行技术经济分析后再加以选择。

④合同措施。在施工阶段的投资纠偏方面主要指索赔管理。在施工过程中，索赔事件的发生是难免的，工程师在发生索赔事件后，要认真审查有关索赔依据是否符合合同规定，索赔计算是否合理等，从主动控制的角度出发，加强日常的合同管理，落实合同规定的责任。

6.1.2 施工成本管理

项目成本管理要全面考虑设计的优化与建设目标，以及设备及工器具采购的成本管理、设计及其他费用的成本管理等内容，施工成本管理属于项目成本管理的一部分。

1）施工成本管理流程

施工成本管理是一个有机联系与相互制约的系统过程，施工成本管理流程应遵循下列程序：

①掌握成本测算数据（生产要素的价格信息及中标的施工合同价）。

②编制成本计划，确定成本实施目标。

③进行成本控制。

④进行施工过程成本核算。

⑤进行施工过程成本分析。

⑥进行施工过程成本考核。

⑦进行成本后评估并编制施工成本报告。

⑧施工成本管理资料归档。

成本测算是指编制投标报价时对预计完成该合同施工成本的测算。它是决定最终投标价格确定的核心数据。成本测算数据是成本计划的编制基础，成本计划是开展成本控制和核算的基础；成本控制能对成本计划的实施进行监督，保证成本计划的实现；而成本核算又是成本计划是否实现的最后检查,成本核算所提供的成本信息又是成本分析、成本考核的依据;成本分析为成本考核提供依据,也为未来的成本测算与成本计划指明方向;成本考核是实现成本目标责任制的保证和手段。

2)施工成本管理内容

(1)成本测算

施工成本测算是指施工承包单位凭借历史数据和工程经验,运用一定方法对工程项目未来的成本水平以及其可能的发展趋势做出科学估计。施工成本测算是编制项目施工成本计划的依据,通常是对工程项目计划工期内影响成本的因素进行分析,比照近期已完工程项目的成本(单位成本),预测这些因素对施工成本的影响程度,估算出工程项目的单位成本或总成本。

施工成本的常用测算方法就是成本法,主要是通过施工企业定额来测算拟施工工程的成本,并考虑建设期物价等风险因素进行调整。

(2)成本计划

成本计划是在成本预测的基础上,施工承包单位及其项目经理部对计划期内工程项目成本水平所做的筹划。施工成本计划是以货币形式表达的项目在计划期内的生产费用、成本水平以及为降低成本采取的主要措施和规划的具体方案。成本计划是目标成本的一种表达形式,是建立项目成本管理责任制、开展成本控制和核算的基础,是进行成本费用控制的主要依据。

①成本计划的内容。施工成本计划一般由直接成本计划和间接成本计划组成。

a. 直接成本计划。主要反映工程项目直接成本的预算成本、计划降低额及计划降低率。主要包括工程项目的成本目标及核算原则、降低成本计划表或总控制方案、对成本计划估算过程的说明以及对降低成本途径的分析等。

b. 间接成本计划。主要反映工程项目间接成本的计划数和降低额。在编制计划时,成本项目应与会计核算中间接成本项目的内容一致。此外,施工成本计划还应包括项目经理对可控责任目标成本进行分解后形成的各个实施性计划成本,即各责任中心的责任成本计划。责任成本计划又包括年度、季度和月度责任成本计划。

②成本计划的编制方法。

a. 目标利润法。是指根据工程项目的合同价格扣除目标利润后得到目标总成本并进行分解的方法。在采用正确的投标策略和方法以最理想的合同价中标后,从标价中扣除预期利润、增值税、应上缴的管理费等之后的余额即为工程项目实施中所能支出的最大限额。

b. 技术进步法。是以工程项目计划采取的技术组织措施和节约措施所能取得的经济效果为项目成本降低额,求得项目目标成本的方法,即

$$项目目标成本 = 项目成本估算值(投标时) - 项目成本降低额$$

c. 按实计算法。是以工程项目的实际资源消耗测算为基础,根据所需资源的实际价格,详细计算各项活动或各项成本组成的目标成本:

$$人工费 = \sum(各类人员计划用工量 \times 实际工资标准)$$

$$材料费 = \sum(各类材料的计划用量 \times 实际材料基价)$$

$$施工机具使用费 = \sum(各类机具的计划台班量 \times 实际台班单价)$$

在此基础上,由项目经理部结合施工技术和管理方案等测算措施费、项目经理部的管理费等,最后构成项目的目标成本。

d. 定率估算法(历史资料法)。因工程项目非常庞大和复杂而需要分为几个部分时采用的方法。首先将工程项目分为若干个子项目,参照同类工程项目的历史数据,采用算术平均法计算子项目目标成本降低率和降低额,然后再汇总整个工程项目的目标成本降低率和降低额。在确定子项目成本降低率时,可采用加权平均法或三点估算法。

(3)成本控制

成本控制是指在工程项目实施过程中,对影响工程项目成本的各项要素,即施工生产所耗费的人力、物力和各项费用开支,采取一定措施进行监督、调节和控制,及时预防、发现和纠正偏差,保证工程项目成本目标的实现。成本控制是工程项目成本管理的核心内容,也是工程项目成本管理中不确定因素最多、最复杂、最基础的管理内容。

①成本控制的内容。施工成本控制包括计划预控、过程控制和纠偏控制3个重要环节。

a. 计划预控。是指运用计划管理的手段事先做好各项施工活动的成本安排,使工程项目预期成本目标的实现建立在有充分技术和管理措施保障的基础上,为工程项目技术与资源的合理配置和消耗控制提供依据。计划预控控制的重点是优化工程项目实施方案、合理配置资源和控制生产要素的采购价格。

b. 过程控制。是指控制实际成本的发生,包括实际采购费用发生过程的控制、劳动力和生产资料使用过程的消耗控制、质量成本及管理费用的支出控制。施工承包单位应充分发挥工程项目成本责任体系的约束和激励机制的作用,提高施工过程的成本控制能力。

c. 纠偏控制。是指在工程项目实施过程中,对各项成本进行动态跟踪核算,发现实际成本与目标成本产生偏差时,分析原因,采取有效措施予以纠偏。

②成本控制的方法。成本控制的方法包括成本分析表法、工期-成本同步分析法、赢得值法(挣值法)和价值工程法。

a. 成本分析表法。是指利用各种表格进行成本分析和控制的方法。应用成本分析表法可以清晰地进行成本比较研究。常见的成本分析表有月成本分析表、成本日报或周报表、月成本计算及最终预测报告表。

b. 工期-成本同步分析法。成本控制与进度控制之间有着必然的同步关系。因为成本是伴随着工程进展而发生的。如果成本与进度不对应,则说明工程项目进展中出现了虚盈或虚亏的不正常现象。施工成本的实际开支与计划不相符,往往是由两个因素引起的:一是在某道工序上的成本开支超出计划;二是某道工序的施工进度与计划不符。因此要想找出成本变化的真正原因,实施良好有效的成本控制措施,必须与进度计划的适时更新相结合。

c. 赢得值法(挣值法)。赢得值法是对工程项目成本/进度进行综合控制的一种分析方法。通过比较已完工程预算成本(Budget Cost of the Work Performed,BCWP)与已完工程实际成本(Actual Cost of the Work Performed,ACWP)之间的差值,可以分析由于实际价格的变化而引起的累计成本偏差;通过比较已完工程预算成本与拟完工程预算成本(Budget Cost of the Work Scheduled,BCWS)之间的差值,可以分析由于进度偏差而引起的累计成本偏差,并通过计算后续未完工程的计划成本余额,预测其尚需的成本数额,从而为后续工程施工的成本、进度控制及寻求降低成本的途径指明方向。

d. 价值工程法。价值工程法是对工程项目进行事前成本控制的重要方法。在工程项目施工阶段,研究施工技术和组织的合理性,探索有无改进的可能性,在提高功能的条件下,确定最佳施工方案,降低施工成本。

(4)成本核算

成本核算是施工承包单位利用会计核算体系对工程项目施工过程中所发生的各项费用进行归集、统计其实际发生额,并计算工程项目总成本和单位工程成本的管理工作。工程项目成本核算是施工承包单位成本管理最基础的工作,成本核算所提供的各种信息,是成本分析和成本考核等的依据。

①成本核算对象和范围。施工项目经理部应建立和健全以单位工程为对象的成本核算财务体系,严格区分企业经营成本和项目生产成本,在工程项目实施阶段不对企业经营成本进行分摊,以正确反映工程项目可控成本的收、支、结、转状况和成本管理业绩。

施工成本核算应以项目经理责任成本目标为基本核算范围;以与项目经理授权范围相对应的可控责任成本为核算对象,进行全过程分月跟踪核算。根据工程当月形象进度,对已完工程实际成本按照分部分项工程进行归集,与相应范围的计划成本进行比较,分析各分部分项工程成本偏差的原因,并在后续工程中采取有效控制措施并进一步寻找降本挖潜的途径。项目经理部应在每月成本核算的基础上编制当月成本报告,作为工程项目施工月报的组成内容,提交企业生产管理和财务部门审核备案。

②成本核算方法。

a.表格核算法。是指建立在内部各项成本核算基础上,由各要素部门和核算单位定期采集信息,按有关规定填制一系列的表格,完成数据比较、考核和简单的核算,形成工程项目施工成本核算体系,作为支撑工程项目施工成本核算的平台。表格核算法需要依靠众多部门和单位支持,专业性要求不高。其优点是简洁明了,直观易懂,易于操作,适时性较好;缺点是覆盖范围较窄,核算债权债务等比较困难,且较难实现科学严密的审核制度,有可能造成数据错误,精度较差。

b.会计核算法。是指建立在会计核算基础上,利用会计核算所独有的借贷记账法和收支全面核算的综合特点,按工程项目施工成本内容和收支范围,组织工程项目施工成本的核算。这种方法不仅核算工程项目施工的直接成本,而且还要核算工程项目在施工生产过程中出现的债权债务,为施工生产而自购的工具、器具摊销,向建设单位的报量和收款,分包完成和分包付款等。其优点是核算严密、逻辑性强、人为调节的可能因素较小、核算范围较大;但对核算人员的专业水平要求较高。

由于表格核算法具有便于操作和表格格式自由等特点,企业可根据管理方式和要求设置各种表格,因而对工程项目内各岗位成本的责任核算比较实用。施工承包单位除对整个企业的生产经营进行会计核算外,还应在工程项目上设成本会计,进行工程项目成本核算,减少数据的传递,提高数据的及时性,便于与表格核算的数据接口,这将成为工程项目施工成本核算的发展趋势。

总体来说,用表格核算法进行工程项目施工各岗位成本的责任核算和控制,用会计核算法进行工程项目施工成本核算,两者互补,相得益彰,确保工程项目施工成本核算工作的开展。

③成本费用归集与分配。进行成本核算时,能够直接计入有关成本核算对象的,直接计入成本;不能直接计入的,采用一定的分配方法计入各成本核算对象成本,然后计算出工程项目的实际成本。

　　a. 人工费。人工费计入成本的方法,一般应根据企业实行的具体工资制度而定。在实行计件工资制度时,所支付的工资一般能分清受益对象,应根据"工程任务单"和"工资计算汇总表"将归集的工资直接计入成本核算对象的人工费成本项目中。实行计时工资制度时,当只存在一个成本核算对象或者所发生的工资能分清是服务于哪个成本核算对象时,方可将其直接计入,否则,就需将所发生的工资在各个成本核算对象之间进行分配,再分别计入。一般采用实用工时(或定额工时)工资平均分摊价格进行计算。其计算式为:

$$工资资平均分摊价 = \frac{建筑安装工人工资}{各项项目实用工(或定额)总和}$$

　　　某项工程应分配的人工费 = 该项工程实用工时×工资平均分摊价格

　　b. 材料费。工程项目耗用的材料应根据限额领料单、退料单、报损报耗单,大堆材料耗用计算单等计入工程项目成本。凡领料时能点清数量、分清成本核算对象的,应在有关领料凭证(如限额领料单)上注明成本核算对象名称,据以计入成本核算对象。领料时虽能点清数量,但需集中配料或统一下料的,则由材料管理人员或领用部门,结合材料消耗定额将材料费分配计入各成本核算对象。领料时不能点清数量和分清成本核算对象的,由材料管理人员或施工现场保管员保管,期末实地盘点结存数量,结合期初结存数量和本月购进数量,倒推出本期实际消耗量,再结合材料耗用定额,编制大堆材料耗用计算表,据以计入各成本核算对象的成本。工程竣工后的剩余材料,应填写退料单以办理材料退库手续,同时冲减相关成本核算对象的材料费。施工中的残次材料和包装物应尽量回收再利用,冲减工程成本的材料费。

　　c. 施工机具使用费。按自有机具和租赁机具使用费分别加以核算。从外单位或本企业内部独立核算的机械站租入施工机具支付的租赁费,直接计入成本核算对象的机具使用费。如租入的机具是为两个或两个以上的工程服务,则应以租入机具所服务的各个工程受益对象提供的作业台班数量为基数进行分配,其计算式为:

$$平均台班租赁 = \frac{支付的租赁付的租金}{租入机具作业台班}$$

　　自有机具费用应按各个成本核算对象实际使用的机具台班数计算所分摊的机具使用费,分别计入不同的成本核算对象成本中。

　　在施工机具使用费中,占比重最大的往往是施工机具折旧费。按现行财务制度规定,施工承包单位计提折旧一般采用平均年限法和工作量法。技术进步较快或使用寿命受工作环境影响较大的施工机具和运输设备,经国家财政主管部门批准,可以采用双倍余额递减法或年数总和法计提折旧。

　　d. 措施费。凡能分清受益对象的,应直接计入受益成本核算对象中。如与若干个成本核算对象有关的,可以先归集到措施费总账中,月末再按适当的方法分配,计入有关成本核算对象的措施费中。

　　e. 间接成本。凡能分清受益对象的间接成本,应直接计入受益成本核算对象中。否则先在项目"间接成本"总账中进行归集,月末再按一定的分配标准计入受益成本核算对象。分配方法:土建工程是以实际成本中直接成本为分配依据,安装工程则以人工费为分配依据。其计算式为:

$$土建(安装)工程间接成本分配率 = \frac{土建(安装)工程分配的间接成本}{全部土建工程直接成本(安装工程人工费)总额}$$

某土建(安装)分配的间接成本=该土建工程直接成本(安装工程人工费)×土建(安装)工程间接成本分配率

(5)成本分析

成本分析是揭示工程项目成本变化情况及其变化原因的过程。成本分析为成本考核提供依据,也为未来的成本预测与成本计划编制指明方向。

①成本分析的方法。成本分析的基本方法包括比较法、因素分析法、差额计算法、比率法等。

a.比较法。又称指标对比分析法,是通过技术经济指标的对比来检查目标的完成情况,分析产生差异的原因,进而挖掘内部潜力的方法。其特点是通俗易懂、简单易行、便于掌握。比较法的应用通常有以下形式。

本期实际指标与目标指标对比。以此为依据检查目标完成情况,分析影响目标完成的积极因素和消极因素,以便及时采取措施,保证成本目标的实现。

本期实际指标与上期实际指标进行对比。通过这种对比,可以看出各项技术经济指标的变动情况,反映项目管理水平的提高程度。

本期实际指标与本行业平均水平、先进水平对比。通过这种对比,可以反映本项目的技术管理和经济管理水平与行业平均水平和先进水平的差距,进而采取措施赶超先进水平。

在采用比较法时,可以采取绝对数对比、增减差额对比或相对数对比等多种形式。

b.因素分析法。又称为连环置换法。这种方法可以用来分析各种因素对成本的影响程度。在进行分析时,首先要假定众多因素中的一个因素发生了变化,而其他因素不变,在前一个因素变动的基础上分析第二个因素的变动,然后逐个替换,分别比较其计算结果,以确定各个因素的变化对成本的影响程度,并据此对企业的成本计划执行情况进行评价,提出进一步的改进措施。因素分析法的计算步骤如下:以各个因素的计划数为基础,计算出一个总数;逐项以各个因素的实际数替换计划数;每次替换后,实际数就保留下来,直到所有计划数都被替换成实际数为止;每次替换后,都应求出新的计算结果;最后将每次替换所得结果与其相邻的前一个计算结果比较,其差额为替换的因素对总差异的影响程度。

c.差额计算法。是因素分析法的一种简化形式,它利用各个因素的目标值与实际值的差额来计算其对成本的影响程度。

d.比率法。是指用两个以上指标的比例进行分析的方法。其基本特点是:先把对比分析的数值变成相对数,再观察其相互之间的关系。常用的比率法有以下几种:

相关比率法。通过将两个性质不同而相关的指标加以对比,求出比率,并以此来考察经营成果的好坏。例如,将成本指标与反映生产、销售等经营成果的产值、销售收入、利润等指标相比较,就可以反映项目经济效益的好坏。

构成比率法。又称为比重分析法或结构对比分析法,是通过计算某技术经济指标中各组成部分占总体比重进行数量分析的方法。通过成本构成比率,可以考察项目成本的构成情况,将不同时期的成本构成比率进行比较,可以观察成本构成的变动情况,同时也可以看出量、本、利的比例关系(即目标成本、实际成本和降低成本的比例关系),从而为寻求降低成本的途径指明方向。

动态比率法。是将同类指标不同时期的数值进行对比,求出比率,以分析该项指标发展方向和发展速度的方法。动态比率的计算通常采用定基指数和环比指数两种方法。

②成本分析的类别。施工成本的类别有分部分项工程成本、月(季)度成本、年度成本等。这些成本都是随着工程项目施工的进展而逐步形成的,与生产经营有着密切的关系。因此,做好上述成本的分析工作,无疑将促进工程项目的生产经营管理,提高工程项目的经济效益。

a.分部分项工程成本分析。分部分项工程成本分析是施工项目成本分析的基础。分部分项工程成本分析的对象为主要的已完分部分项工程。分析方法:进行预算成本、目标成本和实际成本的"三算"对比,分别计算实际成本与预算成本、实际成本与目标成本的偏差,分析偏差产生的原因,为今后的分部分项工程成本寻求节约途径。

分部分项工程成本分析的资料来源是:预算成本是以施工图和定额为依据编制的施工图预算成本,目标成本为分解到该分部分项工程上的计划成本,实际成本来自施工任务单的实际工程量、实耗人工和限额领料单的实耗材料。

对分部分项工程进行成本分析,要做到从开工到竣工进行系统的成本分析。通过主要分部分项工程成本的系统分析,可以基本了解工程项目成本形成的全过程,为竣工成本分析和今后的工程项目成本管理提供宝贵的参考资料。

分部分项工程成本分析表的格式见表6.1.1。

表6.1.1 分部分项工程成本分析表

单位工程:_____

分部分项工程名称:_____ 工程量:_____ 施工班组:_____ 施工日期:_____

工料名称	规格	单位	单价	预算成本		目标成本		实际成本		实际与预算比较		实际与目标比较	
				数量	金额	数量	金额	数量	金额	数量	金额	数量	金额
合　计													
实际与预算比较(%)=实际成本合计/预算成本合计×100%													
实际与目标比较(%)=实际成本合计/目标成本合计×100%													
节约/超支原因													

编制单位: 　　　　　编制人员: 　　　　　编制日期:

b.月(季)度成本分析。月(季)度成本分析是项目定期的、经常性的中间成本分析。通过月(季)度成本分析,可以及时发现问题,以便按照成本目标指定的方向进行监督和控制,保证工程项目成本目标的实现。月(季)度成本分析的依据是当月(季)的成本报表。分析方法通常包括以下几种:

通过实际成本与预算成本的对比,分析当月(季)的成本降低水平;通过累计实际成本与累计预算成本的对比,分析累计的成本降低水平,预测实现工程项目成本目标的前景。

通过实际成本与目标成本的对比,分析目标成本的落实情况,以及目标管理中的问题和不足,进而采取措施,加强成本管理,保证工程成本目标的落实。

通过对各成本项目的成本分析,可以了解成本总量的构成比例和成本管理的薄弱环节。对超支幅度大的成本项目,应深入分析超支原因,并采取对应的增收节支措施,防止今后再超支。

通过主要技术经济指标的实际与目标对比,分析产量、工期、质量、"三材"节约率、机械利用率等对成本的影响。

通过对技术组织措施执行效果分析,寻求更加有效的节约途径。

分析其他有利条件和不利条件对成本的影响。

c.年度成本分析。由于工程项目的施工周期一般较长,除进行月(季)度成本核算和分析外,还要进行年度成本的核算和分析。因为通过年度成本的综合分析,可以总结一年来成本管理的成绩和不足,为今后的成本管理提供经验和教训。

年度成本分析的依据是年度成本报表。年度成本分析的内容,除月(季)度成本分析的6个方面外,重点是针对下一年度的施工进展情况规划切实可行的成本管理措施,以保证工程项目施工成本目标的实现。

d.竣工成本的综合分析。凡是有几个单位工程而且是单独进行成本核算的项目,其竣工成本分析均应以各单位工程竣工成本分析资料为基础,再加上项目经理部的经营效益(如资金调度、对外分包等所产生的效益)进行综合分析。如果施工项目只有一个成本核算对象(单位工程),就以该成本核算对象的竣工成本资料作为成本分析的依据。单位工程竣工成本分析应包括竣工成本分析,主要资源节约/超支对比分析,主要技术节约措施及经济效果分析。通过以上分析,可以全面了解单位工程的成本构成和降低成本的因素,对今后同类工程的成本管理具有参考价值。

(6)成本考核

成本考核是指在工程项目建设过程中或项目完成后,定期对项目形成过程中各级单位成本管理的成绩或失误进行总结与评价。通过成本考核,给予责任者相应的奖励或惩罚。施工承包单位应建立和健全工程项目成本考核制度,作为工程项目成本管理责任体系的组成部分。考核制度应对考核的目的、时间、范围、对象、方式、依据、指标、组织领导以及结论与奖惩原则等作出明确规定。

施工成本的考核,包括企业对项目成本的考核和企业对项目经理部可控责任成本的考核。企业对项目成本的考核包括对施工成本目标(降低额)完成情况的考核和成本管理工作业绩的考核。企业对项目经理部可控责任成本的考核包括以下几项:

①项目成本目标和阶段成本目标完成情况。

②建立以项目经理为核心的成本管理责任制的落实情况。

③成本计划的编制和落实情况。

④对各部门、各施工队和班组责任成本的检查和考核情况。

⑤在成本管理中贯彻责、权、利相结合原则的完成情况。

除此之外,为层层落实项目成本管理工作,项目经理对所属各部门、各施工队和班组也要进行成本考核,主要考核其责任成本的完成情况。

施工承包单位应充分利用工程项目成本核算资料和报表,由企业运营管理部门对项目经理部的成本和效益进行全面考核,在此基础上做好工程项目成本效益的考核与评价,并按照项目经理部的绩效,落实成本管理责任制的激励措施。

6.1.3 工程计量与进度款管理

工程计量是发承包双方根据合同约定,对承包人完成合同工程数量进行的计算和确认。具体地说,就是双方根据设计图纸、技术规范以及施工合同约定的计量方式和计算方式,对承包人已经完成的质量合格的工程实体数量进行测量与计算,并以物理计量单位或自然计量单位进行标识、确认的过程。

招标工程量清单中所列的数量,通常是根据招标时设计图纸计算的数量,是发包人对合同工程的估计工程量。工程施工过程中,通常会因一些原因导致承包人实际完成工程量与工程量清单中所列工程量不一致,如招标工程量清单缺项或项目特征描述与实际不符、工程变更、现场施工条件的变化、现场签证、暂估价中的专业工程发包等。因此,在工程合同价款结算前,必须对承包人履行合同义务所完成的实际工程进行准确计量。

对承包人已经完成的合格工程进行计量并予以确认,是发包人支付工程价款的前提工作。因此工程计量不仅是发包人控制施工阶段工程造价的关键环节,也是约束承包人履行合同义务的重要手段。

1)工程计量的概念

工程计量是指发承包双方根据合同约定以及形象进度,对承包人已完成合格工程的数量进行已完成产值的计算和确认的过程,是发包人支付工程价款的前提。

在进行工程计量时,双方需要遵循合同约定的计量方式和计算方法,确保计量结果的准确性和公正性。同时,还需要根据形象进度及时调整计量方案,确保计量工作与项目的实际情况保持同步。

通过工程计量,发包人能够掌握项目的实际进展情况,为支付工程价款提供准确依据。而承包人则能够及时了解自己的产值情况,为调整施工计划和成本控制提供参考。此外,工程计量还有助于加强双方的沟通和协作,共同推动项目的顺利进行。

2)工程计量的原则

为了确保计量工作的规范性和有效性,有助于保障合同双方的合法权益,促进工程的顺利进行,在实际操作中,发承包双方应严格遵循以下原则,确保工程计量的准确性和公正性。

①不符合合同文件要求的工程不予计量。工程必须满足设计图纸、技术规范等合同文件对其在工程质量上的要求,同时确保有关的工程质量验收资料齐全、手续完备,满足合同文件对其在工程管理上的要求。

②按合同文件所规定的方法、范围、内容和单位计量。工程计量的方法、范围、内容和单位受合同文件约束,其中工程量清单(说明)、技术规范、合同条款均会从不同角度、不同侧面涉及这方面的内容。在计量中要严格遵循这些文件的规定,并且一定要结合起来使用。

③因承包人原因造成的超出合同工程范围施工或返工的工程量,发包人不予计量。

3)工程计量的范围和依据

工程计量的范围广泛且依据多样,它们共同构成了工程计量的完整框架。在实际操作中,发承包双方应充分了解并遵循这些范围和依据,确保工程计量的准确性和有效性。

(1)工程计量的范围

工程计量的范围主要包括以下几个方面:

①工程量清单及工程变更所修订的工程量清单的内容。涵盖了合同中约定的所有工程项目,包括因设计变更、工程变更等原因修订的工程量清单内容。这些项目都需要按照合同规定的计量方法和规则进行计量,以确保双方对已完成的工作量有清晰的认知和确认。

②合同文件中规定的各种费用支付项目,如费用索赔、各种预付款、价格调整、违约金等。这些费用项目在合同中都有明确的规定和约定,是工程计量中的重要组成部分,对于保障合同双方的权益和确保项目的顺利进行具有重要意义。

(2)工程计量的依据

工程计量的依据是确保计量工作准确、公正进行的基础和保障,主要包括以下几个方面:

①工程量清单及说明。工程量清单详细列出了各个工程项目的数量、单价等信息,是计量工作的重要依据。同时,工程量清单的说明部分对计量方法、规则等进行了详细解释,为计量工作提供了指导。

②合同图纸。合同图纸是反映工程项目设计要求的重要文件,其中包含了工程项目的具体尺寸、位置等信息。在计量过程中,合同图纸是确定工程项目数量的重要依据。

③工程变更令及其修订的工程量清单。在项目实施过程中,由于设计变更、工程变更等原因,可能会产生新的工程项目或数量变化。工程变更令及其修订的工程量清单是反映这些变化的重要文件,也是计量工作的重要依据。

④已确认的形象进度。工程项目实施过程中,根据合同约定以及实际施工情况,经过双方确认的已完成工程部分的进度描述。

⑤合同条件。合同条件中包含了工程项目的计量规则、方法、时间节点等具体要求,是确保计量工作符合合同约定的重要保障。

⑥规范、标准。相关规范、标准是工程项目的技术标准和要求,其中也包含了对计量工作的相关规定和要求。在计量过程中,需要遵循技术规范的要求,确保计量结果的准确性和合规性。

⑦有关计量的补充协议。在项目实施过程中,可能会根据具体情况签订有关计量的补充协议。这些协议对计量工作的具体要求、方法等进行了补充和明确,是计量工作的重要依据。

⑧质量合格证书。质量合格证书是证明工程项目质量符合合同要求的重要文件。在计量过程中,需要确保所计量的工程项目具有相应的质量合格证书,以证明其质量和数量的真实性,实践中通常以形象进度确认单的方式体现。

4)工程进度款的支付

为了保证工程施工的正常进行,发包人确实应根据合同的约定和有关规定,按时支付工程款。这样做不仅能确保施工单位的正常运营和资金流转,还能避免因资金问题导致的工程进度延误或质量下降。

《建设工程施工发包与承包计价管理办法》中的规定强调了工程款结算的重要性。根据这一规定,建筑工程的承发包双方应按照合同约定的时间和方式,定期或者按工程进度分阶段进行工程款结算。这种分阶段结算的方式,实际上就是对已完工程的产值进行结算,它能够确保施工单位能够及时获得与其已完成工作相对应的报酬。

在实际操作中,发包人应严格按照合同约定的时间节点和结算方式,对施工单位提交的已完成工程量进行审核和确认,并及时支付相应的工程款。同时,施工单位也应按照合同约定,按时提交准确的工程量结算资料,确保工程量结算工作的顺利进行。

对于工程进度款支付的付款周期并不是一成不变的,它通常取决于多个因素,包括合同条款、工程规模、工程复杂程度等。

（1）固定周期付款

按照合同约定的固定时间间隔进行付款,如每月、每季度或每半年支付一次。这种方式适用于工程进度相对均匀,没有显著阶段性变化的项目。采用月末计量审核后次月付款的方式在实践中使用较为广泛。

（2）按阶段付款

根据工程的实际进度和完成情况,将工程划分为不同的阶段,每个阶段完成后支付相应的工程进度款。这种方式适用于工程有明确的阶段性目标,且各阶段的工作量差异较大的情况。例如,基础工程完成并验收合格后支付至合同金额的10%,主体结构封顶并验收合格后支付至合同金额的50%,二次结构完成并验收合格后60%,竣工验收合格后支付至合同金额的80%。

（3）一次性付款

工程进度款的一次性付款方式,意味着在工程全部完成后,发包方将工程进度款一次性支付给承包方。这种支付方式不仅简化了支付流程,减少了多次支付的繁琐性,同时也为承包方提供了资金使用的灵活性。然而,这种方式在实际应用中并不常见。采用一次性付款方式的前提通常是工程规模较小、工期较短且合同双方对彼此的信誉和实力有充分的了解和信任,在这种情况下,一次性付款可以简化支付流程,提高支付效率。

需要注意的是,一次性付款的方式也存在一定的风险。对于发包方来说,如果在工程完成前一次性支付全部款项,可能会面临资金压力,尤其是在工程规模较大或存在不确定性因素时。而对于承包方来说,一方面,工程完成后一次性支付全部款项可能使承包方在工程完成前面临较大的资金压力;另一方面,如果发包方在支付能力或信誉方面存在问题,也可能导致承包方在工程完工后无法及时获得款项,从而引发资金风险。

5）正确审核工程价款的重要性

正确审核工程价款在保障项目双方权益、提高经济效益、规范市场秩序以及提升企业管理水平等方面都具有重要意义,正确审核工程价款的重要性体现在以下几个方面:

（1）有助于保障合同双方的合法权益

通过细致、准确的工程价款审核,可以确保合同双方对工程成本的认知是一致的,减少因误解或误差导致的纠纷。对于发包方来说,可以避免因支付过多而增加不必要的成本;对于承包方来说,则可以确保获得应得的工程款项,维护其合法权益。

（2）正确审核工程价款有助于提高项目的经济效益

通过合理的造价审核,可以准确评估项目的成本构成,从而优化资源配置,提高资金的使用效率。这有助于实现项目的成本控制,提升项目的整体经济效益。

（3）正确审核工程价款还有助于规范市场秩序

在工程项目中,往往存在多家承包商竞争的情况。如果工程价款审核不准确,可能导致恶意压价、不正当竞争等行为的出现,扰乱市场秩序。而通过规范的工程价款审核,可以确保市场竞争的公平性和透明度,维护行业的健康发展。

（4）正确审核工程价款也有助于提升企业的管理水平

通过工程价款审核,企业可以更加深入地了解项目的成本构成和利润状况,从而有针对性地优化管理流程、提升管理效率。这对于提高企业的核心竞争力、实现可持续发展具有重要意义。

6)工程计量及进度款支付的风险防范

工程计量及进度款支付的风险涉及多个方面,需要业主、承包方和其他相关方共同努力,通过合同条款的明确约定和有效执行,降低风险并确保项目的顺利进行。企业应建立健全的项目内控制度,加强项目负责人的责任心,确保资金按照预定用途进行统筹安排,避免随意支付和损失浪费。同时,业主和承包方在合同中应明确约定计量和支付的各项条款,确保双方权益得到保障。工程计量及进度款支付的风险主要涉及以下几个方面:

(1)关于工程计量,存在一些特定的风险

其中,一个常见的风险是业主超计量、暂计量及审计扣减的风险。这通常发生在业主对计量资料要求不严格,再加上施工工期进度的要求,导致出现超图纸计量,变更索赔签认不全等情况。虽然在中期给予了计量,但在竣工结算投资梳理或结算审计时,这些超出的部分会被扣减,从而直接影响项目的盈利水平,甚至可能导致亏损。另一个风险是计量档案资料不齐全或不合规,这也可能给项目带来不必要的麻烦和损失。

(2)进度款支付的风险同样不容忽视

进度款的约定直接影响承包单位的流动资金,如果支付间隔太大或支付比例太低,可能导致承包单位资金不充足,影响其正常的资金周转。为了避免这种情况,应在合同中明确约定发包人审核工程量的时限,并尽可能清晰地约定支付时限,以防甲方恶意或实际不按约支付。同时,还应约定不按约支付时的违约责任,包括经济上的双倍同期银行贷款利率、工期顺延以及顺延后的停工损失等。

7)工程计量及进度款支付的流程

工程计量及进度款支付是一个复杂且重要的过程,涉及多个环节和多方参与,在工程实践中通常需要经过以下流程:

(1)形象进度确认

形象进度是对工程实际完成情况的直观描述,通常通过照片、视频或文字报告等形式展示。

监理单位负责对施工单位的形象进度进行现场核查,确保实际完成情况与计划相符,并避免虚报或瞒报。

甲方(即业主或建设单位)也会参与形象进度的确认,以确保工程进度满足合同要求和预期目标。

(2)提交已完产值申报

在完成一定阶段的工程后,施工单位需要向建设单位提交已完产值申报。已完产值申报应详细列出已完成的工程量、材料消耗、人工费用等信息,并附上相应的证明材料(如现场照片、计量记录等)。申报的目的是向建设单位申请相应阶段的进度款。

(3)建设单位审核确认

建设单位收到施工单位的已完产值申报后,会组织相关部门进行审核。审核内容包括已完工程量的核实、材料价格的确认、人工费用的合理性等。建设单位还会结合合同条款、预算控制等因素,对申报金额进行综合评估。审核确认后,建设单位会出具审核意见,并通知施工单位。

（4）进度款支付

在建设单位审核确认后，如果申报符合合同要求和实际情况，建设单位会按照合同约定的支付方式和时间节点，向施工单位支付进度款。进度款的支付金额通常与已完产值审核中确认的金额一致或按照合同约定的比例支付。建设单位应确保支付流程的合规性和及时性，以保障施工单位的正常运营和工程进度。

在整个流程中，监理单位、施工单位和建设单位需要保持密切的沟通和协作，确保形象进度确认的准确性、已完产值申报的完整性以及进度款支付的及时性。同时，各方也应遵守相关法律法规和合同约定，确保整个流程的合规性和合法性。

8）工程计量及进度款支付的关键控制环节和要点

工程计量与进度款支付的关键控制环节和要点主要包括以下几个方面：

（1）工程计量

①精确测量。工程计量的核心是测量，必须保证测量的精确性。选择合适的测量工具和方法，严格按照规定的程序进行操作，避免因操作不当导致的测量误差。

②统一计量单位。为避免计量结果不一致，必须使用合同清单中的统一计量单位。

③考虑工程实际情况。工程计量时，应考虑工程的复杂程度、施工条件、材料的浪费率等因素，以确保计量结果的准确性。

④及时记录和汇总。为避免数据丢失或错误导致的计量结果不准确，必须及时记录和汇总计量数据。

（2）进度款管理

①确定支付标准和比例。在合同中明确约定每个阶段的完成标准和支付比例，确保双方对支付条件有清晰的认识。

②阶段性评估与支付。根据项目进展进行阶段性评估，一旦满足支付条件，应及时支付合适的进度款，确保项目的正常进行。

③预留一定比例的进度款。为确保项目质量和完工风险，可以预留一定比例的进度款作为质保金，以应对可能的修复和整改费用。

④合同变更与评估。在合同变更前，应进行全面评估，确定合同变更对进度款的影响和支付调整的方式，确保双方达成一致意见。

⑤监督与跟踪。建立有效的监督机制，定期审查支付记录和相关文件，确保支付的合规性和透明度。

此外，为了确保工程计量与进度款管理的顺利进行，还应加强对监理单位、施工企业和政府有关部门的管理。监理单位应加强对现场监理工程师的监督和管理，施工企业应建立健全的项目内控制度，政府有关部门应严格按照国家有关法律程序办事，加强对建设工程的管理。

6.1.4　工程变更管理

工程变更是指合同实施过程中由发包人批准的对合同工程的工作内容、工程数量、质量要求、施工顺序与时间、施工条件、施工工艺或其他特征以及合同条件等的改变。工程变更的管理要严格依据合同变更条款的规定，合同变更条款是工程变更的行动指南。根据《建设工程施工合同（示范文本）》（GF 2017—0201）中的通用合同条款，变更管理主要有以下内容。

1)工程变更的范围

工程变更包括以下几个方面的内容：
①增加或减少合同中任何工作，或追加额外的工作。
②取消合同中任何工作，但转由他人实施的工作除外。
③改变合同中任何工作的质量标准或其他特性。
④改变工程的基线、标高、位置和尺寸。
⑤改变工程的时间安排或实施顺序。

2)工程变更权

发包人和工程师(指监理人、咨询人等业主授权的第三方，下同)均可以提出变更。变更指示均通过工程师发出，工程师发出变更指示前应征得发包人同意。承包人收到经发包人签认的变更指示后，方可实施变更。未经许可，承包人不得擅自对工程的任何部分进行变更。涉及设计变更的，应由设计人提供变更后的图纸和说明。当变更超过原设计标准或批准的建设规模时，发包人应及时办理规划、设计变更等审批手续。

3)工程变更工作内容

①发包人提出变更的，应通过工程师向承包人发出变更指示，变更指示中应说明计划变更的工程范围和变更的内容。

②工程师提出变更建议的，需要向发包人以书面形式提出变更计划，说明计划变更工程范围和变更的内容、理由，以及实施该变更对合同价格和工期的影响。发包人同意变更的，由工程师向承包人发出变更指示；发包人不同意变更的，工程师无权擅自发出变更指示。

③变更执行。承包人收到工程师下达的变更指示后，认为不能执行的，应立即提出不能执行该变更指示的理由；承包人认为可以执行变更指示的，应当书面说明实施该变更指示对合同价格和工期的影响，且合同当事人应当按照合同变更估价条款约定确定变更估价。

4)变更估价

(1)变更估价原则
除专用合同条款另有约定外，变更估价按照以下约定处理：
①已标价工程量清单或预算书中有相同项目的，参照相同项目单价认定。
②已标价工程量清单或预算书中无相同项目，但有类似项目的，参照类似项目的单价认定。
③变更导致实际完成的变更工程量与已标价工程量清单或预算书中列明的该项目工程量的变化幅度超过15%的，或已标价工程量清单或预算书中无相同项目及类似项目单价的，按照合理的成本与利润构成的原则，由合同当事人按照合同约定方法确定变更工作的单价。

(2)变更估价程序
承包人应在收到变更指示后的约定期限内，向工程师提交变更估价申请。工程师应在收到承包人提交的变更估价申请后的约定期限内审查完毕并报送发包人，工程师对变更估价申请有异议的，通知承包人修改后重新提交。发包人应在承包人提交变更估价申请后的约定期限内审批完毕。发包人逾期未完成审批或未提出异议的,视为认可承包人提交的变更估价申请。因变更引起的价格调整应计入最近一期的进度款中支付。

5)承包人的合理化建议

承包人提出合理化建议的,应向工程师提交合理化建议说明,说明建议的内容和理由,以及实施该建议对合同价格和工期的影响。除专用合同条款另有约定外,工程师应在收到承包人提交的合理化建议后约定期限内审查完毕并报送发包人,如发现其中存在技术上的缺陷,应通知承包人修改。发包人应在收到工程师报送的合理化建议后的约定期限内审批完毕。合理化建议经发包人批准后,工程师应及时发出变更指示,由此引起的合同价格调整应按照变更估价约定条款执行。发包人不同意变更的,工程师应书面通知承包人。合理化建议降低了合同价格或者提高了工程经济效益的,发包人可以对承包人给予奖励,奖励的方法和金额在专用合同条款中约定。

6)变更引起的工期调整

因变更引起工期变化的,合同当事人均可以要求调整合同工期,由合同当事人按照合同约定办法并参考工程所在地的工期定额标准确定增减工期天数。

工程变更管理的流程是一个系统性的过程,需要各相关方的紧密配合和协作,以确保变更的顺利进行和项目的最终成功。具体流程可能因不同的工程项目和合同要求而有所差异,因此在实际操作中需要根据具体情况进行调整和完善。在实际工作中,通常存在以下环节:

①工程变更事项提出。变更的发起方(可能是施工单位、设计单位、业主单位等)首先提出变更的具体事项,包括变更的原因、内容、影响范围等。变更事项应清晰、明确地表述,以便于后续评估、审批和实施。

②工程变更费用测算。在工程变更事项提出后,需要进行费用测算,包括变更所需的人工、材料、设备等成本。费用测算的准确性对于后续审批和决策至关重要,应充分考虑各种可能因素。

③工程变更事前审批。工程变更事项和费用测算完成后,需要提交给相关部门进行审批。审批过程中,相关部门会对变更的必要性、合理性和经济性进行评估,确保变更符合项目整体利益。审批结果可能是批准、部分批准或拒绝,根据审批意见,可能需要对变更事项或费用测算进行调整。

④下发工程变更通知单。工程变更经过审批后,需要下发变更通知给相关单位,包括施工单位、监理单位等。变更通知单中应明确变更的内容、实施要求、时间节点等,确保各方对变更要求有清晰的认识。

⑤现场实施。施工单位根据变更通知和实施方案,进行现场施工变更。在实施过程中,应严格按照变更要求进行施工,确保变更质量和安全。同时,监理单位应对变更实施过程进行监督和检查,确保施工符合规范和要求。

⑥完工确认。工程变更实施完成后,需要进行完工确认。完工确认包括现场检查、质量验收、资料整理等环节,确保变更内容已全部完成并符合要求。如有需要,还应进行性能测试或试运行,确保变更后的工程性能满足设计要求。

⑦费用确认。工程变更完成后,需要对实际发生的费用进行确认和结算。根据实际发生

的费用与费用测算进行对比,如有差异需进行原因分析和处理。费用确认后,按照合同约定的支付方式和时间进行付款。

7)工程变更的原因分析

工程变更的原因多种多样,在工程实施过程中,需要充分考虑各种可能的因素,并制定合理的变更管理策略。

(1)业主原因

①业主对项目的需求或期望发生变化,导致原有设计或施工方案无法满足新的要求。

②业主临时提出修改意见或新增功能,需要调整工程内容。

③业主因资金筹措问题或支付能力不足,导致工程规模或标准需要调整。

(2)设计原因

①设计单位提供的施工图纸或文件存在错误或遗漏,需要在施工过程中进行修正或补充。

②设计深度不足,导致实际施工时发现与现场条件不符,需要进行变更。

③设计单位对新技术、新材料或新工艺的应用不熟悉,导致原设计方案需要调整。

(3)环境变化

①地质条件与勘察报告不符,如遇到不良地质、地下障碍物等,需要改变施工方案。

②气候条件恶劣,如暴雨、高温等,影响施工进度和工程质量,需要调整施工计划。

③社会环境因素,如周边居民投诉、交通管制等,需要调整施工安排。

(4)政策原因

①国家或地方政府出台新的法规、政策或标准,导致原有设计方案或施工方案需要调整以符合新规定。

②城市规划调整或土地用途变更,影响项目的建设条件和要求。

(5)合同调整

①合同双方对合同条款的理解存在分歧,需要通过变更合同条款来明确双方的权利和义务。

②工程量清单或报价存在漏项或错误,需要在施工过程中进行修正。

③合同约定的工期、质量或成本目标无法实现,需要进行变更以调整合同条件。

(6)新技术新材料的应用

随着科技的进步和行业的发展,新的施工工艺、材料或设备不断涌现,为提高施工效率和质量,需要进行工程变更以应用新技术新材料。

8)工程变更事前审批

工程变更事项实施前,由设计方发起变更审批的流程是非常必要的,这有助于确保变更的合理性、经济性和可行性。在审批流程中,详细说明变更事项的发生原因、变更内容、具体变更范围及成本测算金额等内容是至关重要的,这有助于各方对变更事项有一个清晰的认识和了解。为了支持审批流程的顺利进行,通常还需要提交以下资料作为附件:

①变更发起方的书面确认文件。这是证明变更请求来源的正式文件,有助于明确责任和授权。

②变更前及变更后的图纸。图纸能够直观地展示变更前后的差异,有助于审批人员理解变更的具体内容和范围。

③对于图纸可计量的工程变更,必须提供签字版图纸及电子版图纸。签字版图纸是变更内容的正式确认,电子版图纸则便于存储和传输,供后续施工和管理使用。

④对于图纸不可计量的变更内容,还应当提供签字版的详细施工方案,这些方案应详细说明施工方法、工艺流程、所需材料和设备等,以便评估变更费用测算的合理性和可行性。

⑤施工单位的报价清单电子版或扫描件(若有)。这有助于了解变更事项所需的费用,为成本测算提供参考。

⑥成本测算清单。这是审批流程中的重要依据,通过对变更事项的成本进行测算,有助于评估变更事项的经济性和可行性。

⑦其他有必要的附件(包括但不限于估算资料)。这些附件可能包括市场调查资料、评估报告、对标说明等,有助于决策者全面了解变更事项的背景和影响。

9)工程变更通知单下发

工程变更通知单下发是工程变更流程中的重要环节,它标志着变更事项的正式确认和开始实施。在确保审批流程已经完成后,再由监理工程师(发包人授权)下发工程变更通知单。

(1)工程变更通知单内容

工程变更通知单应明确列出变更的事项、原因、范围、具体要求以及相关的施工图纸、技术规格等。这些信息应准确无误,以确保施工单位能够按照通知单的要求进行施工。

(2)签发与确认

工程变更通知单应由具有相应权限的人员签发,并加盖相关单位的公章。签发后,应及时送达施工单位、监理单位、发包人等相关方,以确保各方都能够及时了解并确认变更事项。

(3)现场交底与确认

在施工单位收到工程变更通知单后,应组织相关人员进行现场交底,确保施工人员对工程变更事项有清晰的认识和理解。同时,施工单位应确认通知单的内容与实际施工条件相符,如有任何疑问或异议,应及时与设计方、发包人等进行沟通。

(4)施工实施与记录

施工单位在按照工程变更通知单的要求进行施工时,应做好相应的施工记录和资料整理工作。这有助于确保施工过程的可追溯性,并为后续的验收和结算提供依据。

10)工程变更完工确认及费用确认

经过前述环节,工程变更所发生的费用仍然不能计入合同价款并进行工程款支付,还需要通过工程变更完工确认及费用确认,才能最终计入合同价款中。工程变更的完工确认及费用确认是工程项目管理中至关重要的环节,涉及对变更内容的核实以及相应费用的计算和审核。

(1)工程变更完工确认

工程变更完工确认是对已实施的工程变更内容进行核实和确认的过程。这一过程通常包括以下步骤:

①现场核查:项目相关管理人员进行现场核查,核实变更内容是否已按照变更通知单的要求完成,包括施工质量、进度、范围等方面是否满足要求。

②资料审查:对变更实施过程中产生的相关资料进行审查,如施工记录、质量检测报告等,确保资料的真实性和完整性。

③签字确认:在确认变更内容已全部完成并符合要求后,相关方在变更完工确认单上签字确认,作为变更完成的正式文件。

(2)工程变更费用确认

工程变更费用确认是指对因工程变更而增加或减少的费用进行计算和审核的过程。这一过程通常包括以下步骤:

①费用计算:根据变更通知单和相关的合同条款,计算因变更而增加或减少的费用,这包括人工费、材料费、机械费、措施费、税金等各项费用的核算。

②审核与审批:费用计算完成后,由成本管理部门进行审核和审批。审核人员应当核实费用的计算依据和计算过程是否准确合理,审批人员根据项目预算和实际情况对费用进行审批,审核资料通常应包含以下附件资料:

a.完工确认单:是工程变更完工后,用于确认变更内容已按照要求完成的重要文件,是后续费用结算的重要依据。

b.费用确认单:用于确认因工程变更而产生的费用。相关责任方在审核无误后,在费用确认单上签字确认,是项目结算和成本控制的关键依据。

c.设计变更费用汇总表:费用汇总表是对设计变更导致的费用进行汇总的表格。按照不同的变更项目进行分类,列出了各项费用的总额,方便管理人员对变更费用进行整体把握和比较,有助于项目管理部门了解变更费用的分布和构成,为决策提供依据。

d.设计变更费用组成明细:费用组成明细是对工程变更费用的详细组成进行说明的文档。它详细列出了每一项费用的来源、计算方法和计算过程,以及相关的依据和证明文件。这份文档有助于相关人员对费用组成进行深入了解和分析,确保费用组成的合理性和准确性。

e.图纸:是工程变更实施过程中不可或缺的重要文件,详细展示了变更项目的具体内容和要求,包括结构、尺寸、材料等信息。

f.收方单:收方是一个涉及工程量确认和核算的重要过程,也是后续费用结算的重要依据,主要针对的是图纸中未包含而现场必须实施的项目、隐蔽项目,或者合同外增加的无图纸零星工程等的工作内容,工程量以收方单的形式进行现场测量确认。

③费用结算:经过审核和审批后,确定的变更费用金额纳入项目合同的结算价款中。项目管理部门与施工单位进行费用结算,确保费用的及时支付和准确记录。

需要注意的是,工程变更完工确认和费用确认是相互关联的过程。在进行费用确认时,需要确保变更内容已经完工并经过确认;同样,在进行完工确认时,也需要考虑变更费用的计算和审核情况。

6.1.5 工程签证管理

工程签证与工程变更在工程项目实施中都是不可或缺的环节,它们之间存在着紧密的关联和相互影响。工程变更是指在合同工作范围内,根据监理签发的设计文件及变更指令单,对原设计方案、施工计划、材料选择等进行各种类型的调整或修改。而工程签证则是工程承发包双方在施工过程中,对支付各种费用、设计变更、顺延工期、造价调整、赔偿损失等所达成的双方意思表示一致的重要依据。

1)工程签证的概念

工程签证是指按承发包合同约定,承发包双方现场代表(或其委托人)就施工过程中涉及合同价款之外的责任事件所作的签认证明,在施工合同履行过程中,承发包双方根据合同的约定,就价款增减、费用支付、损失赔偿、工期顺延等事项达成的协议或文件。

2) 工程签证的处理原则

工程签证作为工程项目实施过程中一个重要环节,其处理原则确实涵盖了多个方面,共同构成了工程签证处理的基础和准则,主要包括以下几个方面:

(1)客观性原则

签证过程中,应确保所有签证事项都基于客观事实,避免主观臆断或偏见。不仅要审查甲乙双方的签字与意见的真实性,还要确保签证内容与实际施工情况相符。

(2)准确性原则

工程签证应尽可能详细、准确地反映实际施工情况。对于工程量、材料使用、人工工时等关键信息,都应进行精确计算,确保签证数据的准确性。

(3)及时性原则

现场签证的处理应及时,以免因时过境迁导致信息失真或引起不必要的纠纷。不论是承包商还是业主,都应抓紧时间处理签证事宜,确保签证的及时性和有效性。

(4)遵循合同约定

工程签证应严格遵守合同条款和约定,确保签证内容与合同规定一致。在办理签证时,应充分考虑合同承诺、设计图纸、预算定额等相关内容,避免与合同产生冲突或矛盾。

(5)责任性原则

工程签证应明确各方责任,确保签证内容的落实和执行。在签证过程中,应明确划分责任范围,确保各方都能按照签证要求履行自己的职责和义务。

(6)可追溯性原则

签证资料应具有可追溯性,以便于后续审计和结算工作。现场签证的资料,包括签证手续、签证申请、签证预算等原始文件应及时进行整理、归档,确保签证过程的完整性和可查询性。

3) 工程签证的范围

工程签证的范围广泛,工程施工过程中可能会出现的各种情况和变化,可通过工程签证的确认和记录,可以确保工程费用的合理性和准确性,保障承包方和建设方的权益。主要包括以下几个方面:

①除施工合同范围外零星工程的确认:这包括施工合同中未明确规定的,但施工过程中必须的零星工程或附加工程。这些工程可能由于现场条件的变化、业主的新需求或其他不可预见因素而产生。

②非承包人原因导致的人工、设备窝工及有关损失:如果由于业主的原因、设计错误、材料供应延迟等非承包人因素,导致承包人的人工或设备无法正常工作,产生窝工及相关损失,这些损失需要通过工程签证来确认和补偿。

③符合施工合同规定的非承包人原因引起的工程量或费用增减:施工合同中可能规定了某些因非承包人原因导致的工程量或费用变化的处理方式。当这些情况发生时,需要通过工程签证来记录并确认这些变化。

④修改施工方案引起的工程量或费用增减:在施工过程中,有时需要对原有的施工方案进行修改,以适应现场条件的变化或满足业主的新需求。这些修改可能导致工程量或费用的增减,需要通过工程签证来记录和确认。

⑤工程变更导致的工程量措施费增:工程变更可能涉及新的施工方法、材料或设备的使用,这些变更可能会导致工程费措施费用的增减。这些费用变化也需要通过工程签证来记录和确认。

4)工程签证的分类

工程签证的种类繁多,每种签证都有其特定的应用场景和注意事项。在进行工程签证时,应充分了解各种签证的特点和要求,确保签证的准确性和合规性,以维护各方的权益。工程签证按其内容及性质可分为经济签证和工期签证。

(1)经济签证

经济签证主要涉及在施工过程中,由于场地、环境、业主要求、合同缺陷、违约、设计变更或施工图错误等原因造成的经济损失。这类签证涉及面广,项目繁多复杂,因此需要特别关注合同和相关文件规定,确保经济签证的准确性和合规性。通常包括以下几个方面:

①零星用工。指在施工现场发生的合同之外工作内容的零星用工。

②零星工程。指按发包人的要求完成工程施工合同以外的零星工程。

③临时设施增补项目。

④隐蔽工程签证。指在施工合同或原施工图纸未包括或未明确的,需要根据实际现场状况确定有需要做隐蔽的工作证明。

⑤工程变更签证。因工程设计变更或非承包人原因造成的工程返工或修复修改产生的费用证明文件。

⑥窝工、非承包人原因停工造成的人员、机械经济等损失。

⑦议价及暂估价材料价格认价单或称材料核价单。

⑧其他需要签证的费用。

(2)工期签证

这类签证主要关注在施工过程中因各种原因(如主要材料、设备进退场时间及业主因素等)造成的延期开工、暂停开工和工期延误的情况。在招标文件中,通常会约定工期罚则,因此工期签证在工期提前奖和工期延误罚款的计算中发挥着关键作用。通常包括以下几个方面:

①设计变更造成工期变更签证。在工程项目实施过程中,设计变更是常有的事情。这些变更可能是由于设计错误、业主要求的变化或其他原因引起的。当设计变更导致工程量增加或减少时,必然会影响工程的进度。因此,需要通过工期签证来确认由于设计变更造成的工期延误或提前。

②停水、停电签证。在施工过程中,停水、停电等外部条件的变化可能会对工程进度产生重大影响。例如,如果施工现场长时间停电,那么许多电动工具和设备将无法正常使用,从而导致工程进度受阻。在这种情况下,承包人可通过申请工期签证来确认因停水、停电等造成的工期延误。

③其他非承包人原因造成的工期签证。除了设计变更和停水、停电等外部条件变化,还有

许多其他非承包人的原因也可能导致工期延误。例如,恶劣的天气条件、政府部门的临时管制措施、业主提供的材料或设备延迟到货等。在这些情况下,承包人可以通过申请工期签证来确认由于这些非自身原因造成的工期延误。

在实践工程中,工程签证与工程变更的管理流程、原因分析、费用测算、事前审批以及完工确认与费用确认等各环节,均存在共通之处,因此在此不再重复叙述其详细的流程、要求和注意事项。对于工程签证与工程变更的管理,应当注重其内在的一致性和连贯性,确保整个管理过程的高效、准确和合规,从而保障工程项目的顺利进行和双方的权益。

6.1.6 收方管理

在工程建设项目中,现场收方管理是一项至关重要的工作,是对施工现场的实际工程量进行核算和确认的过程。这一过程涉及对已完成工程量的测量、计算、记录和审核,是项目成本控制和进度管理的重要依据。

1)收方的概念

收方作为一种特殊的签证形式,即见证签证,也被称为工程收方。其核心作用在于对合同范围内那些需要现场核实与确认的工程量工作内容进行详尽的签认证明。这一过程确保了工程量的准确性,为项目的顺利进行提供了有力的支持。

2)收方的目的

收方的目的在于确保工程建设严格遵循合同约定的工程量进行,从而有效预防虚报、瞒报、漏报等不良现象的发生。通过现场实际测量与核算,收方工作能够真实反映工程进展状况,保障工程建设的真实性和完整性。

3)收方的原则

收方原则作为指导收方工作的基本准则,旨在确保收方过程的规范、准确和高效。这些原则不仅体现了工程建设的实际需求,也反映了合同双方的共同利益。遵循收方原则,我们能够有效预防虚报、瞒报、漏报等不良现象,保障工程建设的顺利进行。主要包括以下几方面:

(1)准确性原则

收方工作必须确保所测量和记录的工程量是准确的,不能存在虚报、瞒报或漏报的情况。这需要收方人员具备专业的知识和技能,能够正确使用测量工具和方法,确保测量结果的准确性。

(2)及时性原则

收方工作涉及大量的隐蔽工程,应及时进行,不能拖延。在工程建设的各个阶段,都需要进行定期的收方工作,以便及时了解和掌握工程的进展情况。

(3)完整性原则

收方工作应涵盖合同范围内的所有工程量,不能遗漏任何部分。每个工程部位和细节都需要进行详细的测量和记录,以确保工程量的完整性。

(4)合法性原则

收方工作必须符合相关法律法规和合同规定。收方人员必须遵守职业道德和法律规范,不得在收方过程中进行任何违法违规行为。

（5）公正性原则

在收方过程中,应保持公正、公平的态度,不偏袒任何一方。收方结果应客观、真实地反映工程实际情况,不受任何外部因素的影响。

4）收方的依据

收方的依据是多方面的,主要包括以下几个方面:

（1）招标合同文件和施工合同文件

这些文件是收方工作的基础,其中详细规定了工程建设的范围、工程量、质量标准、价格等关键信息。收方时必须确保所进行的工作与合同文件中的约定相符,以避免后续的合同纠纷。

（2）工程计量规范及合同中按规定的计量规则

在进行收方时,必须遵循国家和行业规定的工程计量规范,以及合同中特别约定的计量规则。这确保了工程量的计算和确认具有统一性和准确性。

（3）设计变更通知单、技术核定单、会议纪要、指令单等

在工程建设过程中,可能会出现设计变更、工程变更等情况。这些变更必须有相应的书面依据,如设计变更通知单、工程变更洽商单等。收方时应根据这些变更依据调整工程量,确保收方的准确性。如果缺少这些依据,相关的收方单可能无法作为结算的依据。

（4）施工组织设计和施工方案

施工组织设计和施工方案详细规划了工程的施工流程、方法、资源配置等。收方时应参考这些方案,了解施工的具体情况,以便更准确地确认工程量。

（5）验收（收方）通知书

验收（收方）通知书是启动收方工作的正式文件,它明确了收方的时间、地点、内容等关键信息。收方工作应在收到通知书后按照规定的程序进行。

5）收方的范围

工程量分为不变工程量和可变工程量,收方主要针对可变工程量,但隐蔽工程务必完成收方程序。

（1）可变工程量

可变工程量是指依据设计文件、合同条款、技术规范等中规定的,或设计变更通知单,工程变更洽商单和技术核定单,或工程变更会议纪要中明确的需现场实测工程量（现场收方签证）确定的工程。如桩基础、土方工程等,设计明确了有关方案和参数,无法明确工程数量,或虽有,但与工程实况极不相符,无参考比照的价值,必须据实进行勘测和计量。

（2）不变工程量

不变工程量是指合同规定按设计图纸净尺寸数据为计量依据的工程量,工程设计图纸上有完整尺寸和明确工程量,经监理工程师进行尺寸检查和验收合格后,按设计尺寸计算。如工程有变更须有监理工程师签发并经业主批准的变更令为依据。如基础以上的结构、涵洞、主体结构、挡土墙结构、二次结构、门窗洞口、栏杆等工程。

6）收方管理的方法和要求

收方管理是一个系统性、综合性的过程,涉及多个环节和方面,旨在确保收方工作的准确

性、高效性和规范性。收方管理的要求包括：

（1）明确收方目标和原则

首先，需要明确收方的目标和原则，包括确保工程量的准确性、及时性和完整性，防止虚报、瞒报等现象。这有助于为整个收方工作提供明确的指导和方向。

（2）制订详细的收方计划

根据工程建设进度和合同要求，制订详细的收方计划，明确收方的时间、地点、参与人员等。这有助于确保收方工作的有序进行，避免遗漏或重复。

（3）准备充分的收方资料

在收方前，应准备好相关的施工图纸、设计变更通知、工程变更洽商单、收方通知、收方记录表格及收方工具等。这些是收方工作的重要依据和工具，有助于确保收方的准确性。

（4）使用专业的测量工具和方法

收方工作需要使用专业的测量工具和方法，如卷尺、皮尺、钢尺、游标卡尺、测距仪、经纬仪等。这些工具和方法能够提供更准确、可靠的测量数据，确保收方结果的准确性。

（5）加强现场管理和监督

在收方过程中，应加强现场管理和监督，以确保收方工作的规范性和安全性。同时，应及时处理现场出现的问题和争议，这有助于确保收方工作的顺利进行。

（6）建立收方记录和档案

对每次收方工作应建立详细的记录和档案，包括收方的时间、地点、参与人员、测量结果等信息。这有助于为后续结算和验收工作提供有力的依据。

（7）加强人员培训和技能提升

定期对收方人员进行培训和技能提升，以提高他们的专业素质和责任意识。这有助于确保收方工作的准确性和高效性。

6.1.7 工程索赔管理

工程索赔是指在工程承包合同履行中，当事人一方因非己方的原因而遭受经济损失或工期延误等时，按照合同约定或法律规定，应由对方承担责任，而向对方提出工期调整和（或）经济损失赔偿或补偿要求。由于施工现场条件、气候条件的变化，施工进度、物价的变化，以及合同条款、规范、标准文件和施工图纸的变更、差异、延误等因素的影响，使得工程承包中不可避免地出现索赔。对于施工合同的双方来说，索赔是维护自身合法利益的权利。它与合同条款中双方的合同责任一样，构成严密的合同制约关系。承包商可以向业主提出索赔，业主也可以向承包商提出索赔。

1）工程索赔产生的原因

产生工程索赔是由于施工过程中发生了非己方能控制的干扰事件。这些干扰事件影响了合同的正常履行，导致了工期延长和（或）费用增加，成为工程索赔的理由。

（1）业主方（包括发包人和工程师）违约

在工程实施过程中，由于发包人或工程师没有尽到合同义务，导致索赔事件发生。例如，未按合同规定提供设计资料、图纸，未及时下达指令、答复请示等，使工程延期；未按合同规定的日期交付施工场地和行驶道路、提供水电、提供应由发包人提供的材料和设备，使承包人不能及时开工或导致工程中断;未按合同规定按时支付工程款,或不再继续履行合同;下达错误指令,提供错误信息;发包人或工程师协调工作不力等。

(2)合同缺陷

合同缺陷表现为合同文件规定不严谨甚至矛盾,合同条款遗漏或错误,以及设计图纸错误造成设计修改、工程返工、窝工等。

(3)工程环境的变化

例如,材料价格和人工工日单价的大幅度上涨,国家法令的修改、货币贬值、外汇汇率变化等。

(4)不可抗力或不利的物质条件

不可抗力又可以分为自然事件和社会事件。自然事件主要是工程施工过程中不可避免发生不能克服的自然灾害,包括地震、海啸、瘟疫、水灾等;社会事件则包括国家政策、法律、法令的变更,战争、罢工等。不利的物质条件通常是指承包人在施工现场遇到的不可预见的自然物质条件、非自然的物质障碍和污染物,包括地下和水文条件。

(5)合同变更

合同变更也有可能导致索赔事件发生,例如,发包人指令增加、减少工作量,增加新的工程,提高设计标准、质量标准;由于非承包人原因,发包人指令中止工程施工;发包人要求承包人采取加速措施,其原因是非承包人责任的工程拖延,或发包人希望在合同工期前交付工程;发包人要求修改施工方案,打乱施工顺序;发包人要求承包人完成合同规定以外的义务或工作等。值得注意的是:合同变更是否导致索赔事件发生必须依据合同条款来判定。

2)索赔的分类

(1)按索赔的合同依据分类

按索赔的合同依据分类,工程索赔可分为合同中明示的索赔和合同中默示的索赔。

①合同中明示的索赔是指承包人所提出的索赔要求,在该工程施工合同文件中有文字依据。这些在合同文件中有文字规定的合同条款,称为明示条款。

②合同中默示的索赔是指承包人所提出的索赔要求,虽然在工程施工合同条款中没有专门的文字叙述,但可以根据该合同中某些条款的含义,推论出承包人有索赔权。这种索赔要求,同样有法律效力,承包人有权得到相应的经济补偿。这种有经济补偿含义的条款,被称为"默示条款"或"隐含条款"。

(2)按索赔目的分类

按索赔目的分类,工程索赔可分为工期索赔和经济索赔。

①工期索赔是由于非承包人的原因导致施工进度拖延,要求批准延长合同工期的索赔。工期索赔形式上是对权利的要求,以避免在原定合同竣工日不能完工时,被发包人追究拖期违约责任。一旦获得批准,合同工期延长后,承包人不仅可以免除承担拖期违约赔偿费的严重风险,而且可以因提前交工获得奖励,最终仍反映在经济收益上。

②经济索赔包含费用索赔和利润索赔。费用索赔是承包人要求发包人补偿其经济损失。当施工的客观条件改变导致承包人增加开支时,要求对超出计划成本的附加开支给予补偿,以挽回不应由其承担的经济损失。利润索赔是指按《建设工程施工合同(示范文本)》(GF—2017—0201)第一百一十三条规定:"当事人一方不履行合同义务或者履行合同义务不符合约

定,给对方造成损失的,损失赔偿额应当相当于因违约所造成的损失,包括合同履行后可以获得的利益,但不得超过违反合同订立时预见到或者应当预见到的因违反合同可能造成的损失。"这里的"包括合同履行后可以获得的利益"主要是指利润损失,列入索赔内容即为利润索赔。

(3)按索赔事件的性质分类

按索赔事件的性质分类,工程索赔可分为工程延误索赔、工程变更索赔、合同被迫终止的索赔、赶工索赔、意外风险和不可预见因素索赔及其他索赔。

①工程延误索赔。因发包人未按合同要求提供施工条件,如未及时交付设计图纸、施工现场、道路等,或因发包人指令工程暂停或不可抗力事件等原因造成工期拖延的,承包人有权对此提出索赔。这是工程实施中常见的一类索赔。

②工程变更索赔。由于发包人或工程师指令增加或减少工程量或增加附加工程、修改设计、变更工程顺序等,导致工期延长和(或)费用增加,承包人有权对此提出索赔。

③合同被迫终止的索赔。由于发包人违约及不可抗力事件等原因导致合同非正常终止,承包人因其蒙受经济损失而向发包人提出索赔。

④赶工索赔。由于发包人或工程师指令承包人加快施工速度,缩短工期,引起承包人的人、财、物的额外开支而提出的索赔。

⑤意外风险和不可预见因素索赔。在工程施工过程中,因人力不可抗拒的自然灾害、特殊风险以及一个有经验的承包人通常不能合理预见的不利施工条件或外界障碍,如地下水、地质断层、溶洞、地下障碍物等引起的索赔。

⑥其他索赔。如因货币贬值、汇率变化、物价上涨、政策法令变化等原因引起的索赔。

(4)按照《建设工程工程量清单计价标准》(GB/T 50500—2024)规定分类

《建设工程工程量清单计价规范》(GB/T 50500—2024)中对合同价款调整规定了工程量清单缺陷、暂列金额、暂估价、总承包服务费、计日工、物价变化、法律法规及政策变化、工程变更、新增工程及发承包双方约定的其他调整事项等共计10种事项。这些合同价款调整事项,广义上也属于不同类型的费用索赔。其中法律法规变化引起的价格调整主要是指合同基准日期后,法律法规变化导致承包人在合同履行过程中所需要的费用发生(除市场价格波动引起的调整外)约定以外的增加时,由发包人承担由此增加的费用;减少时,应从合同价格中予以扣减。基准日期后,因法律变化导致工期延误时,工期应予以顺延。因承包人原因导致工期延误,在工期延误期间出现法律变化的,由此增加的费用和(或)延误的工期由承包人承担。

3)工程索赔的结果

引起索赔事件的原因不同,工程索赔的结果也不同,对一方当事人提出的索赔可能给予合理补偿工期、费用和(或)利润的情况会有所不同。《建设工程施工合同(示范文本)》(GF—2017—0201)中的通用合同条款中,引起承包人的索赔事件以及可能得到的合理补偿内容见表6.1.2。

表 6.1.2 《建设工程施工合同(示范文本)》
(GF—2017—0201)中承包人的索赔事件及可补偿内容

序号	条款号	索赔事件	可补偿内容		
			工期	费用	利润
1	1.6.1	延迟提供图纸	√	√	√
2	1.9	施工中发现文物、古迹	√	√	
3	2.4.1	延迟提供施工场地	√	√	√
4	7.6	施工中遇到不利物质条件	√	√	
5	8.1	提前向承包人提供材料、工程设备		√	
6	8.3.1	发包人提供材料、工程设备不合格或延迟提供或变更交货地点	√	√	√
7	7.4	承包人依据发包人提供的错误资料导致测量放线错误	√	√	√
8	6.1.9.1	因发包人原因造成承包人员工伤事故		√	
9	7.5.1	因发包人原因造成工期延误	√	√	√
10	7.7	异常恶劣的气候条件导致工期延误	√		
11	7.9	承包人提前竣工		√	
12	7.8.1	发包人因暂停施工造成工期延误	√	√	√
13	7.8.6	工程暂停后因发包人原因无法按时复工	√	√	√
14	5.1.2	因发包人原因导致承包人工程返工	√	√	√
15	5.2.3	工程师对已经覆盖的隐蔽工程要求重新检查且检查结果合格	√	√	√
16	5.4.2	因发包人提供的材料、工程设备造成工程不合格	√	√	√
17	5.3.3	承包人应工程师要求对材料、工程设备和工程重新检验且检验结果合格			
18	11.2	基准日后法律的变化		√	
19	13.4.2	发包人在工程竣工前提前占用工程	√	√	√
20	13.3.2	因发包人的原因导致工程试运行失败		√	√
21	15.2.2	工程移交后因发包人原因出现新的缺陷或损坏的修复		√	√
22	13.3.2	工程移交后因发包人原因出现的缺陷修复后的试验和试运行		√	
23	17.3.2(6)	因不可抗力停工期间应工程师要求照管、清理、修复工程		√	
24	17.3.2(4)	因不可抗力造成工期延误	√		
25	16.1.1(5)	因发包人违约导致承包人暂停施工	√	√	√

4)工程索赔的依据和前提条件

(1)工程索赔的依据

提出索赔和处理索赔都要依据以下文件或凭证:

①工程施工合同文件。工程施工合同是工程索赔中最关键和最主要的依据。工程施工期间,发承包双方关于工程的洽商、变更等书面协议或文件也是索赔的重要依据。

②国家法律、法规。国家制定的相关法律、行政法规是工程索赔的法律依据。工程项目所

在地的地方性法规或地方政府规章也可以作为工程索赔的依据,但应当在施工合同专用条款中约定为工程合同的适用法律。

③国家、部门和地方有关的标准、规范和定额:工程建设的强制性标准,是合同双方必须严格执行的;非强制性标准,必须在合同中有明确规定的情况下才能作为索赔的依据。

④工程施工合同履行过程中与索赔事件有关的各种凭证。这是承包人因索赔事件所遭受费用或工期损失的事实依据,它反映了工程的计划情况和实际情况。

（2）索赔成立的条件

承包人工程索赔成立的基本条件包括以下几个方面:

①索赔事件已造成了承包人的直接经济损失或工期延误。

②造成费用增加或工期延误的索赔事件是非因承包人的原因发生的。

③承包人已经按照工程施工合同规定的期限和程序提交了索赔意向通知、索赔报告及相关证明材料。

5）工程索赔的计算

（1）费用索赔的计算

索赔费用的组成对于不同原因引起的索赔,承包人可索赔的具体费用内容是不完全相同的。但归纳起来,索赔费用的要素与工程造价的构成基本类似,一般可归结为人工费、材料费、施工机具使用费、分包费、施工管理费、利息、利润、保险费等。

①人工费。人工费的索赔包括:由于完成合同之外的额外工作所花费的人工费用,超过法定工作时间加班劳动,法定人工费增长,非承包商原因导致工效降低所增加的人工费用,非承包商原因导致工程停工的人员窝工费和工资上涨费等。

②材料费。材料费的索赔包括:由于索赔事件的发生导致材料实际用量超过计划用量而增加的材料费,由于发包人原因导致工程延期期间的材料价格上涨和超期储存费用。材料费中应包括运输费、仓储费以及合理的损耗费用。如果因承包商管理不善造成材料损坏、失效,则不能列入索赔款项内。

③施工机具使用费。施工机具使用费的索赔包括:由于完成合同之外的额外工作所增加的机具使用费,非承包人原因导致工效降低所增加的机具使用费,因发包人或工程师指令错误或迟延导致机械停工的台班停滞费。

④现场管理费。现场管理费的索赔包括:承包人完成合同之外的额外工作以及由发包人原因导致工程延期期间的现场管理费,如管理人员工资、办公费、通信费、交通费等。

⑤总部（企业）管理费。总部管理费的索赔主要是指因发包人原因导致工程延期期间所增加的承包人向公司总部提交的管理费,包括总部职工工资、办公大楼折旧、办公用品、财务管理、通信设施以及总部领导人员赴工地检查指导工作等开支。

⑥保险费。因发包人原因导致工程延期时,承包人必须办理工程保险、施工人员意外伤害保险等各项保险的延期手续,对于由此而增加的费用,承包人可以提出索赔。

⑦保函手续费。因发包人原因导致工程延期时,承包人必须办理相关履约保函的延期手续,对于由此而增加的手续费,承包人可以提出索赔。

⑧利息。利息的索赔包括:发包人拖延支付工程款的利息,发包人迟延退还工程质量保证金的利息,承包人垫资施工的垫资利息,发包人错误扣款的利息等。

⑨利润。一般来说,由于工程范围的变更、发包人提供的文件有缺陷或错误、发包人未能提供施工场地以及因发包人违约导致的合同终止等事件引起的索赔,承包人都可以列入利润范围。

217

另外,对于因发包人原因暂停施工导致的工期延误,承包人也有权要求发包人支付合理的利润。

⑩分包费用。因发包人的原因导致分包工程费用增加时,分包人只能向总承包人提出索赔,但分包人提出的索赔款项应当列入总承包人对发包人的索赔款项中。分包费用索赔指的是分包人的索赔费用,一般也包括与上述费用类似的索赔内容。

索赔费用的计算应以赔偿实际损失为原则,包括直接损失和间接损失。索赔费用的计算方法最容易被发承包双方接受的是实际费用法。实际费用法又称为分项法,即根据索赔事件所造成的损失或成本增加,按费用项目逐项进行分析,按合同约定的计价原则计算索赔金额的方法。这种方法虽然比较复杂,但能客观地反映施工单位的实际损失,比较合理,易于被当事人接受,因此在国际工程中被广泛采用。由于索赔费用组成的多样化、不同原因引起的索赔,承包人可以索赔的具体费用内容有所不同,因此必须具体问题具体分析。由于实际费用法所依据的是实际发生的成本记录或单据,因此在施工过程中,系统而准确地积累记录资料是非常重要的。

针对市场价格波动引起的费用索赔,常见的有以下两种计算方式:

第一种方式:采用价格指数进行计算。价格调整公式中的各可调因子、定值和变值权重,以及基本价格指数及其来源在投标函附录价格指数和权重表中约定,非招标订立的合同,由合同当事人在专用合同条款中约定。价格指数应先采用工程造价管理机构发布的价格指数,无前述价格指数时,可采用工程造价管理机构发布的价格代替。因承包人原因未按期竣工的,对合同约定的竣工日期后继续施工的工程,在使用价格调整公式时,应采用计划竣工日期与实际竣工日期的两个价格指数中较低的一个作为现行价格指数。

第二种方式:采用造价信息进行价格调整。合同履行期间,因人工、材料、工程设备和机械台班价格波动影响合同价格时,人工、机械使用费按照国家或省、自治区、直辖市建设行政管理部门、行业建设管理部门或其授权的工程造价管理机构发布的人工、机械使用费系数进行调整;需要进行价格调整的材料,其单价和采购数量应由发包人审批,发包人确认需调整的材料单价及数量,作为调整合同价格的依据。

(2)工期索赔的计算

工期索赔一般是指承包人依据合同对非自身原因导致的工期延误向发包人提出的工期顺延要求。

①在工期索赔中应当特别注意以下问题:

a.划清施工进度拖延的责任。承包人的原因导致施工进度滞后,属于不可原谅的延期;只有承包人不应承担任何责任的延误,才是可原谅的延期。有时工程延期的原因中可能包含有双方责任,此时工程师应进行详细分析,分清责任比例,只有可原谅延期部分才能批准顺延合同工期。可原谅延期又可以细分为可原谅并给予补偿费用的延期和可原谅但不给予补偿费用的延期;后者是指非承包人责任事件的影响并未导致施工成本的额外支出,大多数属于发包人应承担风险责任事件的影响,如异常恶劣的气候条件影响的停工等。

b.被延误的工作应是处于施工进度计划关键线路上的施工内容。只有位于关键线路上工作内容的滞后,才会影响竣工日期。但有时也应注意,既要看被延误的工作是否在批准进度计划的关键路线上,又要详细分析这一延误对后续工作的可能影响。因为若对非关键路线工作的影响时间较长,超过了该工作可用于支配的时间,也会导致进度计划中非关键路线转化为关键路线,其滞后将导致总工期的拖延。此时,应充分考虑该工作的总时差,给予相应的工期顺延,并要求承包人修改施工进度计划。

②承包人向发包人提出工期索赔的具体依据主要包括以下几个方面:

a. 合同约定或双方认可的施工总进度规划。

b. 合同双方认可的详细进度计划。

c. 合同双方认可的对工期的修改文件。

d. 施工日志、气象资料。

e. 业主或工程师的变更指令。

f. 影响工期的干扰事件。

g. 受干扰后的实际工程进度等。

（3）工期索赔的计算方法

①直接法。如果某干扰事件直接发生在关键线路上，导致总工期的延误，则可以直接将该干扰事件的实际干扰时间（延误时间）作为工期索赔值。

②比例计算法。如果某干扰事件仅仅影响某单项工程、单位工程或分部分项工程的工期，要分析其对总工期的影响，可以采用比例计算法。

③网络图分析法。网络图分析法是利用进度计划的网络图来分析其关键线路。如果延误的工作为关键工作，则延误的时间为索赔的工期；如果延误的工作为非关键工作，当该工作由于延误超过时差限制而成为关键工作时，可以索赔延误时间与时差的差值；若该工作延误后仍为非关键工作，则不存在工期索赔问题。该方法通过分析干扰事件发生前和发生后网络计划的计算工期之差来计算工期索赔值，可以用于各种干扰事件和多种干扰事件共同作用引起的工期索赔。

（4）共同延误的处理

在实际施工过程中，工期拖期很少是由一方造成的，往往是两、三种原因同时发生（或相互作用）而形成的，故称为"共同延误"。在这种情况下，要具体分析哪一种情况延误是有效的，应依据以下原则进行判断：

①首先判断造成拖期的哪一种原因是最先发生的，即确定"初始延误"者，它应对工程拖期负责。在初始延误发生作用期间，其他并发的延误者不承担拖期责任。

②如果初始延误者是发包人原因，则在发包人原因造成的延误期内，承包人既可以得到工期延长，又可以得到经济补偿。

③如果初始延误者是客观原因，则在客观因素发生影响的延误期内，承包人可以得到工期延长，但很难得到费用补偿。

④如果初始延误者是承包人原因，则在承包人原因造成的延误期内，承包人既不能得到工期补偿，也不能得到费用补偿。

6.2　施工阶段造价管理案例分析

6.2.1　工程计量与进度款管理案例分析

［案例 6.1］　某项目工程计量与进度款支付

1）案例背景

某建筑公司承接了项目 A 一标段的施工总承包工程，项目总建筑面积约 15 万 m^2，合同总金额约为 2.1 亿元,合同工期为 20 个月,开工时间为 2022 年 3 月。2022 年 6 月,完成 5 号楼基础工程及车库的⑨~⑩轴交Ⓓ~Ⓖ基础工程,合同约定进度款支付方式如下:

①预付款:无。

②进度款(以单位工程为支付节点作为判断依据):

a. 基础工程完成后支付当期累计已完成合格产值的 75%。

b. 地下结构(±0.000 以下)施工至±0.000,支付当期累计已完成合格产值的 75%。

c. 主体结构施工至 6 层顶板支付第一次,以后封顶前每 6 层支付一次,支付累计已完成合格产值减上一节点累计已完成合格产值的 75%。

d. 安全文明施工费达到开工条件,支付安全文明施工费的 50%,剩余部分随进度完成比例进行支付,竣工验收合格后支付至安全文明施工费的 100%。

③竣工验收款:

a. 竣工验收合格并移交建设单位后,支付至累计已完成合格产值的 85%。

b. 总包结算资料全部报送后,支付至累计已完成合格产值的 90%。

④结算款:

发包人和总承包商签署正式结算协议书,且总承包商向发包人提交至最终确认结算总价 100% 的合法增值税专用发票后,支付至结算总金额的 97%,剩余 3% 作为质保金。

⑤质保金:

a. 质保期满两年且无保修期延长的,总承包商在质保期内妥善履行质保义务,经发包人书面确认后 14 日内,发包人支付总承包商质保金的 80%。

b. 质保期满 5 年且无保修期延长的,总承包商在质保期内妥善履行防水工程质保义务,经发包人书面确认后 14 日内,发包人支付总承包商剩余保修金。

2) 形象进度确认

2022 年 6 月形象进度确认 5 号楼基础工程本月完成工程量详见基础收方单,本月车库部分完成的基础工程不满足合同约定的支付节点划分依据,仅 5 号楼基础工程形象进度确认单经监理单位、建设单位签字认可。

基础工程收方数据如下:

①旋挖成孔灌注桩(孔径 1.1 m 及以下)1 160 m³。

②现浇钢筋 18.5 t。

3) 产值及进度款申报

已知合同含税综合单价如下:

①旋挖成孔灌注桩(孔径 1.1 m 及以下)560 元/m³。

②现浇钢筋 6 100 元/t;故总承包单位申报进度款见表 6.2.1 和表 6.2.2。

分部分项工程产值根据确认的工程量及合同单价进行计算,措施费均按照分部分项工程产值占合同分部分项工程总金额的比例进行计算,未发生签证及其他款项,由此可知,总承包单位报送本月完成产值 855 725.47 元,进度款支付比例为 75%,故本月应付款为 641 794.10 元。

表 6.2.1　2022 年 6 月 5 号楼基础工程分部分项工程产值申报

序号	项目名称	合同工程量	至本期累计完成工程量	本期完成工程量	单位	合同单价（元/单位）	申报完成金额（元）
（一）	桩基工程						
3.1.1	旋挖成孔灌注桩（孔径 1.1 m 及以下）	4 100.52	2 370	1 160	m³	560	649 600
3.1.13	现浇钢筋	292.37	42	18.5	t	6 100	112 850
	分部分项工程合计						762 450

表 6.2.2　2022 年 6 月 5 号楼基础工程产值及应付款申报

序号	项目名称	合同金额	上期累计审核金额	本期报送金额	至本期累计金额	备注
1	分部分项工程费（元）	190 825 968.23	820 950.00	762 450.00	1 583 400.00	
2	措施费用（不含安全文明施工费）（元）	21 765 053.30	93 635.16	86 962.82	180 597.98	
3	安全文明施工费（元）	1 579 931.03	793 364.02	6 312.65	799 676.67	
4	签证结算书（元）					
5	其他款项（元）					
	产值合计（元）	214 170 952.56	1 707 949.18	855 725.47	2 563 674.65	
5	支付比例（%）		75	75	75	合同约定支付比例
6	应付金额（元）		1 280 961.88	641 794.10	1 922 755.98	

4）产值及进度款审核

建设单位对总承包单位报送本月完成产值及已付款进行审核，审核结果见表 6.2.3 和表 6.2.4。

表 6.2.3　2022 年 6 月 5 号楼基础工程分部分项工程产值审核

序号	项目名称	合同工程量	至今累计完成工程量	本期完成工程量	单位	合同单价（元/单位）	申报完成金额（元）
（一）	桩基工程						
3.1.1	旋挖成孔灌注桩（孔径 1.1 m 及以下）	4 100.52	2 370.00	1 160.00	m³	560.00	649 600.00
3.1.13	现浇钢筋	292.37	42.00	18.50	t	6 100.00	112 850.00
	分部分项工程合计						762 450.00

表 6.2.4　2022 年 6 月 5 号楼基础工程分产值及应付款审核

序号	项目名称	合同金额	上期累计审核金额	本期报送金额	本期审核金额	至本期累计金额	完成比例
1	工程量清单(元)	190 825 968.23	820 950.00	762 450.00	762 450.00	1 583 400.00	0.83%
2	措施费用(不含安全文明施工费)(元)	21 765 053.30	93 635.16	86 962.82	86 962.82	180 597.98	0.83%
3	安全文明施工费(元)	1 579 931.03	793 364.02	6 312.65	3 156.33	796 520.35	50.41%
4	签证结算书(元)						
5	其他款项(元)						
	产值合计(元)	214 170 952.56	1 707 949.18	855 725.47	852 569.15	2 560 518.33	1.20%
6	支付比例(%)		75	75	75	75	
7	应付金额(元)		1 280 961.88	641 794.10	639 426.86	1 920 388.74	

审核结论:分部分项工程量清单及措施费用(不含安全文明施工费)审减为 0.00 元;合同中约定的安全文明施工费"达到开工条件,支付安全文明施工费的 50%,剩余部分随进度完成比例进行支付",进度款计算时应按合同清单中安全文明施工费的 50% 作为基数进行计算,即按照"分部分项工程量清单完成产值金额/合同工程量清单总金额×合同清单中安全文明施工费× 50%"进行计算,安全文明施工费审减 3 156.32 元,因此,审核本期完成产值合计 852 569.15 元,进度款支付比例为 75%,故审核本期应付金额为 639 426.86 元,审减 2 367.24 元。

6.2.2　工程变更管理案例分析

[案例 6.2]　某项目工程变更办理

1)案例背景

项目 A 二期采用模拟清单招标确定总承包施工单位并签订总承包施工合同,二期工程于 2020 年上半年按规范要求完成设计,但因项目开发节奏调整,建设时间延后,2020 年 9 月《绿色建筑评价标准技术细则》(以下简称"绿建新规")实施,根据该新规的要求积极推进建筑产业化技术措施应用,并符合下列规定:

①内隔墙非砌筑比例 ≥50%。

②预制装配式楼板应用面积不低于单体建筑地上建筑面积的 60%。

因此,在 2021 年二期工程报规时需重新调整施工图,将部分砖砌体内隔墙调整为 ALC 条板、部分现浇楼板调整为预制装配式楼板。经梳理项目资料得知,本项目二期工程变更内容为内隔墙非砌筑采用 ALC 条板、预制装配式楼板采用预制叠合板的方案,叠合板厚度 130 mm(其中预制板厚度 60 mm、现浇面层厚度 70 mm)。以叠合板为例进行测算,设计变更单(尚未完成签字盖章)见表 6.2.5,122 户型叠合板变更前后的施工图如图 6.2.1 和图 6.2.2 所示。

表 6.2.5　设计变更通知单

设计变更名称	叠合板变更		变更编号	COGS-2022—0001
工程名称	××项目总包工程		专业名称	结构
设计单位名称	××工程设计有限公司		设计合同名称	××项目施工图设计合同
实施单位	××工程有限公司		费用承担单位	××地产有限公司
序号	图号		变更内容	
1	结构附图		1—10#楼平面布置图中云线范围内板由现浇板修改为叠合板,板厚由100 mm 修改为 130 mm,详附图 1、附图 2;板配筋修改详附图 3、附图 4。	
附件	张	附图(编号)	张(　　　)	
	建设单位	设计单位	监理单位	施工单位
	(签名): 　年　月　日	(签名): 　年　月　日	(签名): 　年　月　日	(签名): 　年　月　日

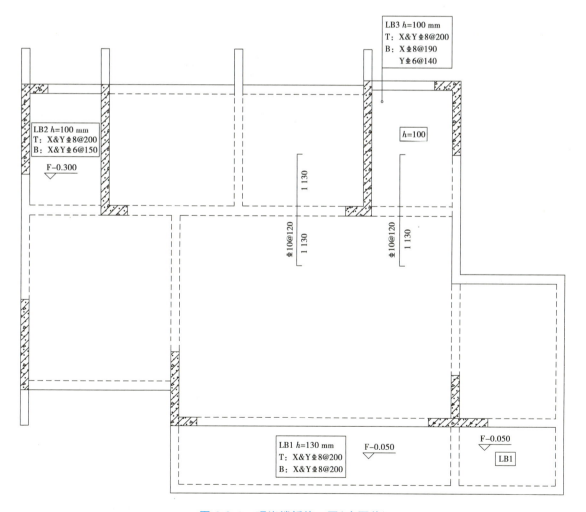

图 6.2.1　现浇楼板施工图(变更前)

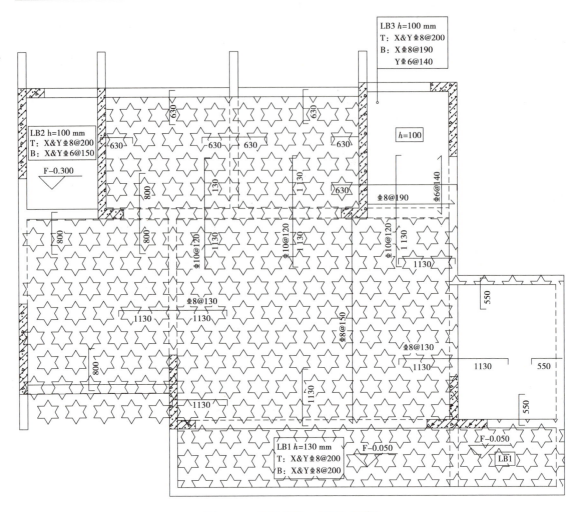

图 6.2.2　叠合板施工图(变更后)

变更涉及范围地上总建筑面积 10 万 m²,户型建筑面积 122 m²/户,户型叠合板面积 79 m²,叠合板应用占地上建筑面积约 64.8%,二期总承包工程模拟清单招标确定的合同清单中预制叠合板单价(含预制构件钢筋)3 560 元/m³、现浇混凝土单价 610 元/m³、现浇钢筋单价 6 250 元/t、现浇模板单价 65 元/m²,经初步测算现浇钢筋含量减少 3.5 kg/m²。

根据以上资料,测算该项工程变更中预制叠合板的变更费用。

2)变更费用测算

在进行变更费用测算时,面临着一个棘手的问题——缺乏详细的施工图纸。更为复杂的是,此次涉及的工程规模巨大,总建筑面积达到了 10 万 m²,这使得问题进一步加剧。即便有完整的施工图纸,由于时间紧迫,也无法在短时间内对整个二期工程进行详尽的软件建模,以对比工程量差异并据此进行费用测算。因此,在这种情况下,需要寻找一种更为高效且切实可行的解决方案,以快速进行变更费用的测算。

经过梳理发现,可以采用建筑面积差异单价×总建筑面积=变更总费用的方式进行变更费用的测算,取 122 m² 户型作为测算的基本单元,测算过程如下:

①增加金额：

预制板：79×0.06×3 560＝16 874.40（元）

②减少金额：

现浇混凝土：[122×0.1-（122×0.13-79×0.06）]×610＝658.8（元）

现浇钢筋：122×3.5×6.25＝2 668.75（元）

现浇模板：79×65＝5 135（元）

③合计：

户型变更增加总金额：16 874.4-658.8-2 668.75-5135＝8 411.85（元）

户型单方面积增加：8 411.85÷122＝68.95（元/m²）

变更总费用：10×68.95＝689.5（万元）

考虑5%的不可预见费，故二期工程由现浇混凝土结构变更为叠合板结构，变更测算总金额为689.5×1.05＝723.975（万元）。

上述测算过程只是针对叠合板变更所进行的增加成本初步测算，然而，在实际案例中，变更事项所涉及的费用远不止于此。除了叠合板的成本变动，还需要全面考虑其他相关因素，如ALC条板的费用变化、施工措施费用的调整以及设计费用的变动等因素，这些因素都会对总体费用产生显著影响。为了准确测算变更事项的总体费用，在实践工作中必须全面考虑各方面因素的变化，并进行综合分析和测算。

6.2.3　工程签证案例分析

[案例6.3]　某项目工程签证办理

1）案例背景

①因项目A分为一二期，规划验收需单独进行，需在一二期交界处做临时围挡处理，确保一期提前通过规划验收；因此，经现场收方测量，需新增一二期之间的临时围挡长度417 m。

②考虑一期验收后的交付效果，故地上围挡采用广告围挡做法，高度2.2 m，面层广告布或假草皮饰面，围挡优化后方案，详见图6.2.3围挡做法详图；并增加地下车库分割围挡，地下室采用市政彩钢板围挡，围挡高度2.2 m，铁皮0.3 mm，立柱□80×80×1，其余支撑□50×30×1，斜撑角钢∟30×30×2。

2）工程签证费用测算

该签证事项为合同外新增，部分清单项在合同清单中没有相似的清单项可参考，在没有合同单价参考的情况下，对新增事项进行市场询价是一个可行的做法。因此，结合市场询价的结果以及参考合同清单单价，该签证事项费用测算见表6.2.6。

在本次签证费用测算中，共有4项主要工程项目的费用明细，包括钢架围挡、地下室市政围挡、标准砖砌体和C25混凝土，每项清单的测算综合单价均为全费用综合单价，因此不再考虑措施费及税金等费用。

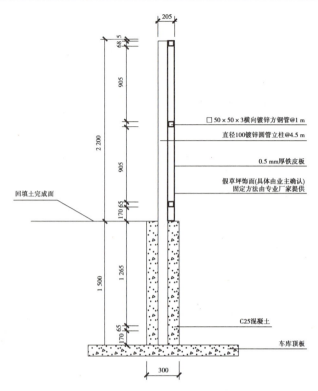

图 6.2.3　围挡做法详图

表 6.2.6　工程签证费用测算

序号	产品名称	项目特征	单位	工程量	含税综合单价（元）	合价（元）	价格来源
1	钢架围挡	围挡高度 2.2 m,围挡后面骨架按照图纸实施,范围一二期分界线,立柱间距 6 m,铁皮厚度 0.5 mm,外挂假草皮,其余详图纸	m²	963.27	177.00	170 498.79	市场询价
2	地下室市政围挡	普通市政围挡,直接固定在车库底板上面,围挡高度 2.2 m,铁皮 0.3 mm,立柱□80×80×1,其余支撑□50×30×1,斜撑角钢∟30×30×2	m²	963.27	128.00	123 298.56	市场询价
3	标准砖砌体	［项目特征］ 1.砖品种、规格、强度等级:实心砖 2.墙体类型:砖墙、砖基础、台阶等综合考虑,也不区分是否为零星 3.墙体厚度:综合 4.勾缝要求:按设计 5.砂浆强度等级、配合比:综合考虑(商品砂浆除外)	m³	170.76	644.82	110 105.72	合同清单价

序号	产品名称	项目特征	单位	工程量	含税综合单价（元）	合价（元）	价格来源
3	标准砖砌体	6.防潮层类型:综合考虑 7.钢筋:砌体加筋满足设计及规范要求 ［工程内容］ 1.砂浆制作、运输 2.砌砖包括窗台虎头砖、腰线、门窗配砖、下三线、后塞口实心砖、构造柱实心砖、壁挂电视位置处实心砖等 3.安放木砖、铁件等 4.刮缝 5.砖压顶砌筑 6.防潮层铺设 7.砌体加筋制作、运输、安装 8.材料运输 9.门窗工程及其他部位使用固定片或预制混凝土砌块、栏杆工程预埋件位置使用的预制混凝土砌块、预留孔洞用细石混凝土填实、外立面孔洞采用的预制件（含套管）	m³	170.76	644.82	110 105.72	合同清单价
4	C25混凝土	［项目特征］ 1.钢筋规格:综合考虑 2.钢筋级别:综合考虑 3.连接方式:不区分绑扎、焊接及机械连接,渣压力焊与机械连接的接头费用综合考虑 4.其他要求:满足设计、规范、施工、验收要求 5.钢材现场校直费、运费、吊装费、冷轧带肋钢筋加工费已综合考虑 ［工程内容］ 1.钢筋制作、除锈、刷漆、运输 2.钢筋定位、安装等 3.钢筋连接:综合考虑 4.钢筋防腐处理等	m³	7.59	731.16	5 549.96	合同清单价
	合计					409 453.03	

钢架围挡:含税综合单价为 177.00 元/m²,总合价为 170 498.79 元,价格来源为市场询价。

地下室市政围挡:含税综合单价为 128.00 元/m²,合价为 123 298.56 元,价格来源为市场询价。

标准砖砌体:含税综合单价为 644.82 元/m³,合价为 110 105.72 元,价格来源为合同清单价。

C25 混凝土:含税综合单价为 731.16 元/m³,合价为 5 549.96 元,价格来源为合同清单价。

测算总费用为 409 453.03 元,通过市场询价和合同清单价的结合,这一测算为项目的预算和费用控制提供了重要依据。

3)核价

核价也称为认价或认质认价,主要发生在工程招投标或合同签订阶段。在这些阶段,由于图纸等技术资料可能不完整,导致无法准确确定材料设备或施工项目的具体技术标准,如材质、品牌、规格型号等。因此,合同中对于这些材料的价格或综合单价可能只能以暂估价的形式签订,或者甚至未签订价格。对这些材料设备或施工项目的单价进行核定和认定,确保价格的合理性和准确性。

核价作为变更签证的一部分工作,是对合同价款变更调整估价原则的补充,通过核价,可以综合确定已实施或待实施的工程的综合单价或材料设备的材料价格,为工程的结算提供可靠的价格依据,确保工程价款的公正性和合理性。

(1)核价方法

通过科学、合理的核价方法,可以确保工程项目核价的准确性,核价的方法主要有以下几种:

①市场调研法。这是核价工作中常用的一种方法。通过深入市场,了解所需材料、设备等的价格水平、供应情况、质量差异等信息,从而确定一个相对合理的价格。市场调研不仅可以为核价提供直接的数据支持,还可以帮助企业了解市场的动态和趋势,为未来的采购决策提供参考。

②对标法。这种方法是通过寻找与工程项目相似或同行业的标准和案例,然后根据这些标准和案例来评估和核定工程项目的价格。对标法有助于借鉴行业经验,提高核价的准确性和可靠性。同时,它也可以帮助企业了解自身在行业中的位置,为制定竞争策略提供依据。

③成本加成法。这种方法是在项目所需材料、设备等的成本基础上,加上一定的利润率进行核价。成本加成法考虑了企业的成本投入和期望的盈利水平,有助于确保企业的经济利益。同时,它也可以反映市场的供求关系和竞争状况,使核价结果更加符合实际情况。

(2)核价的网络资源

核价可以借助一些网络资源进行辅助,例如:

①建设工程造价信息网:这是一个地方性的工程造价信息平台,主要提供重庆市内的建设工程造价相关信息,对于在该地区从事工程建设的企业和个人来说,是一个非常有价值的信息来源。

②中国建材在线、广材网、慧讯网:这些都是专注于建材行业的网站,提供全面的建材价格信息、市场动态和行业资讯,对于进行建材核价工作有很大的帮助。

③有色金属网、我的钢铁网、龙文钢材网:这些网站主要提供有色金属、钢铁等原材料的价

格信息和市场分析,对于需要进行这些材料核价的企业来说是非常重要的参考平台。

④中国园林网、夏溪花木网:这两个网站专注于园林、花卉苗木等领域,提供相关的价格信息和市场动态,对于园林工程项目的核价有一定的参考价值。

⑤石材宝:这是一个专注于石材行业的网站,提供石材产品的价格、供应信息和市场动态等,对于需要进行石材产品核价的企业来说是一个不错的信息来源。

(3)核价资料

在核价过程中,准备充分的资料是至关重要的。以下是关于核价所需的一些主要资料:

①材料认价申报单/确认单。其作用是用于申报和确认所需材料的价格。申报单通常由施工单位或采购部门填写,列出所需材料的名称、规格、数量、预估价格等信息。确认单则是经过审核和确认后的价格单据,作为材料采购和结算的依据。其内容应包含材料的详细描述、供应商信息、价格组成(包括税费、运费等)以及经审核和确认的签字或盖章。

②综合单价认价申报单/确认单。其作用是用于申报和确认工程或项目的综合单价。综合单价通常包含了材料费、人工费、机械费、管理费、利润等多项费用,是工程项目报价和结算的重要依据。其内容应包含工程的详细描述、各项费用的明细和计算依据以及经审核和确认的签字或盖章。

③综合单价分析表。其作用是对综合单价的各项费用进行详细分析,展示各项费用的组成和计算过程,有助于理解价格的构成和合理性。其内容通常包括材料费、人工费、机械费、管理费、利润等各项费用的明细,每项费用都应有明确的计算依据和来源。

④拟认质认价结果的对比分析表。其作用是对拟认质认价的结果与之前的价格或市场价格进行对比分析,以评估价格的合理性和竞争力。其内容应包括不同价格来源的对比、价格差异的原因分析,以及基于对比结果的建议或结论。

⑤市场询价单及附件。其作用是作为核价过程中获取市场价格信息的重要依据,用于了解市场上的材料、设备或服务的价格水平。其内容应包含询价对象的信息、询价材料或服务的详细描述、询价结果(包括价格、供应能力、质量等)以及相关的附件(如供应商报价单、产品样本等)。

6.2.4 收方管理案例分析

[案例6.4] 某项目收方办理

1)案例背景

项目B在旋挖桩基础施工过程中,涉及桩基约900根,桩基平均深度约为20 m,按照公司(在本案例中,此"公司"是指项目建设单位或其母体公司,下同)收方管理制度完成了桩基收方工作,具体要求如下:

(1)收方的实施管理

①工程开工前,由施工方编制工程收方方案,由监理方、跟审方、全咨方(若有)及公司工程部进行审批,审批通过后方可组织项目收方工作,收方必须严格按照收方方案实施。

②现场收方必须具备的条件。按照国家计量规则,确需进行收方签证,且具备以下条件的:

a.施工方对收方的部位按照设计等相关文件实施完成,并自检合格。

b.经监理方或全咨方(若有)现场检查,根据施工图设计及相关质量验收规范进行质量验收或确认合格;同时收方位置安全措施到位,具备收方条件,收方器具准备妥当。

③收方人员组成包括但不限于施工方人员、监理方人员、跟踪审计方人员、全咨方人员(若有)、公司工程部项目负责人或现场代表。收方人员原则上熟悉项目现场情况的,根据收方内容可以增加小组人员,但不应低于本条规定的人员。

④所使用的收方器具必须符合国家标准,保证正常使用,按国家规定进行校核、检验等。在收方前监理方或全咨方(若有)严格检查器具有无残缺、破损以及人为调整,经检查后合格方可使用。

⑤现场收方在现场形成纸质原始资料,参与人员对收方原始资料进行签字确认;如因数据量较大采用仪器存储的,各方应现场留存电子数据,施工方应尽快形成纸质资料,参与人员签字确认。对于草签或正式收方单,参与人员根据合同等文件规定确定是否可以认可,对不认可的应在签字时表明其自己的意见。

⑥参建各方根据现场收方内容进行声像资料留档备查,声像资料包括静态资料和动态资料。

⑦对于必须先收方后施工的工程(如土石方工程、拆除工程等),必须由公司工程部根据施工设计文件及规范标准确定是否进行收方。

⑧因工程遇突发事件并可能危及工程及人员相关安全的,施工方电话通知监理方或全咨方(若有)同时组织抢险排危工作,以保障工程及相关人员安全。同时应就工程可能涉及的收方内容以及费用估算等事项发生后口头报告公司工程部,并在危险排除后2个工作日内按程序组织相关签证工作。

(2)收方的工作流程

①施工方根据施工图设计、或设计变更通知单,工程变更洽商单和技术核定单等,在完成以上文件规定的工作内容并经自检合格后,填报《收方通知单》向监理方或全咨方(若有)提出收方申请。

②总监理工程师(总监代表)或全咨方(若有)接到施工方现场收方通知4 h内对现场进行检查,确认合格工程后提前4 h通知工程部,同时与跟审方确定是否需收方签证,并要求施工方做好收方所需资料、仪器等的准备工作;检查不合格后通知施工方进行整改,整改完成后由施工方重新提出收方申请。

③工程部接到监理方或全咨方(若有)通知后,按照实际情况确定是否进行收方。对于可以进行收方的,由工程部组织参建各方进行收方;对于不满足收方条件的,由监理方或全咨方(若有)敦促施工方进行整改,整改完成后由施工方重新提出收方申请。

④现场进行原始数据的采集,现场形成《原始记录收方单》即草签收方单,收方完成后参与人员在现场进行签字确认。

⑤通过仪器等设备采集数据无法现场形成原始收方的,参加人员可先保留电子数据,现场收方完成后2 h内由施工方形成《原始记录收方单》,收方参与人员签字确认。

⑥施工方根据合同约定和现场收方形成原始资料进行成果计算,在收方完成后两个工作日内完成《收方签证单》即正式收方单,参与人员在进行复核、签字并加盖印章。

(3)收方的具体要求

①参与现场收方人员必须严格遵守法律、法规,遵守职业道德;不得损害公司利益,根据合

同约定公平、公正履行收方职责。

②公司工程部根据现场收方内容对收方参与人员进行分工,明确各自职责。参与现场收方人员必须听从安排,并严格履行职责。

③施工方原因导致现场收方资料不全、内容不真实以及签字不完善的,监理方或全咨方(若有)不得计量、跟审方不得计价。

④现场收方有下列行为之一的,对现场收方结果不予认可,依照有关规定责令其改正;情节严重的,停止对该工程的拨款支付,并依照法律、法规追究相关人员责任:

a. 不按现场收方签字程序进行现场收方的。

b. 合同等其他文件已包括了现场收方的工作内容。

c. 现场收方有弄虚作假的。

d. 现场收方资料不完备的。

e. 现场收方后,未及时完善工程变更审核批复手续的。

f. 其他不符合现场收方规定的。

2) 收方成果

通过有效的收方管理,项目在桩基础施工过程中取得了以下成果:

(1)桩基数量确认准确

所有桩基的施工数量与设计图纸一致,实际完成 900 根桩基,收方准确率达到 100%,桩基收方单格式见表 6.2.7。

(2)工期控制良好

桩基础施工按计划进行,未出现因桩基问题导致的工期延误,整体工期提前了两周。

(3)质量控制到位

所有桩基均经过严格的检测,包括静载试验和动测,合格率达到 98%,确保了后续施工的安全性。

(4)成本控制有效

由于准确的收方管理,避免了重复施工和材料浪费,项目整体成本控制在预算范围内。

以其中某一栋楼为例,对其收方的 31 根桩基进行了数据整理,见表 6.2.8。

3) 问题分析

在桩基础施工过程中,项目管理团队遇到了以下问题:

(1)桩基施工记录不完整

部分人员在施工过程中未能及时记录每根桩基的施工情况及收方情况,导致后期收方时信息不全,影响了收方的准确性。

(2)信息沟通不畅

各部门之间缺乏有效的沟通,导致对桩基施工、收方数量的不一致,收方不及时等情况。

(3)管理流程不够规范

在桩基础的收方管理上,标准和流程的执行不到位,导致不同人员收方时各自为政,影响了整体管理效率。

表 6.2.7　桩基工程收方签证单

工程名称：
承包单位：

分部分项工程：
编号：

序号	设计编号	设计平面尺寸（m）	设计桩顶标高（m）	设计开挖顶标高（m）	实际开挖顶标高（m）	设计桩底标高（m）	实际开挖桩底标高（m）	实际开挖桩孔深（m）	地基地质情况	备注
施工单位签认 年　月　日	监理工程师签认 年　月　日		跟踪审计单位签认 年　月　日		业主单位签认 年　月　日					

注：1. 本表只针对桩基类工程按实收方，本表中地基地质情况的描述若中标清单中有描述，可写成详地地勘资料。

2. 桩基的实际开挖顶标高是指实际开挖的自然地貌平均标高。

表6.2.8 某楼栋桩基收方数据整理分析表

序号	自编号	交场标高（m）	自然地（m）	桩底（m）	挖孔桩总深度（m）	设计桩顶标高（m）	桩径 D	桩长（m）
1	1#	321.8	321.59	311.170	10.42	321.6	1.00	10.430
2	2#	321.8	322.38	310.330	12.05	320.8	1.10	10.470
3	3#	321.8	322.10	310.100	12.00	321.0	1.10	10.900
4	4#	321.8	322.27	309.820	12.45	321.0	1.10	11.180
5	5#	321.8	322.03	309.980	12.05	320.8	1.10	10.820
6	6#	321.8	321.30	310.750	10.55	320.6	1.60	9.850
7	7#	321.8	321.72	311.770	9.95	320.8	1.10	9.030
8	8#	321.8	322.51	310.530	11.98	321.0	1.10	10.470
9	9#	321.8	321.36	310.710	10.65	321.0	1.10	10.290
10	10#	321.8	321.25	311.200	10.05	320.8	1.10	9.600
11	11#	321.8	321.70	311.550	10.15	320.6	1.60	9.050
12	12#	321.8	321.39	308.070	13.32	320.8	1.20	12.730
13	13#	321.8	321.73	308.370	13.36	321.6	0.90	13.230
14	14#	321.8	321.68	308.630	13.05	321.6	0.90	12.970
15	15#	321.8	321.49	306.400	15.09	321.6	0.90	15.200
16	16#	321.8	321.54	308.100	13.44	321.6	0.90	13.500
17	17#	321.8	321.41	307.720	13.69	321.6	0.90	13.880
18	18#	321.8	321.67	305.350	16.32	321.0	1.10	15.650
19	19#	321.8	321.45	308.960	12.49	321.0	1.20	12.040
20	20#	321.8	321.62	308.210	13.41	321.6	1.20	13.390
21	21#	321.8	321.22	307.530	13.69	321.6	1.20	14.070
22	22#	321.8	321.86	308.370	13.49	321.6	1.00	13.230
23	23#	321.8	321.84	306.250	15.59	321.6	1.00	15.350
24	24#	321.8	321.59	307.050	14.54	321.0	1.30	13.950
25	25#	321.8	322.44	308.390	14.05	321.0	1.30	12.610
26	26#	321.8	321.35	305.430	15.92	321.6	1.20	16.170
27	27#	321.8	321.54	304.950	16.59	321.6	1.20	16.650
28	28#	321.8	321.60	307.410	14.19	321.6	1.00	14.190
29	29#	321.8	321.47	307.920	13.55	321.6	1.00	13.680
30	30#	321.8	321.57	306.080	15.49	321.0	1.30	14.920
31	31#	321.8	321.60	307.790	13.81	321.0	1.30	13.210
小计								392.71

4)改进措施

针对上述问题,项目管理团队采取了以下改进措施:

(1)建立完善的记录机制

制订详细的收方记录表,要求每根桩基在施工完成后及时收方填写,确保每根桩基的施工收方情况都有据可查。

(2)加强信息沟通

定期召开协调会议,确保各部门之间的信息共享,明确桩基数量和收方结果,减少数据错误。

(3)规范收方管理流程

制订统一的收方管理标准和流程并严格执行,明确责任人,确保收方工作有序进行,提升整体管理效率。桩基收方涉及时间周期长、数据信息量大,因此,要求每次收方完成后及时整理收方数据并在次日进行部门间通报收方结果。

(4)收方人员综合能力提升

通过职业道德素养培育和专业技能强化双轨并行的方式,系统性提升收方人员的职业道德素养和专业能力。在职业道德层面,组织专题研讨会、案例剖析会及廉洁警示教育,强化责任意识与合规意识,建立廉洁自律的行为准则;在技术层面,围绕相关规范及标准的解读、公司管理制度的要求、数据采集的规范等内容开展实操培训,通过"理论授课+技能考核"的培训模式,全面提升收方人员的专业能力。

6.2.5 工程索赔案例分析

[案例6.5] 某项目工程索赔办理

1)案例背景

项目B在旋基础挖桩施工过程中,遭遇了一个意外的挑战。原本的施工计划是基于投标时了解的地质水文条件制订的,然而在实际施工中,项目旁的人工湖蓄水后的水位却高于车库底部的设计标高。这一变化使地质水文条件与预期存在显著差异,给现场施工带来了额外的难度和成本。

由于水位高于预期,旋挖桩施工过程中的地质稳定性受到了影响,增加了施工的风险。为确保施工安全和质量,总包单位不得不采取一系列降排水措施,并且增加钢护筒的使用量成为了一个必要的选择。钢护筒的增设不仅提供了额外的支撑和保护,还确保了旋挖桩的稳定性和安全性。然而,这也导致了钢护筒相关费用的增加。

此外,由于地质条件的变化,水下混凝土的施工也变得更加复杂和困难。为确保混凝土的质量和施工效果,承包方不得不采取一系列水下混凝土施工措施。这些措施包括改进施工工艺、增加施工设备和人员投入等,以确保施工顺利进行。然而,这些措施同样产生了额外的费用。

因此,总包单位提出以下3项索赔要求:

①钢护筒(可取出)增加费用。

②钢护筒增加混凝土费用。

③水下混凝土增加措施费。

索赔金额共计约 1 760 万元(不含税),索赔函及计价清单见表 6.2.9、表 6.2.10。

表 6.2.9　索赔联系函

项目名称	××项目		发出部门		××项目总包项目部
主题					请回复□　急□
主送	××建设公司			接收人	
抄送	××监理公司			接收人	
主要内容:略					
附件					
总页数		有无附件		时间	
编制		审核		批准	
日期		日期		日期	

表 6.2.10　桩基钢护筒成本计算清单

序号	分部分项	特征描述	单位	工程量	不含税综合单价	不含税合价	备注
一	护筒工程						
1	钢管桩(钢护筒)可取出	［项目特征］ 1.地层情况:流沙、淤泥等综合考虑 2.送桩深度、桩长:综合考虑 3.材质:Q235、Q335 等综合考虑 4.管径、壁厚:综合考虑 5.桩倾斜度:综合考虑 6.沉桩方法:综合考虑 7.填充材料种类:综合考虑 8.防护材料种类:综合考虑 ［工程内容］ 1.准备工作、工作平台搭拆、挖土 2.桩机竖拆、移位,吊装、就位、埋设、接护筒 3.沉桩 4.接桩 5.送桩 6.切割钢管、精割盖帽 7.管内取土 8.填充材料、刷防护材料 9.钢护筒的顶口和底口加强 10.吊耳设置、内支撑设置 11.导向架安装定位 12.拆除、清洗和堆放等全部操作过程	m	14 122.00	399.86	5 646 822.92	按定额重新报价

续表

序号	分部分项	特征描述	单位	工程量	不含税综合单价	不含税合价	备注
2	钢护筒增加混凝土		m³	1 877.00	626.13	1 175 246.01	
3	充盈系数		m³	15 798	626.13	9 891 587.18	合同清单综合单价分析表中未明确充盈系数；按实际发生充盈系数1.494计算
4	水下混凝土措施费		m³	49 655	18.00	893 784.36	
二	不含税合计					17 607 440.47	

2）索赔证据

（1）地下水：地勘报告

投标地勘资料（2020年7月出具的地勘报告）显示"拟建场地内及其周边无滑坡、危岩等。场地上覆土层整体厚度较小，在钻探深度范围内无稳定统一的地下水位存在，土体开挖受地下水影响小"，如图6.2.4所示。

拟建场地内及其周边无滑坡、危岩等。场地上覆土层整体厚度较小，在钻探深度范围内无稳定统一的地下水位存在，土体开挖受地下水影响小。由于基坑开挖后，车库范围内几乎全部挖至中风化基岩，下覆较完整的砂岩、泥岩力学性质较好，桩孔开挖后自稳能力较好。对于部分边坡土层部位，土层主要为素填土和粉质黏土。

图6.2.4　地勘报告

（2）地下水：现场实际测量

2020年9月项目旁边人工湖蓄水，如图6.2.5所示，经建设单位、监理及总包单位现场实测，人工湖水位保持在317.34 m，项目±0.000的绝对标高为海拔320.75 m，车库底板标高最高322.00 m，最低点315.00 m，平均车库标高318 m，由于人工湖蓄水造成整个项目出现大量地下水。

（3）土质情况：地勘报告

2020年7月地勘报告（图6.2.4）还显示"场地上覆土层整体厚度较小，由于基坑开挖后，车库范围内几乎全部挖至中风化基岩，下覆较完整的砂岩、泥岩，力学性质较好，桩孔开挖后自稳能力较好。对于部分边坡土层部位，土层主要为素填土和粉质黏土。"

图 6.2.5　人工湖蓄水现状

（4）土质情况：超前钻报告

在 2020 年 8 月超前钻报告结论为"（1）素填土（Q_4^{ml}）：杂色，主要成分为砂、泥岩碎石及粉质黏土。碎石粒径一般为 5 ~ 180 mm，含量为 27% ~ 50%。结构松散 ~ 稍密，稍湿，均匀性差，机械抛填，回填时间 1 ~ 5 年。该填土层为场地主要土层，钻孔揭露厚度 0.8 m（44-2#）~ 8.0 m（30-25#）。"

①钢护筒设计说明及规范要求。设计说明 4.10 条要求"桩基在穿过淤泥、流砂及新近回填土层时，应设置混凝土护臂，在开挖过程中根据现场实际情况采取可靠的支护措施"。

《旋挖成孔灌注桩工程技术规程》（DBJ 50—156—2021）基本规定 3.03 中要求"松散填土建筑场地，由于在成孔过程中孔壁稳定性较差，易发生塌孔、埋钻等问题，因此推荐使用全护筒护壁旋挖成孔方法施工"。

已按照建设单位及监理单位要求编制钢护筒专项施工方案，且已经过建设单位及监理单位审批确认，施工现场已收方确认钢护筒使用情况。

②水下混凝土设计说明。图纸说明 4.26 条要求"桩基础采用水下浇筑混凝土时，配制强度提高，并满足本项目混凝土环境类别"。

③充盈系数增大。根据桩基现场实际收方数据，因使用钢护筒，且部分桩使用双钢护筒，导致桩基直径变大增加混凝土使用量；且不良地质条件下桩基混凝土充盈系数变大。

以上证据均根据建设单位要求提供书面签名的材料附件，资料真实有效。

3）索赔原因分析

（1）地质水文条件的变化

根据案例中提供的证据，投标时的地勘报告指出场地内无稳定统一的地下水位，土体开挖受地下水影响小。然而，实际施工中由于人工湖蓄水，导致水位上升，地下水大量出现，显著改变了地质水文条件。这种变化属于不可预见的因素，且对施工造成了实质性影响。

（2）施工难度与成本的增加

由于地质条件的变化，施工难度显著增加，需要采取额外的措施来确保施工安全和质量。

例如,增加钢护筒的使用量,以及改进水下混凝土的施工工艺等,这些都导致了施工成本的增加。

(3)合同条款的遵守

根据提供的证据,设计说明和规范要求均提到了在特定地质条件下应采取的措施,如使用钢护筒和提高水下混凝土的配制强度等。总包单位按照这些要求进行施工,并因此产生了额外费用。

由此可以得出初步索赔结论:

①地质条件变化属于不可预见因素:根据投标时的地勘报告,无法预见人工湖蓄水会导致地下水位的显著上升和地质条件的重大变化。这种变化超出了总包单位的合理预见和控制范围。

②额外费用符合合同约定和规范要求:总包单位在施工过程中,根据设计说明和规范要求,采取了必要的措施来应对地质条件的变化,并因此产生了额外费用。这些费用是符合合同约定和规范要求的。

③总包单位提供了充分的证据:总包单位提供了包括地勘报告、现场实测数据、设计说明和规范要求等在内的充分证据,以支持其索赔要求。这些证据证明了地质条件的变化及其对施工造成的影响,以及因此产生的额外费用。

因此,可基本认定该索赔事项成立,索赔金额需双方共同收集和审查相关资料,进行详细的计算和协商。这包括但不限于钢护筒的制作、安装和拆卸费用,水下混凝土的制备、运输和浇筑费用,以及其他因地质条件变化而产生的额外费用。此外,还需要考虑这些费用的合理性和必要性,以及是否符合合同条款约定。桩基钢护筒索赔审核意见见表6.2.11。

表 6.2.11　桩基钢护筒索赔审核意见

| 序号 | 分部分项 | 单位 | 索赔申请 | | | 初步审核意见 | | |
			工程量	不含税综合单价(元)	不含税合价(元)	工程量	审核单价(含税)(元)	初步审核合价(元)
一					护筒工程			
1	钢管桩(钢护筒)可取出	m	14 122.00	399.86	5 646 822.92	14 122.00	230.00	3 248 060.00
2	双护筒增加混凝土	m³	1 877.00	626.13	1 175 246.01	1 877.00	682.48	1 281 018.15
3	充盈系数	m³	15 798.00	626.13	9 891 587.18	4 743.68	626.13	2 970 158.75
4	水下混凝土措施费	m³	49 655.00	18.00	893 784.36	31 624.52	10.00	316 245.16
二	合计				17 607 440.47			7 815 482.06

6.3　仿真演练

[仿真演练 6.1]　某项目工程变更费用测算

1)背景介绍

某地块边坡支护工程于 2023 年 8 月开始进场施工。结合现场实际情况和气候情况,2023 年 11 月项目研发、成本、工程、勘察、设计院、监理等单位现场踏勘及讨论,作出如下变更建议:C1 ~ C2、P5 ~ P6、P10 ~ P11 段,边坡岩性完整性较好,顺向坡滑裂面倾角约 15°,边坡高度 5 m 以内,滑移风险相对不高,边坡支护做法建议由 150 mm 网喷(钢筋网片:8 mm HRB400 钢筋,间距 200 mm,单层双向)改为 100 mm 素喷混凝土,地下结构施工过程中注意观察,一旦边坡有异常,需及时通知设计、地勘、研发、监理、成本、工程现场踏勘,采取相应措施规避风险,现场土质情况如图 6.3.1 所示。

图 6.3.1　现场照片

经现场收方确认,边坡面积分别为:C1 ~ C2 段 92 m^2、P5 ~ P6 段 127 m^2、P10 ~ P11 段 65 m^2。

2)任务下达

请根据以上资料,进行变更费用测算并形成测算报告,价格可采用定额组价方式确定,信息价参考施工期间《重庆工程造价信息》。

[仿真演练 6.2]　某项目工程签证办理

1)背景介绍

某住宅楼建设项目,占地面积 60 亩,业态为 8 层洋房,共 15 栋楼,总建筑面积 8 万 m^2。在施工过程中,施工单位应按照合同约定的工期计划有序进行施工作业。然而,在项目的前期施工阶段,甲方由于内部协调问题,未能及时配合施工单位完成多项关键工作,导致施工进度受阻,工期延误了 10 天。

面对工期延误的严峻形势,甲方为了确保能够按时交房,避免对业主造成不良影响,决定要求施工单位采取赶工措施,尽快抢回损失的工期。为此,施工单位积极响应甲方的要求,投入了大量的人力、物力和财力,通过优化施工方案、增加作业班次、采购额外施工材料和设备等措施,成功抢回了 10 天的工期,确保了项目的按时交房。

然而,由于赶工措施的实施,施工单位也产生了额外的费用支出,包括人工加班费、设备租赁费、材料采购费等。根据合同约定和相关规定,甲方需要承担这部分赶工措施费用。经过双方协商和核算,施工单位向甲方提交了工程签证申请。该申请详细描述了由甲方前期施工配合不到位导致的工期延误情况、施工单位采取的赶工措施及产生的费用,并附上了相关证明材料。甲方在审核确认后,签发了工程签证通知单,待工程签证资料完整后,甲方支付施工单位赶工措施费。

2)演练任务

请根据以上背景资料,帮助施工单位完成工程签证申请及其附件,包括工程签证的事由经过、原因分析、费用测算、现场记录及确认资料等。(注:合同条款可参考《建设工程施工合同(示范文本)》(GF—2017—0201)中通用条款的约定。)

[仿真演练 6.3]　某项目工程索赔分析

1)背景介绍

某项目总承包单位由于公司自身经营原因,由项目资金紧张造成该总承包工程项目未能按照合同约定工期完成施工项目,工期违约共逾期竣工 214 天,扣除 48.5 天的合理顺延工期,其实际逾期 165.5 天,未考虑逾期处罚的情况下,工程合同结算金额为 157 127 788.93 元,措施费在合同中有如下约定:

根据合同专用条款第 35.5 条约定因承包人原因未要求完成约定的工作延误在 30 个日历天以内的,每一天乙方按工程结算总造价的 5‰向甲方支付违约金;超过 30 个日历天的,自第 31 个日历天起,每一天乙方按工程结算总造价的 1‰向甲方支付违约金。

2)演练任务

请根据以上背景资料,分析建设单位对总包单位的逾期索赔是否成立并说明原因。如果索赔成立,按照合同约定,索赔金额应当是多少?作为总承包单位针对工期违约罚款应当采取哪些应对策略?

6.4　总结拓展

6.4.1　建设单位视角施工阶段造价管理重点内容

作为实现建设工程价值的主要阶段,施工阶段是人力、物力和财力耗费最集中和各项成本支出最大的阶段之一,对造价管控有着重要意义。建设单位在该阶段的工程造价管控主要包含以下几个方面:

1) 严控和压减设计变更

建设单位要明令禁止借由设计变更随意扩大项目建造规模、提升设计标准、添加施工建造分项,因上述原因提出的设计变更要求原则上不予核准。对于确因实际需要而不得不进行的设计变更,但凡涉及费用变动特别是工程造价增加的设计变更,须经设计单位、建设单位现场管理人员和项目现场监理三方代表共同审核签字才算批准生效。

2) 从严管理施工现场签证

建设单位应该建立健全并严格执行工程签证管理制度,通过职责分工分解落实到人,确保现场工程签证客观真实。为增强时效性和有效性,要求需签证事项必须在一周内限时办理;为增强精确性和客观性,隐蔽工程签证需附有图纸,并清楚标出施工后被覆盖隐蔽实物所在的位置、项目及作业完成情况,假如隐蔽工程在图纸中没有体现,可另附简图并标出几何尺寸。超出施工图范围的现场签证,需注明何时、何地、何因以及相关原始数据信息。签证审核经办人员要恪尽职责,及时高效处置签注并做好现场检查和复检工作,防止签证不实和变更变回等现象的发生。

3) 严把施工图预算关

施工图预算是建设单位在施工期间安排建设资金计划和使用建设资金的依据。建设单位要仔细研读施工图,详尽了解工程施工要求、结构、大小、规模以及功能的条件下提早审核确定施工图预算。对于施工图设计中预算超概算的部分,要深入剖析查找症结原因,尽早与项目负责人联系会商,修正完善控制目标和跟进措施,加大造价跟踪管控力度。

4) 加强工程材料、设备供应管理

当建设单位供应建筑材料和设备时,其应与设计方和监理方一起组织招投标,然后在与设计方交流对建筑材料、设备的技术标准进行确定的基础上,对入围供应商交货期限、报价以及信誉进行综合考量以选定供应商。当施工方供应建筑材料时,建筑单位需要按照自己所了解的市场行情或材料价格向施工方指定材料,要求其使用物美价廉的材料,另外,需要严格根据合同对材料型号、质量和材料进行控制。

5) 做好现场施工信息资料的采集和整理工作

建设单位驻施工现场的代表人员,应该细致观察施工现场变化,做好信息资料采集整理工作,特别是现场签证和工程变更相关资料,为后期项目结算提供准确依据。在收集资料时必须确保其真实有效性,例如,现场签证单要素是否齐全,是否获取施工单位、监理工程师以及建设单位代表三方签字认定;施工单位施工是否严格遵循工程变更程序,工程变更有无设计人员签字盖章,是否由原设计单位按照相关程序下达。除此之外,建设单位代表还需要一一落实变更项目价格审核表、总监签发工程变更指示等工程变更相关文件。

6.4.2 FIDIC 合同与我国合同示范文本的索赔管理比较

国际工程项目复杂程度高,工期长,不确定风险较大,且受国外市场政治、法律、经济、技术

标准、文化习惯等影响较大,国外常用的 FIDIC 合同条件与我国目前普遍采用的合同示范文本在索赔条款上也存在许多不同要求,因此,当国内承包商走出去开展国际工程业务时,应重视在不同合同条件下的风险责任划分及索赔程序、索赔依据和可索赔内容的差异,科学开展索赔工作,有效降低国际工程项目经营风险。

随着经济全球一体化进程的不断深入和我国"一带一路"倡议的实施,中国企业"走出去"步伐也在加快,国内越来越多的工程承包企业加大了开发国际工程市场的力度。但在项目实施过程中,受市场环境、合同、汇率、拆迁等因素影响,施工方案会存在诸多的不足。承包商需根据业主和项目的具体特点,在保证质量、安全、进度的前提下,制订合适的变更优化方案并采取必要的索赔调价措施,以保障项目利润,并由此提高企业在国际工程市场中的生存能力。

在国际工程项目的实施过程中,为了有效控制项目施工风险,承包商应注重合同管理,特别是变更优化、索赔调价等工作,也需要各级领导、项目管理人员和项目技术人员切实提高变更优化意识,高度关注这项牵涉项目盈亏成败的索赔调价工作,通过不断提升企业的项目管理水平,提高企业在国际工程市场的生存发展能力。

工程索赔是国际工程承包业务开展过程中合同双方之间普遍存在的业务现象,开展工程索赔也是国际项目合同管理的一个重点和难点。合同是开展索赔的主要依据,但国内外的合同条件和索赔管理存在一定的差异。承包商只有熟悉合同条件中规定的索赔条款,掌握索赔的程序、方法与技巧,才能抓住索赔机会,提高索赔的成功率。

(1)FIDIC 合同条件与示范文本中索赔程序对比分析

示范文本的索赔程序总体上借鉴了 FIDIC 合同条件中的相应条款,二者在索赔程序上工作流程和规定基本类似,但 FIDIC 银皮书对索赔程序的规定和要求相对更为复杂,在索赔处理上也相对更为灵活。

①索赔意向通知的提出。示范文本规定,当索赔事件发生(承包商觉察或已经觉察)后 28 天内,承包商应向工程师(而不是业主)提交索赔意向通知书,说明索赔事项的理由,否则,承包商将彻底丧失索赔权利。FIDIC 银皮书要求承包商在索赔事件发生后 28 天内向业主(而不是业主代表)发出索赔通知,否则业主的与索赔事件有关的全部责任就会被免除。与示范文本不同的是,在 FIDIC 银皮书合同条件下,如果业主认为承包商提出索赔通知超过了上述规定时间,业主应在收到索赔通知后 14 天内向承包商发出通知,说明不接受该逾期索赔通知的理由,告知承包商该索赔通知无效。如果业主未在 14 天内发出通知,该承包商的索赔通知则被视为"有效的索赔通知"。此外,即使业主在 14 天内向承包商发出了"无效的索赔通知",如果承包商不接受业主提出的理由,或者有充足的合理理由解释延迟发出索赔通知的原因,承包商仍可以在后续的详细索赔报告中给出解释说明,坚持自己的索赔主张。由此可以看出,FIDIC 对索赔通知逾期提出给出了更为灵活的处理原则,当由于特殊、合理的原因未能在规定时间发出索赔通知的情况发生时,建议承包商坚持发出索赔通知,不要自认为失去索赔权利而主观放弃索赔。承包商除应遵守发出索赔通知的期限要求外,还应按照 FIDIC 银皮书 1.3 条款[通知与其他沟通]的规定,满足对索赔通知的形式要求。

②准备同期记录资料。同期记录资料(Contemporary Records)是索赔的重要证明文件。示范文本要求承包商提交的索赔意向通知、索赔报告应附必要的记录和证明材料。FIDIC 银皮书用单独条款对同期记录进行了定义和具体规定,明确当导致索赔的事件发生时或发生不久,承包商应做好相关记录并将之作为索赔报告的重要组成部分。FIDIC 银皮书进一步规定,

业主可以随时监督承包商的同期记录,并有权要求承包商对同期记录做出必要的补充,此行为并不代表其认可承包商所做同期记录内容的准确性和完整性。

③索赔报告及索赔依据的提出。示范文本规定,承包商发出索赔意向通知后28天内,应向工程师提交索赔报告,详细说明索赔理由以及要求补偿经济损失和(或)延长工期。FIDIC银皮书对承包商提交索赔报告规定了较长的期限,承包商察觉到或应当察觉到索赔事件后84天内或者合同双方均同意的其他期限内,向业主代表(而不是业主)提交详细索赔报告。

FIDIC银皮书还对索赔报告中"索赔依据"提交的期限进行了特别规定,明确了逾期提交索赔依据可能产生的后果,提高了索赔要求。承包商必须在上述规定期限内提交"基于合同及法律的索赔依据说明文件",否则,承包商索赔通知将被视为失效,并规定业主代表应在14天内向承包商发出通知告知承包商索赔通知失效事宜。如果业主代表未在14天内向承包商发出通知,则索赔通知继续有效,在此情况下,业主如果反对索赔通知有效认定,可以向业主代表出具异议通知,阐述反对的具体理由。

在上述情况下,如果承包商收到业主不同意索赔通知有效的通知,承包商对业主的通知存在异议且有充足的理由解释未能按时提交索赔依据的原因,承包商仍然可以在后续提交的详细索赔报告中给出详细解释说明。

④索赔持续影响事件的处理。示范文本规定,索赔事件具有持续影响的,承包商应每月将继续提交延续索赔通知,索赔事件影响结束28天内,承包商应向工程师提交最终索赔报告,说明最终要求索赔的追加付款金额和(或)延长的工期,并附必要的记录和证明材料。与示范文本不同的是,FIDIC银皮书规定,当索赔事件有持续性的影响时,承包商提出的详细索赔报告将视作期间报告,业主代表将针对期间索赔报告,按条款3.5.3[Time Limits]在42天内依据合同及法律就索赔事项给出反馈意见。承包商应每月按期提交新的期中索赔报告,阐明索赔事件的持续影响情况。在索赔持续事件影响结束后28天内(或合同双方一致同意的时间期限内),承包商应给出最终详细索赔报告。因此,当索赔事件有持续影响时,承包商应不失时机与业主及业主代表就索赔事项进行充分沟通,试探对方对索赔的意见,并争取获得对方对遭受损失事实的积极态度。

⑤索赔报告的处理。FIDIC银皮书与示范文本在索赔报告的处理程序上基本一致,均规定工程师(业主代表)在收到索赔报告文件后,应与合同双方进行协商。当在规定的时间限制内,合同双方协商无法达成一致意见,将由工程师(业主代表)按照合同及相关证据就索赔事项进行决策,这时两合同条件的处理方式存在以下不同之处:

a. FIDIC银皮书规定,如果业主代表未能在规定的期限内出具"协商结果通知书",则应认定为业主代表给出了对索赔不予接受的意见。而示范文本规定,如果工程师收到索赔报告及相关证明材料后42天内不予答复的,视为认可索赔。

b. FIDIC银皮书规定,如果业主代表未能在规定的期限内出具"业主代表决定书",则应认定为业主代表给出了对索赔不予接受的意见。而示范文本规定,除第19.2款[承包人索赔的处理程序]另有约定外,工程师未能在确定的期限内发出确定的结果通知的,则构成争议,按争议解决约定处理。

c. FIDIC银皮书规定,业主代表需要对下列承包商未遵守索赔时效的两种情况重新进行审理,确定承包商索赔通知是否有效:一是承包商逾期提交索赔通知,业主提出的"无效的索赔通知"的通知;二是承包商逾期提交"基于合同及法律的索赔依据说明文件",而业主代表亦未在规定期限内向承包商发出"索赔通知无效的通知"导致索赔通知继续有效时,业主发出的反对索赔通知有效的通知。业主代表在审理上述两种情况时应考虑承包商在索赔报告中提出的理由,并应综合考虑:如果接受该逾期提交的索赔通知,是否对业主的利益造成损害,以及造成的损害程度;针对承包商逾期提交索赔通知,是否有证据证明业主此前已经知悉引起索赔的事件或情况;针对承包商逾期提交索赔文件,是否有证据证明业主已经此前知悉了索赔的合同及法律依据的问题。该规定使得 FIDIC 对索赔时效的处理更为宽松,当承包商未能在规定的时间内发出索赔通知或提交索赔依据时,赋予了业主代表处理索赔问题更大的决策权。

(2)FIDIC 银皮书与示范文本中的主要索赔条款差异分析

通过分析比较 FIDIC 银皮书及示范文本中承包商向业主索赔可以引用的主要条款,建议承包商应关注以下几个方面责任和风险的划分以及工作程序,在开展国际工程索赔时应充分考虑其与国内工程惯例的差异性。

①业主提供的现场基础资料和数据错误。根据示范文本,业主应承担《发包人要求》及其提供的基础资料中的错误的风险。因业主原因未能在合理期限内提供相应基础资料的,由业主承担由此增加的费用和(或)延误的工期;如果《发包人要求》或其提供的基础资料中的错误导致承包商增加费用和(或)工期延误,业主应承担由此增加的费用和(或)工期延误,并向承包商支付合理利润。因此,当发生上述情况时,承包商可以据此提出索赔。FIDIC 银皮书则相反,明确规定承包商应对业主提供的现场资料和数据的准确性、充分性和完整性承担责任,除合同第5.1款[设计义务的一般要求]中明确列出的由业主负责的数据和信息外,如果业主提供的基础资料出现错误导致费用增加和工期延误,承包商无权索赔。因此,在开展国际工程承包时,承包商应按合同要求认真分析和核实业主提供的现场基础资料和数据以及《业主要求》,对于有异议的部分及时提出澄清或对不明确的边界条件进行进一步补充,避免设计错误和施工损失。

②法律法规变化。示范文本和 FIDIC 银皮书均规定,由于基准日后的法律变化导致工程费用增加和(或)工期延误,除基准日后市场价格波动引起的调整按照合同专用条件的规定进行调整外,其他均由业主承担;如果因法律变化而需要对工程的实施进行任何调整的,则按变更的相关条款处理。示范文本仅规定了因法律改变引起费用增加和(或)工期延误的责任承担原则,以及如果合同双方就因法律变化引起的合同价格和工期调整无法达成一致时的处理程序,并未明确开展合同价格和工期调整的具体程序。FIDIC 银皮书则对法律变化的情形作了详细的限定和说明,并明确由于法律变化使得承包商遭受延误和(或)招致增加费用,承包商有权向业主提出工期和(或)费用索赔,按照索赔程序进行。

③不可抗力。根据示范文本的定义,不可抗力是指合同当事人在订立合同时不可预见,在合同履行过程中不可避免、不能克服且不能提前防备的自然灾害和社会性突发事件。因不可抗力承包商可以索赔的情形有:永久工程及已运至施工现场的材料和工程设备的损害、停工期间对工程的照管、清理、修复工程所产生的费用、工期延误。因不可抗力导致的承包商施工设备的损坏、自身人员伤亡由承包商承担;停工期间的费用损失由合同双方合理分担。FIDIC 银皮书将不可抗力内容称为例外事件(Exceptional Events),对例外事件满足的条件要求比示范文本多了两点:"一方无法控制的和不主要归因于他方的",因此,FIDIC 银皮书中关于不可抗力的界定相比示范文本更严格。此外,FIDIC 银皮书认为业主应承担由不可抗力引发的包括工期和费用在内的一切损失,包括承包商的人员和机械损失,承包商在履行了合同规定的通知

义务后,有权进行索赔。因此,在订立合同时,建议在专用合同条件上对不可抗力造成的工期延误和经济损失的风险与责任划分进行明确规定。

④不利的现场条件。对项目产生不利影响的现场条件主要为不可预见的困难和异常恶劣的气候条件。示范文本规定,当承包人遇到不可预见的困难时,承包商采取合理措施而增加的费用和(或)延误的工期由业主承担;承包商采取克服异常恶劣的气候条件的合理措施而延误的工期由业主承担,即使该异常恶劣气候条件尚未构成不可抗力事件(可以在专用条件中给出具体情形)。因此,按照示范文本,在施工期间,施工现场遇到一个有经验的承包人通常不能合理预见的不利施工条件或外界障碍时,承包商有权向业主进行索赔。而在 FIDIC 银皮书中,承包商应被视为已经获得了对项目可能产生影响的有关风险、意外事件以及其他情况的全部必要资料,合同价格不能因任何不可预见的困难和费用进行调整。另外,FIDCI 银皮书第8.5 条款[竣工时间延长]专用条件编写指南中也强调,该条款不能用于承包商因异常不利的气候条件申请工期延长。总之,FIDIC 银皮书认为承包商应预测到所有风险,除非构成例外事件或在合同专用条件中另有规定,否则承包商应承担因不利的现场条件导致的全部风险,无权进行索赔。

⑤暂时停工。示范文本和 FIDIC 银皮书均规定,因非承包商原因引起的暂停施工,工期延误和(或)费用的增加由业主承担,承包商可以向业主索赔工期、费用及合理利润。对于工程暂停期间的工程照管,如果承包商未尽到照管和保护责任导致费用增加和(或)工期延误,示范文本规定按合同约定承担责任,但 FIDIC 银皮书则规定如果承包商未能尽到对工程保护、保管或保证安全的义务,导致工程遭受任何损失或损害,由此产生的工程恢复费用和(或)工期延误,承包商无权提出索赔。由此可见,FIDIC 银皮书对承包商的工程照管责任要求更为严格。此外,在由于业主付款延误导致工程暂停问题上,示范文本规定,当业主拖延、拒绝批准付款申请和支付证书,或未能按合同约定支付价款时,业主收到承包商付款通知后 28 天内仍不予以纠正,承包商将有权暂停施工;FIDIC 银皮书则规定,如果业主未根据合同提供资金安排的证明且未按合同支付,承包商发出通知 21 天内业主仍不予纠正以上违约行为,承包商则有权暂停施工。可以看出,FIDIC 对业主纠正拖延付款的期限更短,且要求业主必须提供资金安排证明。因上述付款延误原因,承包商有权因索赔工程暂停招致的工期延长和(或)费用增加以及合理利润。

FIDIC 银皮书与示范文本两合同条件中涉及索赔的条款较多,二者在对承包商可索赔内容及索赔权利的细节规定上存在较多的差异,承包商在采用 FIDIC 银皮书合同条件时,应注意甄别。

思考与练习

一、单选题

1.施工阶段造价管理的核心工作不包括(　　)。

　A.工程计量　　　　B.工程款支付管理　C.工程变更管理　　D.确定投标报价

2.施工成本控制不包括(　　)。

　A.计划控制　　　　B.进度控制　　　　C.过程控制　　　　D.纠偏控制

3. 不属于工程计量原则的是(　　)。

　　A. 不符合合同文件要求的工程不予计量

　　B. 形象进度确认完成的工作内容都应予以计量

　　C. 按合同文件所规定的方法、范围、内容和单位计量

　　D. 因承包人原因造成的超出合同工程范围施工或返工的工程量,发包人不予计量

4. 工程变更的估价原则中,若已标价工程量清单中无相同项目但有类似项目,应(　　)。

　　A. 按市场价重新组价　　　　　　　B. 参照类似项目单价认定

　　C. 按成本加利润原则协商　　　　　D. 按合同约定比例调整

5. 工期索赔的计算方法中,若延误的工作为关键线路上的任务,索赔工期应为(　　)。

　　A. 延误时间与时差的差值　　　　　B. 直接采用延误时间

　　C. 按比例分配延误时间　　　　　　D. 由业主和承包商协商确定

6. 工程签证的处理原则不包括(　　)。

　　A. 及时性原则　　　　　　　　　　B. 主观性原则

　　C. 可追溯性原则　　　　　　　　　D. 客观性原则

7. 施工阶段进度款支付的常见方式不包括(　　)。

　　A. 固定周期付款　　　　　　　　　B. 按阶段付款

　　C. 一次性付款　　　　　　　　　　D. 按实际成本支付

8. 价值工程方法在施工阶段的主要目的是(　　)。

　　A. 降低施工成本　　　　　　　　　B. 优化设计方案

　　C. 提高工程进度　　　　　　　　　D. 减少变更次数

9. 下列关于工程变更的说法,正确的是(　　)。

　　A. 工程变更只能由建设单位提出

　　B. 工程变更不会影响工程造价

　　C. 施工单位提出的工程变更需经监理工程师批准

　　D. 设计变更不属于工程变更的范畴

10. 收方管理的核心目的是(　　)。

　　A. 防止虚报工程量　　　　　　　　B. 加快施工进度

　　C. 降低材料浪费　　　　　　　　　D. 优化资源配置

11. 某工程采用固定总价合同,在施工过程中发生了以下事件,其中不会导致合同价款调整的是(　　)。

　　A. 设计变更

　　B. 不可抗力

　　C. 材料价格波动在合同约定的风险范围内

　　D. 工程量增加

12. 变更估价的原则不包含(　　)。

　　A. 已标价工程量清单或预算书有相同项目的,按照相同项目单价认定

　　B. 按承包人变更费用清单进行认定

　　C. 已标价工程量清单或预算书中无相同项目,但有类似项目的,参照类似项目的单价认定

D.已标价工程量清单或预算书中无相同项目及类似项目单价的,按照合理的成本与利润构成的原则,由合同当事人按照合同约定方法确定变更工作的单价

13.工程签证的分类中,涉及窝工损失的属于(　　)。

    A.经济签证　　　　　　B.工期签证　　　　　　C.技术签证　　　　　　D.材料签证

14.FIDIC 合同条件下,索赔通知逾期提交的后果是(　　)。

    A.直接丧失索赔权利

    B.需业主同意后方可索赔

    C.承包商需支付违约金

    D.由于特殊、合理的原因导致逾期提交的,仍可发出索赔通知

15.施工阶段建设单位造价管理的重点不包括(　　)。

    A.严控设计变更　　　　　　　　　　B.加强材料采购

    C.优化施工方案　　　　　　　　　　D.审核施工图预算

二、多选题

1.施工成本计划的内容包括(　　)。

    A.直接成本计划　　　　　　　　　　B.间接成本计划

    C.目标利润计划　　　　　　　　　　D.风险预留金计划

    E.应急成本计划

2.工程计量的依据包括(　　)。

    A.工程量清单及说明　　　　　　　　B.合同图纸

    C.已确认的形象进度　　　　　　　　D.施工日志

    E.变更指令

3.工程变更的范围包括(　　)。

    A.增加合同外工作　　　　　　　　　B.改变工程基线

    C.调整施工顺序　　　　　　　　　　D.更换施工材料品牌

    E.减少合同内工作

4.施工阶段投资偏差的原因包括(　　)。

    A.业主原因　　　　　　　　　　　　B.设计原因

    C.施工原因　　　　　　　　　　　　D.政策原因

    E.不可抗力原因

5.工程索赔的分类包括(　　)。

    A.工期索赔　　　　　　　　　　　　B.经济索赔

    C.质量索赔　　　　　　　　　　　　D.安全索赔

    E.综合索赔

三、简答题

1.工程变更应遵循的处理原则有哪些?

2.简述工程计量的依据和方法。

3.简述施工阶段造价管理的主要工作内容。

4.工程索赔成立的条件有哪些?

5.工程变更的原因有哪些? 工程变更对工程造价有何影响?

四、案例分析题

1. 某商业综合体项目原设计外墙为普通涂料,因业主提出提升建筑品质要求,变更为干挂石材幕墙。变更范围涉及外墙面积 20 000 m²,合同清单原设计涂料外墙含税综合单价 80 元/m²（含抗裂砂浆、外墙腻子及外墙涂料）。经市场询价,变更后干挂石材含税综合单价构成约为石材材料费 350 元/m²（含损耗 5%）,龙骨及安装费 220 元/m²,措施费增加 50 元/m²（因施工难度增加）。

问题:

（1）计算每次外墙变更增加的成本。

（2）若不可预见费率为 3%,求总变更费用。

2. 案例背景:某市政工程公司中标承建一条城市主干道工程,合同采用单价合同,工程量按实际完成量计量,每月 25 日为计量日,次月 5 日前支付上月工程款。合同中部分分部分项工程的综合单价及相关信息见下表:

分部分项工程名称	综合单价（元/m³）	计量单位	合同工程量
路基土方开挖	45	m³	10 000
水泥稳定碎石基层	180	m²	8 000
沥青混凝土面层	350	m²	6 000

在施工过程中,各月实际完成的工程量见下表:

月份	路基土方开挖（m³）	水泥稳定碎石基层（m²）	沥青混凝土面层（m²）
1	1 200	1 000	—
2	1 500	1 200	—
3	1 300	1 300	800
4	1 000	1 000	1 000
5	800	800	1 200
6	700	700	1 000

另外,在施工过程中因设计变更,导致路基土方开挖工程量增加了 2 000 m³,经协商,新增部分的综合单价按照原综合单价执行;同时,由于业主原因,致使水泥稳定碎石基层施工在第 3 个月暂停施工 15 天,造成施工单位人员窝工和机械闲置损失共计 15 万元。

问题:

（1）分别计算各月路基土方开挖、水泥稳定碎石基层、沥青混凝土面层的工程量价款。

（2）计算因设计变更导致路基土方开挖增加的工程款。

（3）施工单位在第 3 个月应向业主提出的费用索赔金额是多少? 请说明理由。

（4）假设除上述费用外,无其他费用调整,计算该工程前 6 个月业主应支付给施工单位的工程款总额（保留两位小数）。

3. 案例背景:某房地产开发公司投资建设一个住宅小区项目,与施工单位签订了施工合

同。在施工过程中,发生了大量的工程变更,导致项目造价大幅增加,工期也有所延误。主要变更情况如下:

设计变更:在项目实施过程中,房地产开发公司根据市场需求和客户反馈,对部分户型进行了调整,导致建筑结构和装饰装修等方面发生了大量设计变更,变更费用达到了1 000万元。

施工变更:由于施工现场地质条件复杂,原设计的基础施工方案无法实施,施工单位提出了新的基础施工方案,经建设单位和监理单位同意后实施,增加费用300万元。

其他变更:在施工过程中,因市政配套设施建设的需要,建设单位要求施工单位对小区内的部分道路和管网进行调整,增加费用200万元。

问题:

(1)分析该项目工程变更频繁的原因,并说明工程变更对工程造价和工期的影响。

(2)针对设计变更,建设单位应如何进行有效的管理和控制,以减少对造价和工期的不利影响?

(3)施工单位在提出施工变更申请时,应遵循哪些程序和要求?

(4)从建设单位角度,说明如何建立健全工程变更管理制度,以规范工程变更行为。

第**7**章
竣工阶段造价管理实务

7.1 竣工阶段造价管理基础知识

在工程竣工阶段,造价管理包括竣工结算、竣工财务决算、缺陷责任期处理工程保修费用等。建设单位应与施工单位在工程质量验收合格的基础上进行工程合同价款结算。同时,应按承包合同约定预留工程质量保证金,待缺陷责任期满时,建设单位再与施工承包单位结清工程质量保证金。

7.1.1 工程竣工结算

工程结算是指发承包双方根据国家有关法律、法规规定和合同约定,对合同工程实施中、终止时、已完工后的工程项目进行的合同价款计算、调整和确认。一般工程结算可分为定期结算、分段结算、年终结算和竣工结算等方式。

工程竣工结算是指工程项目完工并经竣工验收合格后,发承包双方按照施工合同的约定对所完成工程项目进行的合同价款的计算、调整和确认。

工程竣工结算分为建设项目竣工总结算、单项工程竣工结算和单位工程竣工结算。单项工程竣工结算由单位工程竣工结算组成,建设项目竣工总结算由单项工程竣工结算组成。

1)工程竣工结算的编制和审核

单位工程竣工结算由承包人编制,发包人审查;实行总承包的工程,由具体承包人编制,在总包人审查的基础上,发包人审查。单项工程竣工结算或建设项目竣工总结算由总(承)包人编制,发包人可以直接进行审查,也可以委托具有相应资质的工程造价咨询机构进行审查。政府投资项目由同级财政部门审查。单项工程竣工结算或建设项目竣工总结算经发包人、承包人签字盖章后有效。承包人应在合同约定期限内完成项目竣工结算编制工作,未在规定期限内完成的,并且无法提出正当理由延期的,责任自负。

(1)工程竣工结算的编制依据

工程竣工结算由承包人或受其委托具有相应资质的工程造价咨询人编制,由发包人或受其委托的工程造价咨询人核对。工程竣工结算编制的主要依据有:

①建设工程工程量清单计价规范或工程预算定额、费用定额及价格信息调价规定等。

②工程合同(协议书)。

③发承包双方在实施过程中已确认的工程量及其结算的合同价款。

④发承包双方在实施过程中已确认调整后追加(减)的合同价款。

⑤建设工程设计文件及相关资料(如工程竣工图或施工图、施工图图纸会审记录、经批准的施工组织设计,以及设计变更工程洽商和相关会议纪要等)。

⑥招标投标文件,包括招标答疑文件、投标承诺、中标报价书及其组成内容等。

⑦其他依据(如经批准的开竣工报告或停复工报告)。

(2)工程竣工结算的计价原则

在现行的工程量清单计价模式下,采用总价合同的,应在合同价基础上,对合同约定能调整的内容及超过合同约定范围的风险因素进行调整;采用单价合同的,在合同约定风险范围内的综合单价应固定不变,应按合同约定进行计量,且应按实际完成的工程量进行计算。

在采用工程量清单计价的方式下,工程竣工结算编制的计价原则如下:

①分部分项工程和措施项目中的单价项目应依据双方确认的工程量与已标价工程量清单的综合单价计算;如发生调整的,以发承包双方确认调整的综合单价计算。

②措施项目中的总价项目应依据合同约定的项目和金额计算;如发生调整的,以发承包双方确认调整的金额计算,其中安全生产措施费必须按照国家或省级行业建设主管部门的规定计算。

③其他项目应按下列规定计价:

a.计日工价款应按发包人实际签证确认的事项计算。

b.暂估价应按照工程量清单计价规范的相关规定计算。其中专业工程暂估价适用于总承包合同。

c.总承包服务费应依据合同约定金额计算,如发生调整的,以发承包双方确认调整的金额计算。(适用于总承包合同)

d.工程索赔价款应依据发承包双方确认的索赔事项和金额计算。

e.工程变更价款应依据发承包双方签证资料确认的金额计算。

f.暂列金额应减去工程价款调整(包括索赔和现场签证)金额计算,如有结余归发包人所有。

④物价变化及法律法规政策性变化调整价款按合同约定计算。

⑤违约金、奖励、罚款等其他价款按发承包双方确认的金额计算。

⑥增值税应按照国家或省级行业建设主管部门的规定计算。

(3)工程竣工结算的审查

工程竣工结算的审查应依据施工合同约定的结算方式进行,根据不同的施工合同类型,应采用不同的审查方法。对于采用工程量清单计价方式签订的单价合同,应审查施工图以内的各个分部分项工程量,依据合同约定的方式审查分部分项工程价格,并对设计变更、工程洽商、工程索赔等调整内容进行审查。

①施工承包单位内部审查。工程竣工结算的主要内容包括:

a.审查结算的项目范围内容与合同约定的项目范围内容的一致性。

b.审查工程量计算的准确性、工程量计算规则与计价规范或定额的一致性。

c.审查执行合同约定或现行的计价原则和方法的严格性。对于工程量清单或定额缺项以及采用新材料新工艺的,应根据施工过程中的合理消耗和市场价格审核结算单价。

d.审查变更签证凭证的真实性、合法性、有效性,核准变更工程费用。

e.审查索赔是否依据合同约定的索赔处理原则程序和计算方法以及索赔费用的真实性、合法性、准确性。

f.审查取费标准执行的严格性,并审查取费依据的时效性和相符性。

②建设单位审查工程竣工结算的主要内容包括:

a.审查工程竣工结算的递交程序和资料的完备性。

b.审查结算资料递交手续程序的合法性,以及结算资料具有的法律效力。

c.审查结算资料的完整性、真实性和相符性。

③审查与工程竣工结算有关的各项内容:

a.工程施工合同范围以外调整的工程价款。

b.分部分项工程措施项目其他项目的工程量及单价。

c.建设单位单独分包工程项目的界面划分和总承包单位的配合费用。

d.工程变更签证索赔奖励及违约费用。

e.取费税金政策性调整以及材料价差计算。

f.实际施工工期与合同工期产生差异的原因和责任,以及对工程造价的影响程度。

g.其他涉及工程造价的内容。

2) 工程竣工结算款的支付

工程竣工结算文件经发承包双方签字确认的,应当作为工程结算的依据,未经对方同意,另一方不得就已生效的竣工结算文件委托工程造价咨询机构重复审核。发包方应当按照竣工结算文件及时支付竣工结算款。竣工结算文件应当由发包人报工程所在地县级以上地方人民政府住房城乡建设主管部门备案。

(1)承包人提交竣工结算款支付申请

承包人应根据办理的竣工结算文件,向发包人提交竣工结算款支付申请。该申请应包括以下内容:

①竣工结算合同价款总额。

②累计已实际支付的合同价款。

③应扣留的质量保证金。

④实际应支付的竣工结算款金额。

(2)发包人签发竣工结算支付证书

发包人应在收到承包人提交的竣工结算款支付申请后的约定期限内予以核实,向承包人签发竣工结算支付证书。

(3)支付竣工结算款

发包人在签发竣工结算支付证书后的约定期限内,按照竣工结算支付证书列明的金额向承包人支付结算款。

发包人在收到承包人提交的竣工结算款支付申请后的规定时间内不予核实,不向承包人签发竣工结算支付证书的,视为承包人的竣工结算款支付申请已被发包人认可;发包人应在收到承包人提交竣工结算款支付申请的规定时间内,按照承包人提交的竣工结算款支付申请列明的金额向承包人支付结算款。

发包人未按照规定的程序支付竣工结算款的,承包人可以催告发包人支付,并有权获得延迟支付的利息。发包人在竣工结算支付证书签发后或者在收到承包人提交的竣工结算款支付申请规定时间内仍未支付的,除法律另有规定外,承包人可与发包人协商将该工程折价,也可以直接向人民法院申请将该工程依法拍卖。承包人就该工程折价或拍卖的价款优先受偿。

3)最终结清

所谓的最终结清,是指合同约定的缺陷责任期终止后,承包人已按合同规定完成全部剩余工作且质量合格的,发包人与承包人结清全部剩余款项的活动。

(1)最终结清申请单

缺陷责任期终止后,承包人已按合同规定完成全部剩余工作且质量合格的,发包人签发缺陷责任期终止证书,承包人可以按合同约定的份数和期限向发包人提交最终结清申请单,并提供相关证明材料,详细说明承包人根据合同规定已经完成的全部工程价款金额以及承包人认为根据合同规定应进一步支付的其他款项。发包人对最终结清申请单内容有异议的,有权要求承包人进行修正和提供补充资料,由承包人向发包人提交修正后的最终结清申请单。

(2)最终支付证书

发包人在收到承包人提交最终结清申请单后的规定时间内予以核实,向承包人签发最终支付证书。发包人既未在约定时间内核实,又未提出具体意见的,视为承包人提交的最终结清申请单已被发包人认可。

(3)最终结清付款

发包人应在签发最终结清支付证书后的规定时间内,按照最终结清支付证书列明的金额向承包人支付最终结清款。最终结清付款后,承包人在合同内享有的索赔权利也自行终止。发包人未按期支付的,承包人可以催告发包人在合理的期限内支付,并有权获得延迟支付的利息。

最终结清时,如果承包人被扣留的质量保证金不足以抵减发包人工程缺陷修复费用的,承包人应承担不足部分的补偿责任。

最终结清付款涉及政府投资资金的,按照国库集中支付等国家相关规定和专用合同条款的约定办理。

承包人对发包人支付的最终结清款有异议的,按照合同约定的争议解决方式处理。

7.1.2 工程竣工决算

1)工程竣工决算的概念

建设工程竣工决算是指在竣工验收交付使用阶段,由建设单位编制的建设项目从筹建到竣工投产或使用全过程的全部实际支出费用的经济文件。它也是建设单位反映建设项目实际造价和投资效果的文件,是竣工验收报告的重要组成部分。

根据建设项目规模的大小,可分为大、中型建设项目竣工决算和小型建设项目竣工决算两大类。

竣工决算由建设单位财务及有关部门,以及竣工结算等资料为基础,编制的反映建设项目实际造价和投资效果的文件。

竣工决算是竣工验收报告的重要组成部分,它包括建设项目从筹建到竣工投产全过程的全部实际支出费用。即建筑安装工程费、设备工器具购置费、预备费、工程建设其他费用和投资方向调节税支出费用等。

竣工决算是考核建设成本的重要依据。对于总结分析建设过程的经验教训,提高工程造价管理水平,积累技术经济资料,为有关部门制订类似工程的建设计划和修订概预算定额指标提供资料和经验,都具有重要的意义。

2)工程竣工决算的主要内容

(1)工程竣工财务决算说明书

①建设项目概况。

②会计财务处理、财产物资情况及债权债务的清偿情况。

③资金结余、基建结余资金等的上交分配情况。

④主要技术经济指标的分析、计算情况。

⑤基本建设项目管理及决算中的主要问题、经验及建议。

⑥需要说明的其他事项。

(2)工程竣工财务决算报表

根据财政部有关文件规定,建设项目竣工财务决算报表按大、中型建设项目和小型建设项目分别制定。

①大、中型建设项目竣工财务决算报表。包括:

a. 建设项目竣工财务决算审批表。

b. 大、中型建设项目概况表。

c. 大、中型建设项目竣工财务决算表。

d. 大、中型建设项目交付使用资产总表。

e. 建设项目交付使用资产明细表。

②小型建设项目财务决算报表。包括:

a. 建设项目竣工财务决算审批表。

b. 小型建设项目竣工财务决算总表。

c. 建设项目交付使用资产明细表。

③竣工图。

7.1.3 工程质量保证金的处理

1)质量保证金的含义

根据《建设工程质量保证金管理办法》(建质〔2017〕138 号)的规定,建设工程质量保证金是指发包人与承包人在建设工程承包合同中约定,从应付的工程款中预留,用以保证承包人在缺陷责任期内对建设工程出现的缺陷进行维修的资金。缺陷是指建设工程质量不符合工程建设强制标准、设计文件,以及承包合同的约定。缺陷责任期是指承包人对已交付使用的合同工程承担合同约定的缺陷修复责任的期限。缺陷责任期一般为一年,最长不超过两年,由发承包双方在合同中约定。

《建设工程质量保证金管理暂行办法》(建质〔2017〕138号)中规定缺陷责任期从工程通过竣工验收之日起计算。承包人原因导致工程无法按规定期限进行竣工验收的,缺陷责任期从实际通过竣工验收之日起计算。由于发包人原因使工程无法按规定期限进行竣工验收的,在承包人提交竣工验收报告90天后,工程自动进入缺陷责任期。

2)工程质量保修范围和内容

发承包双方在工程质量保修书中约定建设工程的保修范围包括:地基基础工程、主体结构工程,屋面防水工程、有防水要求的卫生间、房间和外墙面的防渗漏,供热与供冷系统,电气管线、给排水管道、设备安装和装修工程,以及双方约定的其他项目。

具体保修的内容,双方在工程质量保修书中约定。由于用户使用不当或自行修饰装修、改动结构、擅自添置设施或设备而造成建筑功能不良或损坏,以及因自然灾害等不可抗力造成的质量损害等,不属于保修范围。

3)工程质量保证金的预留及管理

《建设工程质量保证金管理暂行办法》(建质〔2017〕138号)中规定发包人应按照合同约定方式预留保证金,保证金总预留比例不得高于工程价款结算总额的3%。合同约定由承包人以银行保函替代预留保证金的,保函金额不得高于工程价款结算总额的3%。在工程项目竣工前,已经缴纳履约保证金的,发包人不得同时预留工程质量保证金。采用工程质量保证担保、工程质量保险等其他保证方式的,发包人不得再预留保证金。

缺陷责任期内,由承包人原因造成的缺陷,承包人应负责维修,并承担鉴定及维修费用。由他人原因造成的缺陷,发包人负责组织维修,承包人不承担费用,且发包人不得从保证金中扣除费用。

4)质量保证金的返还

缺陷责任期内,承包人认真履行合同约定的责任,到期后,承包人向发包人申请返还保证金。发包人和承包人对保证金预留、返还以及工程维修质量、费用有争议的,按承包合同约定的争议和纠纷解决程序处理。

7.2 竣工阶段造价管理案例分析

7.2.1 结算阶段造价管理问题综合分析案例

[案例7.1] 学校基建项目B艺术学院教学楼结算办理

1)艺术学院教学楼竣工结算问题分析

学校基建项目B艺术学院教学楼工程竣工验收后,承包单位按合同约定时间向发包单位提交了竣工结算申请资料。发包单位委托第三方工程造价咨询公司进行竣工结算审价,要求完成项目竣工结算审价工作以及审价报告的编制。

承包单位送审报价组成为投标合同价+变更新增价款。造价管理人员通过查阅送审申请资料,发现审价的疑难之处在于:

(1)合同缺少变更条件及变更计价条款

合同为工程量清单计价,计价方式为"总价包干",但合同协议条款仅规定了标的价格、付款方式,却没有约定结算价的变更条件和变更价款的计价方式。

(2)部分变更内容缺少审批

投标文件完全响应招标文件内容。招标文件规定:承包人必须按中标价格进行限额深化设计,中标后如发包人对设计方案无修改意见,则合同价即为合同中标价。合同价一经确定,不因承包人提出的任何原因变更及功能完善而增加费用。深化设计过程中及完成深化设计后,如因发包人(完善承包人深化设计缺陷除外)对设计方案提出修改意见导致合同价变更的,经发包人审核后双方需就确定的变更价款完善签证资料或签订补充协议。但在合同实际履行过程中,实际发生的深化设计及变更细节情况缺乏相应的书面记录,且并未对变更内容和变更价款进行相关审核和批准。

(3)发包人的撤销内容无法核实

招标文件规定了合同结算原则:在合同履行过程中,发包人撤销的细项须从中标价的单个细项价格中减除;在结算时,项目结算书的材料和设备的名称、生产厂家、型号规格与工程量清单一致时,单价按已标价工程量清单上的单价执行;如果不同,材料和设备的单价则按变更资料进行处理。实际上由于工程量清单的描述详细化程度不够及过程资料的不完善,对于"撤销细项"的认定和设备材料变更的确认已经变得十分困难。

(4)施工过程记录资料中对于结算有用的书面资料非常匮乏

例如:几乎没有变更申请、材料核价、新增预算审批等。与新校区其他教学楼相比,艺术学院教学楼具有其自身的特殊性,它除了要达到实用的教学功能及满足文艺汇演要求,还要注重美学和艺术效果,在设计和使用材料等方面更具专业性特点且更富于变化,工程变更不可避免,这使得竣工结算工作也更为复杂。

招投标、签订合同和施工过程管理的不完善甚至存在漏洞,是导致竣工结算出现疑难和争议问题的主要原因。招投标和签订合同时对于可能产生的工程变更估计不足,没有提出适当的合同价和工程变更结算计价处理方法,期望以"总价包干"一次性地包干解决掉所有的合同价款问题;施工过程管理不到位,承包人对于深化设计和工程变更没有及时办理签证记录和变更审批手续。对后续的竣工结算造成了一定程度的困扰。

2)问题的3种解决方案

针对上述实际困难,第三方工程造价咨询公司提出了3种可能的审价专业解决方案。

方案一:按合同总价固定不变、新增变更价款依实审核。仅对新增变更项目内容进行审核,根据现场实际发生的工作内容,参考投标单价和市场价格,给出一个相对合理的审核结果。这样,审核价一般会大于原合同价。

方案二:按合同总价固定不变、新增变更价款不予计取。过程资料记录不详,变更价款未得到审批结算价不进行调整。审核价会等于原合同价。

方案三:对于合同总价组成明细,即已标价工程量清单,按招标文件深化设计及变更的计价原则,还有招标文件中规定的合同结算原则,对深化设计和变更的合理部分,以及撤销项目和设备材料变化的情况,进行适当调整价款,未变更部分按原投标价不变。这样,审核价既可能会大于原合同价,也可能会小于原合同价。

3)3 种方案的分析与比较

方案一:该方案需要在确认投标内容基本不变或者仅有微小的变化的前提下,仅对新增变更项目内容进行审核和变更价款。该方案优点是思路明晰,操作简便,与承包人产生争议的可能性较小。缺点是有一定的局限性,有可能会忽略掉某些投标清单内对业主不利的变更因素,对于投标工程内容变更较大的情况不适用。

方案二:该方案在实际效果上等同于固定总价合同。该方案利用了招标文件规定的变更内容和价款没有及时得到发包方审核批准,在变更价款没有得到合法认可的情况下只能按照原合同价执行。本方案对发包人来说相对有利,操作最为简单。缺点是结算内容可能存在事实上的不合理性,与承包人产生争议的可能性较大。

方案三:该方案是在变更资料缺乏的情况下,造价管理人员深入了解和查证相关深化设计变更的具体内容,以及材料设备变化等细节情况,按照合同要求和招标文件的关于变更的约定,实事求是地审核每一项结算清单的数量、单价和细节特征,与原投标原设计一致时价格不变,不一致时按照投标单价和市场价格进行适当的价款调整。

方案三的优点如下:

①该方案能最大限度地体现原合同和招投标的本义,体现了合同的诚信和契约精神,有效弥补了原合同文本的瑕疵以及项目管理过程中的缺憾。

②符合实事求是的原则,有利于还原和揭示项目本身的实际状况和实际成本。

③更加符合项目本来的市场价格属性和交易属性,更有利于维护双方的利益,且从理论上来讲更易于为承发包双方所接受。

方案三的缺点如下:

①由于项目本身的特殊性以及过程管理不完善,实现起来的可操作性难度增加,审核工作量明显加大,对造价管理人员的挑战性较大。

②审核过程也会相应地复杂,耗时也会增加,更需要承发包双方的理解和配合,特别是发包单位要给造价咨询单位更为宽裕的时间,以满足审核质量的要求。

③在开展审核工作之前,预测审核结果的不确定性增加,审核总价既可能大于合同价,也可能小于合同价。在投标报价的基础上,变更工程发生的状况与识别以及价款调整就成了影响审核结果的关键因素,其中也包括"撤销细项"的内容。

4)方案的实施和效果

经过讨论协商最终选择方案三。经过努力,在规定的时限内完成了这项工作任务。主要核减内容有:

①审核中发现原设计部分独立展台被取消,变更为合并综合展台,根据变更具体内容相应地变更调整合同价款。

②部分施工材料变更,相应地变更材料单价。

③部分签证工作内容属于承包人自身施工工艺或工序问题非发包方原因,所增加价款不

予计取。最终项目结算审核价低于合同价 10 万元,承发包双方均接受审核结果。

在此基础上,进一步向业主提供了以下几项合理化建议:

①招投标文件和承包合同条款应对合同价和结算价的计价方式及变更价款的条件约定明确。

②概算明细和招标清单内容描述应细化到位,以利于准确投标和变更结算价的调整,对于可能产生的工程变更价款应提前评估,预留适当的材料暂估价和专业暂列金。

③工程变更内容及价款调整应及时审核确认,减少纠纷和争议,最好请有资质的优秀工程施工监理和投资监理。

④由于布展项目本身的特殊性和专业性都很强,实施过程中使用的设备材料和布展效果细节等,应及时留下书面记录和影像资料,便于以后追溯和查证等。

5)案例启示

为了解决竣工结算中的疑难和争议问题,维护承发包双方的利益,作为咨询单位的造价管理人员,在提供专业咨询服务时应能够提供两种以上不同的解决方案,并能优选一种最合适的方案。该方案一定是基于事实之上的决策,既能够最大限度地体现承发包双方真实意愿以及合同本身的真实意思表达,又能够最大限度地符合工程实体本身的实际市场交易价格。方案的实施既能尽可能达到合同双方公平和维护双方各自经济利益及商誉的目的,也能更好地体现造价管理人员的专业价值。

7.2.2 因工程变更造成的结算争议与解决措施

[案例 7.2] 房建项目 A 因设计变更引起的结算单价争议

目前,施工总承包工程一般采用工程量清单招标签订单价合同,竣工结算时投标综合单价闭口包干,工程量按实结算的方式执行。综合单价闭口包干的核心特征是单价固定,即合同约定的综合单价(含人工、材料、机械、管理费、利润等)在工程实施期间及工程结算中不得调整(除非合同另有约定)。

合同中对工程变更及新增项目单价的确定也有一些约定,如对于变更或新增项目的单价,清单中有类似单价的按类似单价确定,清单中没有类似单价的参照市场价。如何界定什么是类似单价,如何参照市场价,往往会成为争议问题的焦点所在,有些变更可能仅仅是材料选用规格的变化,这类问题解决起来相对简单;但有些发生较大变更或工程量清单中没有的项目,并且这些项目的内容和特征描述与工程量清单中工作特征、工作内容的描述不尽相同但又存在着一定的特性关联,这些工程变更及新增项目的结算单价应该如何按类似单价或参照市场价去确定,并因审价双方各自的理解及出发点不同,使得这类问题变成了典型问题。

1)争议问题

房建项目 A 一期施工总承包合同采用工程量清单计价,合同计价方式为"单价包干"。

房建项目 A 一期工程外墙保温工程原设计为 30 mm 厚发泡酚醛保温板,每两层建筑高度设置 300 mm 高防火隔离带,防火隔离带采用 40 mm 厚无机保温砂浆。在项目实施过程中,公安部下发《关于进一步明确民用建筑外保温材料消防监督管理有关要求的通知》(公消〔2011〕65 号),规定民用建筑外墙保温材料消防监管一切从严,民用建筑外墙保温材料采用燃烧性能为 A 级的材料。该通知下发时,外墙保温工程尚未施工,设计单位根据文件规定进行了设计变更,外墙 30 mm 厚发泡酚醛保温板修改为 40 mm 外墙无机砂浆保温。经调查比较,外墙保温设计做法前后发生了较大的变化(表 7.2.1),同时查阅了原投标文件中外墙保温工程量清单中相关联的投标情况(表 7.2.2)。

表 7.2.1　外墙保温设计做法的变化

	招标时设计做法		变更后设计做法
做法	30 mm 厚发泡酚醛保温板,每两层建筑按高度设置 300 mm 高防火隔离带(40 mm 厚无机保温砂浆)	做法	刷界面剂一道,20 mm 厚 1∶3 水泥砂浆找平层,10 mm 厚 1∶2 水泥砂浆复合耐碱玻纤网格布两层,40 mm 厚无机保温砂浆
部位	外墙	部位	外墙
厚度	30 mm 厚	厚度	40 mm 厚

表 7.2.2　外墙保温工程量清单投标情况

清单名称	无机保温砂浆
工程量	228.21 m²
部位	外墙面 300 mm 高防火隔离带
工作内容	40 mm 厚
	1. 基层清理;2. 砂浆制作、运输、摊铺、养护
投标综合单价	36.63 元/m²
综合单价分析	主要材料定额用量下浮了 30%,抹灰工定额用量下浮了 30%,其他工作未计取

从表 7.1.1、表 7.1.2 中可以看出,虽然从纯粹的项目清单名称表述来看,原工程量清单中的无机保温砂浆与变更后的外墙无机保温砂浆的名称一致,但两者计价的基础发生了很大的变化,具体表现为:

①工程量差异较大。原外墙保温做法为 30 mm 厚发泡酚醛保温板,40 mm 厚无机保温砂浆保温仅在防火隔离带位置使用,无机保温砂浆工程量也较少;现设计整个外墙全部为 40 mm 厚无机保温砂浆保温,经计算,外墙无机保温砂浆工程量为 9 264 m²。

②工作内容差异较大。原清单中无机保温砂浆的工作内容只有无机砂浆施工的单一工序,而变更后的外墙无机砂浆保温系统是多工序的工作,两者工作内容不尽相同,但之间又存在着一定的特性关联——都有对 40 mm 厚无机保温砂浆的表述。

③价格差异较大。原无机保温砂浆投标综合单价为 36.63 元/m²,经调查,变更后的外墙无机砂浆保温系统的当期市场单价约为 90 元/m²。

2)解决方案

根据上述争议情况,提出以下 3 种不同的解决方案,具体如下:

方案一:维持原清单投标单价。依据合同专用条款中约定的"由于设计变更引起新的工程量清单项目或清单项目工程数量的增减,综合单价(除暂定主材单价外)不得调整",故变更后的投标单价沿用原清单无机保温砂浆的投标单价,不予调整。该方案的优点为有利于节约建设单位成本;缺点为清单单价明显低于变更后项目施工当期的市场价格,对施工单位显失公平,无法顺利推进竣工结算审价工作。

方案二:按定额子目进行重新组价。不考虑原投标时材料、人工定额用量的下浮情况,新的组价中人工、材料、机械单价按投标单价计取,管理费、利润按投标确定费率不变(表7.2.3)。该方案的优点为综合考虑了变更前后外墙保温工程量的变化引发的差异;缺点为该方案仅仅考虑了外墙保温砂浆的价格调整,而整个外墙系统变化引发的工艺变化的差异并未考虑。调整后的单价仍低于市场同期价格,施工单位也不容易接受,争议仍无法得到解决。

表7.2.3 无机保温砂浆综合单价

类型	名称	单位	单价(元)	含量	调整含量	系数	合计(元)
材料	水泥42.5级	kg	0.31	2.244	2.244	1	0.70
	黄砂中砂	kg	0.04	5.35	5.35	1	0.21
	抗裂抹面胶浆	kg	1.71	1.545	1.545	1	2.64
	保温胶粉聚苯颗粒	kg	1100	0.031	0.031	1	33.66
	乳液弹性底层涂料	kg	8	0.155	0.155	1	1.24
	玻璃纤维网格布	m²	0.96	1.2	1.2	1	0.81
	混凝土界面处理剂	kg	0.1	0.721	0.721	1	0.05
	其他材料费	%	1	5.85	5.85	1	2.30
机械	灰浆搅拌机	台班	50.29	0.006	0.006	1	0.30
人工	抹灰工	工日	60	0.14	0.14	1	8.40
	其他工	工日	60	0.09	0.09	1	5.4
直接费							55.71
管理费				直接费×2%			1.11
利润				直接费×1%			0.56
综合单价				直接费+管理费+利润			57.38

方案三:按变更后外墙保温系统工艺进行组价考虑变更后的外墙保温不仅包括纯粹的40 mm厚无机保温砂浆,还包括外墙基层处理及外墙水泥砂浆找平,故按40 mm厚无机保温系统来进行组价(表7.2.4)。

表7.2.4 40 mm厚无机保温系统综合单价

序号	项目名称	综合单价(元/m²)	备注
1	界面处理剂	6.27	参照原投标单价
2	20 mm厚1:3水泥砂浆找平	16.36	参照原投标单价
3	外墙保温砂浆系统	57.38	参照方案二价格
合计		80.01	

3)解决方法

最终经参建各方统一意见,决定按方案三模式解决该问题。虽然该方案的结算单价与实际市场价比较仍然偏低,但该方案在遵守合同结算原则的同时,充分考虑了项目实际情况及与变更前后做法的差异,尽可能做到了公正公平,坚持了合同计价原则,使问题得到了妥善解决。

[案例7.3] 房建项目A工期延期责任归属及违约扣款

1)争议问题背景

房建项目A一期施工总承包工程合同中对于工期延期通常以每延误一天处以合同总价一定百分比的违约扣款进行约定,但对于工期提前大多没有约定给予同等奖励,同时对于工期延期的确认有时效性的约定。在项目实施过程中,由于受到客观或主观原因的影响,施工单位对于工期的管理工作并不是很重视,对于发生的工期延期事件较少去主动、积极地办理工期延期手续,造成施工过程中工期延期确认手续的缺失,忽视了这些手续的缺失将会给己方带来的不利影响。

2)案例分析

工程合同金额61 304 105元,合同约定开工日期2020年12月28日(具体按批准的实际开工日期为准),竣工日期2021年10月18日,合同工期659天。本工程批准开工日期为2019年4月25日,竣工日期2021年8月30日,实际工期858天,工期延误199天。

(1)项目实施过程中发生以下工期延误事件

事件1:幕墙分包工程工期延期。幕墙分包单位由于公司资金周转出现了问题,其材料供应商未能及时供货,铝板幕墙未能顺利按工期施工,造成工期延误40天;每层南北侧均有窗台挑檐,幕墙分包单位在投标时,低估了挑檐的施工工期,原计划每层挑檐施工工期为3天,实际每层施工工期为10天,造成工期延误60天;累计延误100天。

事件2:创优工作所造成的返工工期延期。公共部位装修期间,为顺利通过优质工程验收,建设单位请相关专家提前来现场指导,专家对本工程创优工作提出了更高的要求,建设单位要求总包单位对部分已完成的施工内容进行返工。自专家指导开始到正式确认具备优质工程申报条件,工期延误30天。

事件3:地下管线位置不明造成延期。在室外总体施工时,由于原有南、北楼较多的地下管道、电缆位置不明(旧有资料未曾显示明确),多次需要抢修、移位和保护,造成工期延误30天。

事件4:工作量增加造成延期。室外总体施工时,增加了160 m的地下电缆管道及市政水源与新建科研综合楼水源接通等工作,对原有变电所内两高压柜等设备设施进行测试检测(反复进行了两次测试确认),具备通电条件后才开始正式通电,同时按照建设单位安保要求,新增工作内容只能在周末施工,施工无法连续作业,施工时间跨度较长,造成工期延误30天。

(2)工期延误责任主体的争议

①建设单位认为是由于总包单位原因产生的工期延期,则应履行合同约定。在承包合同中约定"因承包人原因未按合同要求竣工,工期延误违约金标准为:承包人违约应承担的违约责任,工期每延误一天,按合同价款的0.1%扣款,误期扣款金额最高不超过合同价款的10%"。现工期延期了199天,需予以工期延期扣款613万元。

②总包单位认为工程延期并不是己方的责任，且因为工期延期已经造成了自身的成本增加，不向建设单位提出索赔已是放弃了一定的利益，根本无法接受建设单位的工期延期扣款。

（3）工期延误责任主体的归属认定的调查

由于双方都拿不出充分的证据来证明自己是无过错方，只能根据项目实施情况，由建设单位会同监理单位、总包单位及专业分包单位共同整理施工过程资料，对关键节点的工期延期的事实进行归类总结，结合合同条款，对造成工期延误的责任主体的归属认定进行逐一调查。

①幕墙分包工程工期延期。幕墙工程分包单位为建设单位指定分包单位，如果幕墙分包单位延误工期超过100天，则该工期延误应由幕墙分包单位承担责任，并根据专业分包合同约定进行扣款。

②创优工作所造成的返工工期延期。原招标文件并未要求总包单位必须获得优质工程，但在签订合同时，建设单位考虑整个园区兄弟单位新建项目均获得了优质工程，遂要求总包单位承诺必须获得优质工程。因当地行政部门不允许在合同中有该等内容，故要求总包单位做出书面承诺，必须获得优质工程，否则扣款200万元。

虽在施工合同中未明确本工程必须获得优质工程，但鉴于总包单位在签订合同时已同步作出书面承诺，故总包单位应承担工期延误责任，工期延误仍按合同约定扣款。对专家提出的增加的项目，根据结算原则计入结算。

③地下管线不明造成延期。由于建设单位未能提供原地下管线勘探资料，造成总包单位施工边物探边施工，由此造成的工期延误，应属于建设单位原因，工期应予顺延。

④工作量增加造成延期。由于建设单位增加的工作内容，因此造成的工期延误，应属于建设单位原因，工期应予顺延。

3）案例解决方案

通过上述问题的研究分析，参建各方多次协调沟通并达成了一致意见，各方对于责任归属认定均签署了书面意见，对本事件做出最终决定。

事件1：因幕墙专业分包单位造成工期延误100天。根据幕墙专业分包合同约定"因承包人原因未按合同要求竣工，工期延误违约金标准为：承包人违约应承担的违约责任，工期每延误一天，按合同价款的0.1%扣款，误期扣款最高不超过合同价款的10%"。对幕墙分包单位工期延误予以扣款5 104 957×0.1%×100＝510 495（元）。

事件2：因总包单位原因造成工期延误30天。根据总承包合同约定，因承包单位的原因造成的工期延误，按每延期一天扣款合同金额的0.1%。该事件的工期延误应为总包单位承担，对总包单位工期延误予以扣款61 304 105×0.1%×30＝183.912（万元）。因建设单位的原因造成总包单位的损失，应根据结算原则计入结算。

事件3、事件4：因建设单位原因造成工期延误60天。根据总承包合同约定，因建设单位的原因增加的工作内容，因此造成的工期延误，工期应予顺延。

4）房建项目A结算争议事项案例启示

施工总承包工程的竣工结算审核是建设工程投资控制工作的一道重要关口，是检验整个工程实施是否达到预期目标的一个重要指标。在竣工结算审核工作中，许多人认为结算审核工作是比较简单的，施工单位提交完整的竣工结算文件，结合招投标文件并按照施工合同条款及约定的结算方式与审核人员进行量价核对即可。但在审核过程中才发现这项工作往往并非如此简单：一些因合同条款及工程量清单描述不清晰而发生的问题如何得到妥善合理的解决；施工过程中已经批准的工程变更签证资料是否具有效力；合同工期的延期责任归属及违约扣款如何确认等，这些都是竣工结算审价过程中较为常见的问题。

7.3　仿真演练

[仿真演练]　基于某项目土石方工程结算争议的模拟会议

1)任务背景

由 JL 建设集团投资建设的 ZX 项目(含 B、C 地块)，经招投标，确定由 HT 建设工程有限公司实施平基土石方工程，工程采用综合单价包干。外运土石方综合包干单价为 75 元/m³，根据投标人技术标方案，石方开挖方式采用爆破，平基土石方工程量约 35 万 m³。合同工期为70 天。

本工程采取综合单价包干的承包方式。本合同所涉及的工程内容均以综合单价包干方式结算，该包干综合单价包括但不限于所有人工、机械(含机械进出场费、过路、过桥费等)、材料、水电费、土石方爆破(如有)、邻边协调、平整道路及工作面排水、回填、碾压、修理边底、装、卸、场内运输、回填夯实、土石方及建渣外运(含密闭运输)、修挖边坡、淤泥、地表及地被植物清除(含青苗赔偿)、除草除渣和施工设施、施工设施与临时行驶道路的修建及维护、马道的施工及外运、场内建渣的铺筑及清运费用、道路清洁费、安全及风险防范、安全施工(包括冲洗池、沉淀池、冲洗设备、排污设施、车辆进出临时通道的硬化处理)、文明施工(包括基坑周围安全护栏、主要出口通道的清扫、洒水)、地下管网及文物的临时保护措施等所有施工措施(包含边坡治理、截排水等措施)、专家论证咨询、相关审批手续办理、施工、管理、各种风险防范、物价上涨、通货膨胀、准运证、淤泥排放证、方案审批、企业管理、利润、税金、不可预见的各种因素等与本项目相关的一切费用。

根据进度安排，B 地块先行施工，B 地块土石比约为 3∶7，根据地质情况及技术标方案，石方拟采取爆破施工，HT 公司同步启动爆破手续办理工作。爆破申请交至政府主管部门后，主管部门考虑地块临近重点建筑，决定现场查勘爆破是否会对重点建筑造成影响。基于安全考虑，爆破申请未获通过。

土方工作已接近尾声，需立即启动石方开挖工作，以不影响项目顺利推进。为此 JL 公司与 HT 公司进行了商讨，HT 公司代表表示爆破手续未批准，只有采取机械凿打进行石方破除，工期势必延误，成本也将大幅度增加，希望 JL 公司予以考虑。JL 公司对 HT 公司表示理解，说服 HT 公司要保证在用机械施工的前提下不要延误工期，否则将造成的损失将更大。HT 公司表态，将增加大型机械设备，以保证按期完工，也请 JL 公司酌情考虑。

在施工过程中，部分区域地质与地勘报告不符，按设计要求放坡易垮塌，有安全隐患，JL 公司代表组织地勘、设计、监理与 HT 公司一起查勘现场。为确保安全，设计建议对部分边坡采取土壁支护处理，并出具了设计变更报告。边坡支护面积约 5 000 m²，HT 公司按设计变更进行实施。

工程结束后,HT 公司报送了 B 地块平基土石方结算资料,JL 公司对 HT 公司结算资料里的以下诉求表示异议:

①HT 公司认为由爆破变更为机械凿打的石方应进行单价调整。

②HT 公司认为按设计变更施工的边坡支护费用应计取。

2)任务下达

①模拟 JL 公司、HT 公司、造价咨询单位代表召开争议事项商谈会。

②模拟角色：A:HT 公司代表

B:JL 公司代表

C:造价咨询公司代表

③模拟会议模式:分 5 个小组进行模拟会议,每个小组控制在 25 min 内,模拟会议前全体成员进行抽签,随机分组及角色模拟,按(1A、1B、1C)、(2A、2B、2C)、(3A、3B、3C)、(4A、4B、4C)、(5A、5B、5C)分为 5 组,比如抽到 1A、1B、1C 的同学组成一组按抽签角色召开模拟会议。

④模拟要求:各模拟角色需围绕各个争议事项展开,各方立场均需有具体金额和支撑逻辑。

7.4 总结拓展

竣工结算的最终工程造价是建设单位与施工单位交易的最终价格,是确定双方企业经济效益的关键要点。建设工程竣工结算是项目竣工验收后、财务决算前的一个环节,也是控制工程成本的最后一道关,所以做好建设工程竣工结算是考核项目建设的重要指标,是提升企业经济效益,维护企业和国家利益的关键工作之一。竣工结算还是工程尾款支付的必要前提,竣工结算争议、进度滞缓就必然导致工程尾款不能及时准确支付,甚至影响农民工工资、材料设备供货款支付,不仅造成了参建企业的经济利益损失,甚至损害企业形象。

1)工程竣工结算的常见问题

建设项目周期长、复杂性、多专业、投资高等特点决定了建设工程竣工结算的复杂性、多专业、难度高等特点。又因关系各参建企业经济利益等因素,当前建设工程竣工结算存在以下常见问题。

(1)申报竣工结算资料不规范

因施工过程管理不严谨,或项目参建人员素质参差不齐等原因,施工单位申报的竣工结算资料不规范,或者资料不完整,或者资料签字盖章不齐全,或者资料描述内容不清楚,不满足工程造价计量计价要求。不规范的结算资料给建设工程竣工结算造成了许多障碍与争议,严重影响了竣工结算的进度与准确性。

(2)申报竣工结算的逻辑紊乱

有的施工单位的商务人员执业素质过低,申报结算书仅考虑申报结算总价,未曾考虑结算原则和逻辑,仅参考心中的结算总价对结算内容七拼八凑,或存在多处重复申报费用,或某些项目多报费用,或某些项目少报费用。此类商务人员在后期与建设单位的商务人员或建设单位聘请的咨询人员核对结算过程中,往往达不到心中的目标结算金额,甚至无法从中盈利,从而导致结算僵持。

(3)工作进展过缓

或因上述两个问题导致结算工作进展过缓,也或因为结算审核人员对现场情况不了解,工作能力不高导致结算工作进展过缓;或因为建设单位聘请的结算审核单位因未达到其审减额收益目的等原因采取博弈手段,故意放缓结算工作进展。

竣工结算进度过缓对发承包双方企业的利益都是不利的。一方面,竣工结算工作完成是竣工决算开始的必要条件,是财务计算固定资产折旧或管理费的非生产性维修费用计提入账的基础数据来源,因此竣工结算进展滞后,就会导致建设单位的财务报表利润不实,甚至会影响建设单位的企业形象。另一方面,竣工结算完成时间往往是工程尾款的支付节点,因此竣工结算工作进展的过缓会直接损害施工单位的经济利益。

2)规范建设工程竣工结算的建议

(1)按竣工结算资料标准加强施工过程资料规范性管理

作为竣工结算资料中的结算依据大部分是工程变更资料等施工过程资料,因此要规范竣工结算资料就得加强施工过程资料规范管理。在施工承包单位进场后,与主要技术人员开资料交底会,明确各项工程资料的规范性要求,包括资料时效性、文本格式、有效性签字和盖章、作为计价依据的工程资料应当描述的内容及有关附图与现场影像资料的要求等。施工过程资料应当按连续序号编制,并统一管理。这样可以避免结算时因资料不全而造成结算费用不合理。在施工管理过程中严格按交底会的标准进行管理。

(2)竣工结算工作启动前做好竣工结算策划工作,统一竣工结算逻辑

结算逻辑是指工程结算价的组成及结算顺序。一般的合同,工程结算价包括合同价款和变更价款。变更价款是指工程变更费用及合同约定的其他可调整的费用,包括人材机等费用市场价差的调整、工程索赔费用。如果是固定总价合同,则合同价款不变,只需重点核算变更价款。单价合同一般有两种结算方式:施工图费用+工程变更费用+合同约定的其他可调整的费用;竣工图费用+合同约定的其他可调整的费用。

通过召开竣工结算启动会,正式启动竣工结算工作,并在会上明确结算策划内容,包括:向各施工单位明确竣工结算原则,统一竣工结算逻辑;明确竣工结算流程及各参建单位的责任;明确竣工结算申报时间节点要求;明确竣工结算审核时间要求及审核配合时间要求;明确竣工结算资料及文件格式、内容标准要求,其中关于竣工结算资料的首要标准是所描述内容可计量计价。

(3)加强竣工结算审核管理工作,提高竣工结算工作效率

①收到竣工结算资料后先做竣工结算资料初步审查。竣工结算资料的初步审查包括格式审查、完整性审查、有效性审查、真实性审查和一致性审查。格式审查是审查竣工结算资料的内容及格式要求是否与竣工结算策划的要求相符。完整性审查是审核竣工结算资料是否完整,特别是减项内容是否少报、漏报。在初步核对结算后,如果施工单位发现经审核的结算总价低于其意向结算总价,则施工单位通常会通过补充申报资料等形式增加结算费用。然而后补报资料的时间距施工时间较长,现场施工管理人员可能记不清楚当时的真实情况,在施工单位的各种攻势下,现场施工管理人员并不能对后补资料严格把关,此类后补资料与现场的一致性可疑,作为结算依据有可能会造成结算结果偏差较大。

　　为了规避此类风险,可以要求施工单位在申报竣工结算前对所有竣工资料连续编号,并且在限定时间内胶装成册,胶装成册后不得再补充资料(同一份资料因描述不清楚需要修订的除外)。有效性审查是指竣工资料有效签字盖章的审查,缺少有效签字盖章的不得作为结算依据。有效签字是指参建单位项目负责人的签字,例如,施工承包单位的有效签字是指项目经理的签字,监理单位的有效签字是指总监的签字;有效盖章是指有具体合法授权的项目章或公章。真实性审查是审查资料的真实性,是否存在伪造的情况。一致性审查是审查结算资料所示内容与现场是否一致,是否有偷工减料或施工漏项等情况。值得注意的是,竣工结算资料初步审查工作不应当仅由结算审核人员来做,而应当综合监理单位相关人员及建设单位施工现场管理人员分别审查的意见作为竣工结算资料初步审查的最终意见。

　　②竣工结算审核的第二步应是审查工程合同。在审核工程费用之前应重点审查工程合同的以下内容:

　　a.合同形式,是固定总价还是固定单价,如果是固定单价合同,是否存在以"项"为单位的项目,此类项目在合同相关条款中是如何约定结算方式的,是否为单项固定价格,即结算方式不作调整。需要注意的是,即使是固定总价合同或单项固定价格的,也应当确认是否存在未施工项,未施工项应当扣减对应费用。

　　b.合同价格组成及包含内容,有些合同的已标价清单的项目特征描述引用技术标准手册,此类价格审核时应当同时审查技术标准手册的相关要求,当所引资料对同一项目描述不统一时,解释顺序按合同文件的解释顺序。

　　c.是否存在暂估价,如存在暂估价,则应该在结算中据实调整。

　　d.措施费用的结算方式,不同建设单位的合同往往对措施费用结算方式约定不同,有的甚至固定包死,对此类合同约定的斟酌其合理性及合规性,例如依据现有法规,安全文明施工费是不可作竞争费用,故安全文明施工费不应当固定包死,而应据实结算。

　　e.工程变更费用的结算方式,特别是合同中没有可参考价格的变更费用的结算方式。

　　f.人材机市场价格浮动的结算方式,其中施工期价格的确定方式是重点。此外,还应当注意超过约定浮动百分点时,人工差价应当计算全部差价,材料和机械差价应根据合同约定计算全部差价或仅计算超出浮动百分比部分的差价。

　　g.其他项目费用的结算方式。以上结算原则在合同中有约定的,依据合同约定执行,合同中没有约定的,依据当前国家及地方相关法律法规执行。

　　③根据竣工结算内容选用合适的工程造价审核方法。根据竣工结算内容及特点可以参考表7.4.1选择合适的工程造价审核方法,或上述方法综合。无论采用哪种方法,都应当先依据合同的结算原则对工程资料进行定性分析,再依据结算原则对工程造价进行定量计价。定量计价包括工程量复核、单价审核和费率审核。

　　④做好竣工结算时间节点管理。在竣工结算策划阶段做好时间节点策划。为此,可以通过会议的形式,讨论并明确各阶段、各单位提供的各项资料的时间节点及时结算审核意见的反馈时间节点,做到时间节点合理可行;最终以会议纪要或工作联系单发文的形式,向相关单位明确结算时间节点。在后期实施过程中应当及时跟踪落实相关单位的时间节点完成情况。考虑竣工结算工作参与方多,工作也较为复杂,任何一方工作不按节点来都会放缓整体的结算进展,因此,从管理权威性的角度,应由建设单位专职人员负责结算各项工作节点的跟踪落实,并负责调解结算过程中遇到的各类争议问题,保证竣工结算工作整体进展可控性。

表7.4.1　工程造价审查方法的选用

名称	方法说明	适用情况
全面审核法	依据工程图纸等资料,逐项全面计算并审查工程造价	时间宽裕或工程内容简单或工程体量较小的项目
重点审核法	着重审查工程造价高的、工程量大的分项	这3种方法常综合使用。适用于时间紧张或工程复杂或工程体量较大的项目
经验审核法	依据造价审核经验,对容易出错的费用内容进行重点审查	
分解对比审核法	将工程造价分解成直接费和间接费,直接费再按分部分解。计算单方造价指标与工程量指标,并与已结算的类似工程进行对比分析。找出差异再进行重点审查	

⑤签订合理价款的工程造价咨询合同有利于提高工程造价咨询公司的服务质量与效率。建设单位如果委托第三方造价咨询公司审核竣工结算,则应当参考当地造价协会关于工程造价咨询收费的指导价,签订较为合理的工程造价咨询合同,而不应当过分压低工程造价咨询合同的基本收费,让造价咨询单位依靠审减工程造价的效益收费来维持正常经营管理。同时,工程造价合同也应当对结算审核时间进行约定,并根据合同约定对其工作时间进行跟踪管理。在合理的工程造价咨询合同的支持下,造价咨询单位的审核人员才能秉持公正公平的原则审核竣工结算。

思考与练习

一、单选题

1. 工程竣工结算的编制和审核是竣工阶段造价管理的重要内容,其编制和审核的依据不包括(　　)。

　A. 工程合同　　　　　　　　　　B. 工程变更资料

　C. 施工单位的企业定额　　　　　D. 工程竣工图纸

2. 工程质量保证金的处理方式通常是在缺陷责任期届满后,(　　)。

　A. 一次性全部返还给施工单位

　B. 扣除相应维修费用后返还给施工单位

　C. 返还一半给施工单位,另一半作为质量储备金

　D. 视工程质量情况决定是否返还

3. 房建项目A因工程变更引起结算单价争议时,首先应(　　)。

　A. 按照原合同单价执行　　　　　B. 由建设单位确定新单价

　C. 双方协商确定单价　　　　　　D. 委托造价咨询机构确定单价

4. 学校基建项目B艺术学院教学楼在结算办理过程中,若遇到设计变更会导致工程量增加,应(　　)。

　A. 直接按照增加后的工程量结算

B. 要求设计单位出具变更说明后结算

C. 经建设单位、施工单位和监理单位共同确认后结算

D. 等待审计部门审计后结算

5. 最终结清是指合同约定的缺陷责任期终止后,承包人已按合同规定完成全部剩余工作且质量合格的,发包人与承包人结清全部剩余款项的活动。最终结清的时间应在( )。

A. 缺陷责任期终止证书颁发后 14 天内　　B. 缺陷责任期终止证书颁发后 28 天内

C. 承包人提交最终结清申请单后 14 天内　D. 承包人提交最终结清申请单后 28 天内

6. 工程竣工结算款的支付,发包人应在收到承包人提交的竣工结算款支付申请后( )天内予以核实,向承包人签发竣工结算支付证书。

A. 7　　　　　　　　B. 14　　　　　　　　C. 28　　　　　　　　D. 30

7. 以下关于工程结算的说法,正确的是( )。

A. 工程结算就是竣工决算

B. 工程结算仅包括建筑安装工程费用结算

C. 工程结算以合同为依据,按工程实际完成量进行计算

D. 工程结算由施工单位单方编制,无须审核

8. 在竣工阶段造价管理中,若发现工程量清单存在错漏,责任通常由( )承担。

A. 建设单位　　　　　　　　　　　　B. 施工单位

C. 招标代理机构　　　　　　　　　　D. 根据合同约定确定

9. 房建项目 A 工期延期责任归属及违约扣款的确定,主要依据是( )。

A. 施工单位的施工进度计划　　　　　B. 建设单位的要求

C. 合同约定　　　　　　　　　　　　D. 监理单位的意见

10. 在竣工阶段造价管理中,关于工程结算的说法不正确的是( )。

A. 工程结算应依据合同约定和实际完成工程量进行

B. 工程结算完成后,建设单位应在规定时间内支付结算款

C. 工程结算包含建筑安装工程费、设备及工器具购置费等全部费用

D. 工程结算过程中若发现工程量清单错误,应按合同约定进行调整

二、多选题

1. 竣工阶段造价管理的主要工作内容包括( )。

A. 工程结算　　　　　　　　　　　　B. 工程竣工结算的编制和审核

C. 工程竣工结算款的支付　　　　　　D. 最终结清

E. 工程质量保证金的处理

2. 房建项目 A 因工程变更引起结算单价争议时,可采取的解决方式有( )。

A. 双方协商确定单价

B. 按照工程造价管理机构发布的价格信息确定单价

C. 参照类似工程的单价确定

D. 由仲裁机构裁决确定单价

E. 由法院判决确定单价

3. 学校基建项目 B 艺术学院教学楼结算办理过程中,可能涉及的资料有( )。

A. 工程施工合同   B. 设计变更文件

C. 工程竣工图纸   D. 工程计量记录

E. 施工单位的财务报表

4. 最终结清时,承包人应提交的文件包括( )。

A. 最终结清申请单   B. 已完工程结算清单

C. 质量保证金保函(如有) D. 竣工结算支付证书

E. 工程竣工验收报告

5. 下列属于竣工阶段造价管理中可能出现的问题有( )。

A. 工程变更资料不完整,影响结算准确性

B. 质量保证金的扣留和返还不规范

C. 施工单位虚报工程量,增加结算造价

D. 结算审核时间过长,导致资金支付延误

E. 未按照合同约定进行最终结清

三、简答题

1. 简述工程竣工结算与竣工决算的区别。

2. 工程质量保证金的作用是什么? 在什么情况下会扣除质量保证金?

3. 工程竣工结算的编制依据有哪些?

4. 房建项目竣工结算时,如何处理因设计变更导致的造价变化?

四、案例分析题

1. 房建项目 A 在竣工结算时,施工单位提出因设计变更导致某分项工程工程量增加 20%,但建设单位认为该变更部分单价应按照原合同单价下浮 10% 计算,双方产生争议。已知原合同中该分项工程的工程量为 1 000 m^3,单价为 500 元/m^3,设计变更文件齐全。请分析该争议应如何解决,并计算变更后的工程价款。

2. 某高校基建项目在竣工阶段,发现部分工程质量存在缺陷,需要进行维修。该项目质量保证金为合同价款的 3%,合同价款为 5 000 万元。经评估,维修费用预计为 100 万元。请分析该质量保证金应如何处理,并计算最终应支付给施工单位的质量保证金金额。

3. 某市政工程项目在竣工结算阶段,施工单位提交的结算报告显示总造价为 8 000 万元,其中包含了合同内工程价款以及因设计变更和工程索赔产生的额外费用。建设单位在审核过程中发现,部分设计变更手续不完备,缺少设计单位的签字盖章,涉及金额 500 万元;另外,对于施工单位提出的一项因不可抗力导致的工程索赔 100 万元,建设单位认为索赔证据不足,不予认可。已知该项目质量保证金按合同价款的 3% 预留,合同价款为 7 000 万元。请根据上述背景信息,回答以下问题:

(1)针对设计变更手续不完备的情况,应如何处理? 这对工程结算造价会产生什么影响?

(2)对于施工单位提出的不可抗力索赔,建设单位的处理方式是否合理? 施工单位应如何应对?

(3)计算该项目应预留的质量保证金金额,并说明质量保证金在竣工阶段的作用。

(4)假设最终双方就结算造价达成一致,扣除质量保证金后的金额为 7 200 万元,建设单位应在什么时间内支付这笔款项? 若建设单位未按时支付,施工单位可采取哪些措施维护自身权益?

参考文献

［1］中华人民共和国住房和城乡建设部、国家质量监督检验检疫总局. 建设工程工程量清单计价规范:GB 50500—2013［S］. 北京:中国计划出版社,2013.

［2］《房屋建筑和市政工程标准施工招标文件》编制组. 房屋建筑和市政工程标准施工招标文件［M］. 北京:中国建筑工业出版社,2010.

［3］李永福. 建设项目全过程咨询管理［M］. 北京:中国电力出版社,2021.

［4］严波,刘文娟. 建设工程招投标与合同管理［M］. 重庆:重庆大学出版社,2015.

［5］刘贵文. 工程经济学［M］. 重庆:重庆大学出版社,2023.

［6］胡晓娟. 工程结算［M］. 4 版. 重庆:重庆大学出版社,2023.

［7］郭晓平. 项目可行性研究与投资估算、概算［M］. 2 版. 北京:中国电力出版社,2024.

［8］肖玉锋. 工程计量与变更签证［M］. 2 版. 北京:中国电力出版社,2024.

［9］方春艳. 工程结算与决算［M］. 2 版. 北京:中国电力出版社,2024.

［10］宋伟,车志军. 建设项目全过程工程咨询［M］. 北京:中国建筑工业出版社,2022.

［11］全国造价工程职业资格考试培训教材编审委员会. 建设工程造价管理［M］. 北京:中国计划出版社,2021.

［12］全国造价工程师职业资格考试培训教材编审委员会. 建设工程技术与计量(土建工程部分)［M］. 北京:中国计划出版社,2023.

［13］全国造价工程师职业资格考试培训教材编审委员会. 建设工程计价:2023 年［M］. 3 版. 北京:中国计划出版社,2023.

［14］吴玉珊,韩江涛. 建设项目全过程工程咨询理论与实务［M］. 北京:中国建筑工业出版社,2018.

［15］李永福,杨宏民,吴玉珊,等. 建设项目全过程造价跟踪审计［M］. 北京:中国电力出版社,2016.

［16］李海凌,项勇. 建设项目全过程造价管理［M］. 北京:机械工业出版社,2022.

［17］汪洋,王岳,尹贻林. 广阳岛生态文明建设数智化全过程工程咨询实务［M］. 重庆:重庆大学出版社,2023.

［18］中国建设工程造价管理协会. 建设工程造价管理理论与实务:2021 年版［M］. 2 版. 北京:中国计划出版社,2021.